Marion Masholder (Hrsg.)
Unternehmensstärke

Marion Masholder (Hrsg.)

Unternehmensstärke
15 Essays für mehr Erfolg

Mentoren-Verlag

Der Verlag weist ausdrücklich darauf hin, dass im Text enthaltene externe Links vom Verlag nur bis zum Zeitpunkt der Buchveröffentlichung eingesehen werden konnten. Auf spätere Veränderungen hat der Verlag keinerlei Einfluss. Eine Haftung des Verlags ist daher ausgeschlossen.

Bibliografische Information der Deutschen Nationalbibliothek

Die Deutsche Nationalbibliothek verzeichnet diese Publikation in der Deutschen Nationalbibliografie; detaillierte bibliografische Daten sind im Internet über http://dnb.d-nb.de abrufbar.

1. Auflage
© 2024 Mentoren-Media-Verlag,
Königsberger Str. 16, 55218 Ingelheim am Rhein

Umschlaggestaltung: Nadine Nagel, Mainz
Lektorat : Lara Cantos, Toluca, México und Deniz S. Özdemir, Mainz
Korrektorat: Sarah Küper, Mainz
Satz und Layout: Deniz S. Özdemir, Mainz
Druck und Bindung: Balto Print, Vilnius, Litauen

ISBN: 978-3-98641-170-1

Alle Rechte vorbehalten. Vervielfältigung, auch auszugsweise, nur mit schriftlicher Genehmigung des Verlages. Sämtliche Inhalte in diesem Buch entsprechen nicht automatisch der Meinung und Ansicht des Mentoren-Media-Verlages.

www.mentoren-verlag.de

Inhaltsverzeichnis

Christoph Ahlhaus
Vorwort 7

Caroline von Kretschmann
Grußwort 9

Marion Masholder
Der Führungscode der Zukunft 13
Strategien für eine erfolgreiche und nachhaltige Unternehmensführung

Thomas Bayer
Vernetztes Denken, vernetztes Handeln. 39
Netzwerken als transformative Stärke

Nikolai A. Behr
Kommunikation als Führungsaufgabe 63
Schlüssel zum Unternehmenserfolg

Corina Endele
Entscheidungen treffen im BANI-Zeitalter 89

Simone Allard
Chefsache Vertrieb 111
Die Essenz exzellenter Führung im Vertrieb – die Geheimnisse der Topteams

Sandra Karner
TEAM. Set. Match! 133
Leistungsstarke und motivierte Teams für dein Unternehmen

Lisa Boje
Der schleichende Verlust 159
Wie Mikromanagement Ihre Mitarbeitenden und Ihren Erfolg untergräbt

Dierdre Messerli
Der Konflikt ist nicht dein Feind. 179

Teresa Adler
GÖNNEN SIE SICH EINE KRISE! 199
Gold und Schutt kommen im selben Fluss. Aussieben müssen Sie selbst.

Silke Stamme
Empowerment statt Unterrepräsentation 221
Wie Frauen Unternehmen erfolgreicher machen

Karola Sakotnik
The power of curiosity – #LearningfromDisruption 243
Wie Neugier als Haltung Leadership in unplanbaren Zeiten erfolgreich macht, international und digital

Angela Alexander
Selbstfürsorge, Achtsamkeit und Selbstführung 265
So bleiben Sie in Ihrer Kraft

Danja Bauer
Der Klang der Führung 287
Eine starke Stimme für den Geschäftserfolg

Karsten Homann
Erfolgsfaktor Farbe 309

Dr. Wolfram Schroers
Klicks, Code und Kundenlächeln 329
Mit KI vom Commit zum Kompliment

Danksagung 351

Vorwort

Liebe Leserinnen und Leser,

als Verantwortlicher des größten freiwillig organisierten Mittelstandsverbands Deutschlands liegt mir die Sicherung der sozialen Marktwirtschaft und ihrer Werte besonders am Herzen. Denn die soziale Marktwirtschaft ist eine einzige Erfolgsgeschichte. Mit ihr verbindet sich nicht nur jahrzehntelanger sozialer Frieden und politische Stabilität, sondern sie ist inzwischen über unterschiedliche politische Standpunkte und Sichtweisen hinweg für viele Menschen identitätsstiftend. Damit ist sie ohne Zweifel der zentrale Eckpfeiler von Wirtschaftswachstum, Arbeitsplätzen und Wohlstand in unserm Land. Ein anderer Eckpfeiler ist der Mittelstand. Als Rückgrat der deutschen Wirtschaft sind die rund 3,5 Millionen Unternehmen untrennbar mit dieser Erfolgsgeschichte verbunden.

Um den zahlreichen Mittelständlern, den Eigentümern und Inhabern sowie ihren Familien in allen Regionen Deutschlands auch in Zukunft eine wirtschaftliche Perspektive zu eröffnen, kommt dem Bürokratieabbau entscheidende Bedeutung zu. Zudem brauchen wir eine 180-Grad-Wende in der Wirtschafts-, Finanz-, Steuer- und Arbeitsmarktpolitik, damit der Standort Deutschland für Unternehmen wieder an Attraktivität gewinnt, die Deindustrialisierung gestoppt wird und Unternehmen ohne Milliardensubventionen zu Investitionen bereit sind. Eine moderne und effiziente Verwaltung, weniger Belastungen für Leistungsträger und mehr Eigenverantwortung schafft Voraussetzungen, damit sich Unternehmen dynamisch entfalten und wachsen können. Leitungs- und Risikobereitschaft müssen honoriert werden, damit wir gemeinsam die Herausforderungen an unsere Wettbewerbsfähigkeit meistern können. Dazu zählt für uns auch eine öffentliche Wertschätzung des Unternehmertums.

Sorge bereiten mir steigende Insolvenzzahlen und die lahmende Gründungstätigkeit. Die Nachfolgeproblematik nimmt bereits bedrohliche Ausmaße an.

Diese Herausforderungen werden wir als Mittelstandsverband mit unseren Verbündeten in Politik und Wirtschaft gemeinsam adressieren und Vorschläge erarbeiten, um die Kontinuität und den Erfolg von Unternehmen langfristig zu sichern.

Ich bin überzeugt, dass dieses Buch einen wichtigen Beitrag bei der Erreichung aller genannten Ziele leistet und wünsche allen Leserinnen und Lesern spannende Einblicke und inspirierende Erkenntnisse.

Ihr

Christoph Ahlhaus

Vorsitzender der Bundesgeschäftsführung – Bundesverband der mittelständischen Wirtschaft (BVMW), Präsident des europäischen Mittelstandsverbands European Entrepreneurs (CEA-PME)

© *Thilo Schneider*

Grußwort

Liebe Leserinnen und Leser,

wir leben in unsicheren, komplexen und stark volatilen Zeiten. Die Welt verändert sich in atemberaubendem Tempo, eine Krise folgt auf die nächste, und Megatrends, wie Digitalisierung, Nachhaltigkeit und New Work, stellen Menschen und Unternehmen vor enorme Herausforderungen. Diese stürmischen Bedingungen haben tiefgreifende Konsequenzen. Sie erfordern ein Umdenken traditioneller Handlungsansätze, teilweise eine Neubewertung der Beziehung zu Mitarbeitenden, Kunden und Partnern sowie den Aufbau einer transformativen Haltung und Kompetenz, um den Wandel konstruktiv zu bewältigen.

Führung, verstanden als Führungsleistung von Führungskräften, ist in diesem Zusammenhang erfolgskritisch. Sie ist facettenreich und setzt auf mehreren Ebenen an: der Selbstführung, der Mitarbeitendenführung, der Teamführung und der Unternehmensführung. Je nach »Führungsfokus« werden andere Ansätze und Aufgaben relevant. Häufig geht es um (Selbst-)Reflexion, Richtungsvorgabe, Entscheidung, Umsetzung, Kommunikation, Moderation, Konfliktmanagement, Netzwerkgestaltung, Personal- und Organisationsentwicklung und vieles mehr. Und das alles in Unternehmen, also in sozialen Systemen beziehungsweise Kommunikationssystemen, in denen es keine eindeutige Ursache-Wirkungsbeziehung gibt.

Die gute Nachricht ist: Führung kann in großen Teilen erlernt werden. In diesem Buch beleuchten angesehene Autor:innen und Expert:innen, darunter Bestseller-Autoren, Medien-Coaches,

Weltmeister, Goldmedaillengewinner und Leadership-Experten, das vielschichtige Thema Führung aus unterschiedlichen Perspektiven. Durch die geballte Expertise in diesem Sammelband wird verdeutlicht, dass Führung auf einem Fundament spezifischer Haltungen, erlernbarer Fähigkeiten und nützlicher Strategien beruht, die entwickelt werden können. Diese vielfältigen Erfahrungen bieten inspirierende Einblicke und praxisnahe Ratschläge, die jedem Leser und jeder Leserin helfen können, sein oder ihr Führungspotenzial zu entfalten.

Als Familienunternehmerin in vierter Generation habe ich erfahren, dass wir positiven Wandel bewirken können, wenn wir eine menschliche, empathische und werteorientierte Führung in den Fokus nehmen und entwickeln. Indem wir diese spezifische Haltung authentisch vorleben, kann eine kollektive Haltung erwachsen, die nicht nur bei jedem einzelnen Mitarbeitenden und im Unternehmen, sondern auch in der Gesellschaft positiv wirkt.

Ich wünsche Ihnen spannende Einblicke und inspirierende Erkenntnisse beim Lesen dieses wertvollen Buches.

Herzliche Grüße

Caroline von Kretschmann
Dr., lic. oec HSG

Mitglied im Präsidium des Verbandes Die Familienunternehmer, Ehrensenatorin der Universität Heidelberg, Geschäftsführende Gesellschafterin Hotel Europäischer Hof Heidelberg

© *Europäischer Hof Heidelberg*

Marion Masholder
Expertin für Führungsexzellenz und Personalmanagement, Professional Speakerin, Top-100 Trainerin und Autorin

© Dominik Pfau

Marion Masholder ist eine renommierte Top-100-Trainerin, Speakerin und Coach, die sich auf die Unterstützung von Geschäftsführern, Vorständen und Top-Führungskräften in national und international agierenden Unternehmen spezialisiert hat. Mit ihrer Expertise in Führungsexzellenz begleitet sie Führungskräfte und hilft Unternehmen, die richtigen Führungskräfte auszuwählen und zu fördern.

Nach ihrem Studium zur Sparkassenbetriebswirtin sammelte sie umfangreiche Erfahrungen in leitenden Positionen bei einer größeren Sparkasse. Anschließend war sie mehrere Jahre in einer international tätigen Unternehmung Gesellschafterin und Prokuristin. Diese Einblicke in die Unternehmensführung bildeten die Grundlage für ihre spätere selbstständige Tätigkeit.

In ihrer Akademie unterstützt sie Unternehmen dabei, Führungskompetenzen zu optimieren und nachhaltigen Erfolg zu sichern. Ihre langjährige Erfahrung ermöglicht es ihr, maßgeschneiderte Lösungen zu entwickeln.

Darüber hinaus ist Marion Masholder eine gefragte Speakerin, die ihr Publikum mit klaren Worten, Charme und Humor fasziniert. Ihr Credo: *»Menschen und Unternehmen stärken – praxisnah, inspirierend, verständlich.«*

Weitere Informationen finden Sie auf: *www.marion-masholder.de*

Der Führungscode der Zukunft
Strategien für eine erfolgreiche und nachhaltige Unternehmensführung

In diesem Kapitel finden Sie entscheidende Erkenntnisse, Strategien und Werkzeuge für eine moderne, zukunftsorientierte Unternehmensführung. Erfahren Sie, wie Sie mit einer leistungsstarken Kombination aus Effektivität, Inspiration und Empathie nicht nur Ihre Mitarbeitenden langfristig binden und Ihre Teams zu Höchstleistungen motivieren, sondern auch eine widerstandsfähige und positive Unternehmenskultur schaffen. Dieser Artikel bietet Ihnen innovative Ideen, wie Sie die aktuellen globalen Herausforderungen in Chancen verwandeln, Kosten sparen und Gewinne maximieren können. Entdecken Sie, wie ein proaktives Personalrisikomanagement zu einem integralen Bestandteil Ihrer Unternehmensstrategie wird und Ihnen dabei hilft, sowohl kurz- als auch langfristige Unternehmensziele zu erreichen.

Einführung

In einer Zeit des raschen Wandels stehen Unternehmen vor globalen Herausforderungen, wie Digitalisierung, Globalisierung, technologischer Fortschritt, Nachhaltigkeit und demografischer Wandel, die tiefgreifende Auswirkungen auf die moderne Führung und das Management haben. Je nach Unternehmensphilosophie und -kultur können diese Entwicklungen als Bedrohung, Herausforderung oder

Chance gesehen werden. Es ist entscheidend, dass diese Trends nicht nur beobachtet, sondern aktiv in alle strategischen Entscheidungen einbezogen werden. Obwohl viele Risiken akribisch verfolgt werden, scheint das Personalrisikomanagement oft nicht die gleiche Aufmerksamkeit zu erhalten. Dies unterstreicht die Notwendigkeit, HR-Strategien zu überdenken und anzupassen, um nicht nur auf aktuelle, sondern auch auf zukünftige Veränderungen proaktiv zu reagieren und so die Resilienz und Innovationskraft des Unternehmens zu stärken.

Personalrisikomanagement

In der Personalrisikomanagement-Konzeption nach Kobi werden die Mitarbeitenden als die wertvollsten und sensibelsten Erfolgsfaktoren eines Unternehmens bezeichnet. Kobi beschreibt nur vier Risikogruppen (Anpassungs-, Austritts-, Motivations- und Engpassrisiko). Als Risikoausgangspunkte werden verschiedene interne und externe Faktoren genannt. Die zunehmend differenzierten Erwartungen und Bedürfnisse der Mitarbeitenden an ihren Arbeitgeber werden als intern bedeutsame Einflussfaktoren hervorgehoben. Als relevante externe Einflüsse werden vor allem soziale, wirtschaftliche und technologische Entwicklungen dargelegt.[1]

Hier finden Sie einen Überblick über die wichtigsten Personalrisiken von heute:

Motivationsrisiko
Wenn Mitarbeitende aufgrund verschiedener Faktoren, wie Unter- oder Überforderung, mangelnder Anerkennung oder ineffektiver Führung ihr Potenzial nicht voll entfalten, besteht ein Motivationsrisiko. Zu den Hauptursachen gehören ein Mangel an beruflichen

---

1   Vgl. Kobi, J.-M. (2013). Personalrisikomanagement: Strategien Zur Steigerung des People Value, 2. Auflage, Gabler Verlag, Wiesbaden.

Entwicklungsmöglichkeiten, eine unzureichende Förderung der Chancengleichheit und der kulturellen Vielfalt, ein unklarer Wertekodex, ein fehlendes Generationenmanagement und eine unzureichende Work-Life-Balance.

Diese Faktoren können zu reduzierter Produktivität, »Dienst nach Vorschrift« oder sogar innerer Kündigung führen, was die Attraktivität des Unternehmens als Arbeitgeber mindert und das Arbeitsklima verschlechtert.

Strategien zur Risikominderung:

- **Implementierung eines starken Leitbildes:** Ein klares Leitbild und ein fest verankerter Ethikkodex können Orientierung geben und die Unternehmenskultur stärken.
- **Förderung von Diversität und Inklusion:** Programme zur Förderung von Chancengleichheit und kultureller Vielfalt können die Motivation und Zufriedenheit der Mitarbeitenden steigern.
- **Angebote zur Work-Life-Balance:** Flexible Arbeitszeiten, mobiles Arbeiten und Freizeitaktivitäten unterstützen ein ausgewogenes Verhältnis zwischen Beruf und Privatleben.
- **Fortlaufende Weiterbildung und Karriereplanung:** Investitionen in die berufliche Entwicklung der Mitarbeitenden können unzureichende Leistungen verhindern und die Loyalität der Mitarbeitenden stärken.

Gesundheitsrisiko

Das Gesundheitsrisiko ergibt sich aus verschiedenen Faktoren, die sowohl die physische als auch die psychische Gesundheit der Mitarbeitenden beeinträchtigen können. Dazu gehören ergonomische Mängel, psychosozialer Stress durch Überlastungssituationen und zwischenmenschliche Konflikte.

Solche Belastungen können oft zu Arbeitsunfähigkeit führen, was sich negativ auf das Wohlbefinden der Mitarbeitenden und die Gesamtleistung des Unternehmens auswirkt.

Lösungsansätze:

- **Einführung ergonomischer Arbeitsplätze:** Anpassung der Arbeitsumgebung, um körperliche Beschwerden zu minimieren, zum Beispiel durch ergonomische Stühle und höhenverstellbare Schreibtische.
- **Programme zur Stressbewältigung:** Durchführung von Workshops und Trainingseinheiten, die Techniken zum Stressabbau vermitteln und psychosoziale Unterstützung bieten.
- **Regelmäßige Gesundheitstage:** Organisation von Aktivitäten zur Gesundheitsförderung am Arbeitsplatz, wie zum Beispiel Gesundheitschecks, Fitnesskurse und Ernährungsberatung, um das Bewusstsein für Gesundheitsthemen zu schärfen und eine präventive Wirkung zu erzielen.

Engpassrisiko
Das Engpassrisiko beschreibt die Herausforderung, offene Stellen im Unternehmen nicht wie geplant besetzen zu können. Dies kann beispielsweise an mangelnder Arbeitgeberattraktivität, unklarer Positionierung des Employer Branding oder nicht wettbewerbsfähiger Vergütung zurückgeführt werden. Infolgedessen kommt es bei vielen Unternehmen zu Verzögerungen bei der Projektumsetzung oder sie können bestimmte Projekte gar nicht erst starten.

Beispiele und mögliche Lösungsansätze:

- **Klare Employer-Branding-Strategien:** Ein mittelständisches Produktionsunternehmen definierte sein Employer Branding durch mehrere Kampagnen neu, in denen die Geschichten der Mitarbeitenden und die beruflichen Entwicklungsmöglichkeiten hervorgehoben wurden. Die Kampagne wurde in den sozialen Medien und auf der Unternehmenswebsite präsentiert, was die Sichtbarkeit und Attraktivität des Unternehmens deutlich erhöhte.
- **Anpassung der Vergütungsstrukturen:** Ein IT-Dienstleister entdeckte durch eine Marktanalyse, dass seine Gehälter 20 Prozent

unter dem Branchendurchschnitt lagen. Nachdem das Unternehmen die Gehaltsstrukturen entsprechend angepasst hatte, konnte es die Fluktuationsrate um 15 Prozent senken und die Besetzung freier Stellen erheblich beschleunigen.

Austrittsrisiko
Das Risiko des Aussteigens bezieht sich auf die potenzielle Gefahr, dass leistungsstarke oder talentierte Mitarbeitende das Unternehmen verlassen. Zwei Drittel der Abgänge sind auf zwischenmenschliche Probleme zurückzuführen, aber auch die aktive Abwerbung durch Konkurrenten, die bessere Bedingungen bieten, spielt eine Rolle. Besonders kritisch wird es, wenn Mitarbeitende das Gefühl haben, dass das Arbeitsklima, das Gehalt oder andere Leistungen im Vergleich zum Markt unzureichend sind.

Lösungsansätze zur Minimierung des Austrittsrisikos:

- **Verbesserung des Arbeitsklimas:** Etablierung regelmäßiger Feedbackgespräche und Teamtrainings, um das Team zu stärken und zwischenmenschliche Konflikte proaktiv anzugehen.
- **Anpassung der Vergütungsstrukturen:** Durchführung regelmäßiger Gehaltsüberprüfungen, um sicherzustellen, dass die Vergütung wettbewerbsfähig bleibt und die Leistung angemessen anerkannt wird.
- **Einführung eines Retention-Management-Programms:** Führen Sie gezielte Maßnahmen zur Mitarbeitendenbindung ein, wie zum Beispiel Karriereentwicklungspläne, Weiterbildungsmöglichkeiten und Anerkennungsprogramme, die sowohl Leistung als auch Betriebszugehörigkeit honorieren.
- **Strategien gegen Abwerbungsversuche:** Stärkung der internen Karrieremöglichkeiten und Bereitstellung einzigartiger Vorteile, die die Mitarbeitenden weniger empfänglich für Angebote von Wettbewerbern machen.
- **Management von Wissensverlusten:** Einführung eines systematischen Wissensmanagementsystems, das sicherstellt, dass

wertvolles Know-how und kritische Informationen innerhalb des Unternehmens geteilt und dokumentiert werden. Dazu gehört auch die Schaffung von Mentoring-Programmen, durch die erfahrenere Mitarbeitende ihr Wissen an jüngere Kollegen weitergeben.

Anpassungsrisiko

Das Anpassungsrisiko entsteht, wenn die Mitarbeitenden nicht in der Lage sind, sich schnell genug an technologische oder unvorhergesehene Veränderungen anzupassen. Dies kann auf unzureichende Personalentwicklungsmöglichkeiten, fehlende Zeit für Weiterbildungen oder eine geringe Veränderungs- und Lernbereitschaft von Mitarbeitenden und Führungskräften zurückzuführen sein. Auch ein Mangel an Flexibilität und ein ausgeprägtes Anspruchsdenken können dieses Risiko erhöhen.

Um dem entgegenzuwirken, sollten Unternehmen:

- **Zielgerichtete Weiterbildungsprogramme anbieten:** Programme, die auf die spezifischen Bedürfnisse der Technologie- und Marktentwicklung zugeschnitten sind, können helfen, die Qualifikationslücken zu schließen.
- **Die Flexibilität bei der Personalentwicklung fördern:** Flexible Lernformate, wie Online-Kurse oder modulare Schulungen, können Mitarbeitenden die Möglichkeit geben, ihre Fähigkeiten kontinuierlich weiterzuentwickeln.
- **Eine Kultur der Offenheit und Lernbereitschaft stärken:** Eine Unternehmenskultur, die die Neugier und das Streben nach Wissen fördert, hilft den Mitarbeitenden, den Wandel als Chance und nicht als Bedrohung zu sehen.

Loyalitätsrisiko

Das Loyalitätsrisiko entsteht durch Handlungen von Personen innerhalb des Unternehmens (zum Beispiel Management, Mitarbeitende, Betriebs- oder Personalräte), die vorsätzlich gegen die Interessen des Unternehmens handeln und ihm Schaden zufügen. Solche

Handlungen können von Diebstahl geistigen Eigentums bis zur Sabotage reichen.

Maßnahmen zur Reduzierung des Loyalitätsrisikos:

- **Stärkung der Unternehmenskultur:** Förderung von Werten wie Offenheit, Transparenz und gegenseitigem Respekt.
- **Schulungen zu Ethik und Compliance:** Regelmäßige Schulungen für alle Mitarbeitenden, um das Bewusstsein für ethisches Verhalten zu schärfen.

Human-Resources-Management-Risiko (HRM-Risiko)
Das HRM-Risiko stellt eine bedeutende Herausforderung für Unternehmen dar, da es die Gefahr beschreibt, dass das Personalmanagement nicht über die notwendigen Ressourcen und Strategien verfügt, um wirksam auf Personalrisiken zu reagieren oder die erforderlichen Maßnahmen zu ergreifen.

Die Folgen können eine unzureichende Personalplanung, eine schlechte Mitarbeitendenbindung und eine ineffiziente Nutzung der Humanressourcen sein, was letztlich die Leistung und Wettbewerbsfähigkeit des Unternehmens beeinträchtigt.

Strategien zur Minimierung von HRM-Risiken:

- **Ressourcenallokation:** Sicherstellen, dass das HR-Team über die notwendigen Budgets und Instrumente verfügt.
- **Fortbildung und Entwicklung:** Kontinuierliche Weiterbildung der HR-Mitarbeitenden, um aktuelle und zukünftige Herausforderungen zu meistern.
- **Technologische Unterstützung:** Investitionen in moderne HR-Software, die eine effiziente Personalverwaltung und -analyse ermöglicht.

Führungsrisiko
Das Führungsrisiko beschreibt das grundsätzliche Risiko, dass Führungsstrukturen (Management und Corporate Governance) und Führungskräfte (Personalführung) nicht ausreichend geeignet sind, ein Unternehmen gezielt und erfolgreich zu führen. Dieses Risiko manifestiert sich, wenn Führungskräfte nicht über die erforderlichen Kompetenzen, das Verständnis oder die Vision verfügen, um effektiv auf dynamische Marktbedingungen und interne Geschäftsanforderungen zu reagieren. Die Folgen einer unzureichenden Führung können schwerwiegend sein, von einer geschwächten Unternehmenskultur bis hin zu ineffizienten Geschäftsprozessen und dem Verlust von Wettbewerbsvorteilen.

Das Führungsrisiko spielt eine zentrale Rolle, da es sich auf die Fähigkeit der Führungskräfte auswirkt, das Unternehmen durch all diese Herausforderungen zu navigieren und eine Kultur der Resilienz und Anpassungsfähigkeit zu fördern. Exzellente Führung ist daher nicht nur entscheidend, um aktuelle Risiken zu managen, sondern auch, um zukünftige Herausforderungen proaktiv anzugehen und die Unternehmenskultur dynamisch weiterzuentwickeln. Effektive Führung stärkt das Vertrauen innerhalb der Organisation, minimiert Risiken und trägt entscheidend dazu bei, die Integrität und Stabilität des Unternehmens zu gewährleisten.

Dreh- und Angelpunkt ist das Führungsrisiko

Die zentrale Herausforderung in der Unternehmensführung

Welches Risiko von Unternehmen als das kritischste angesehen wird, hängt sehr stark von der spezifischen Situation und den Prioritäten eines Unternehmens ab. Ich betone jedoch das Führungsrisiko als besonders kritisch. Die Qualität der Führung hat einen direkten oder indirekten Einfluss auf alle anderen genannten Risikobereiche und ist daher von übergreifender Bedeutung.

Wir werden daher einen sehr detaillierten Blick auf das Führungsrisiko werfen, um zu verdeutlichen, wie entscheidend die Auswahl und Entwicklung exzellenter Führungskräfte für den Erfolg des gesamten Unternehmens ist. Gleichzeitig erfahren Sie, welche Instrumente und Lösungen Sie einsetzen können, um das Risiko zu minimieren.

»Mitarbeitende verlassen nicht das Unternehmen, sondern ihre Führungskraft.«

Hervorragende Führung wirkt sich direkt auf die Qualität und Leistung der Mitarbeitenden aus und stärkt somit die gesamte Organisationsstruktur. Gezielte Führungsmaßnahmen, wie regelmäßige Feedbackgespräche, individuelle Entwicklungspläne und Führungstrainings, minimieren nicht nur das Führungsrisiko, sondern schaffen auch ein starkes, belastbares Fundament, um die langfristige Integrität und Dynamik des Unternehmens zu gewährleisten.

Das Engagement und die Loyalität der Mitarbeitenden hängen davon ab, ob sie das Gefühl haben, dass ihr Vorgesetzter wirklich an ihnen interessiert ist und sich für sie einsetzt. Schließlich machen auch die Mitarbeitenden eine Return-on-Investment-Rechnung. Wenn die Balance zwischen Unternehmens- und Mitarbeitendeninteressen aus dem Gleichgewicht gerät, hat das negative Folgen.

Zwischen Herausforderung und Erfolg
Wenn ich mit Entscheidungsträgern spreche, höre ich oft beunruhigende Aussagen wie:»Wir haben zu viele offene Stellen, unser Krankenstand ist extrem hoch und die Fluktuationsrate ist auf einem Rekordniveau. Ich habe keine Ahnung, wo das noch enden soll!«

Im Gegensatz dazu berichten nur wenige von optimalen Bedingungen:»Personell sind wir hervorragend aufgestellt, unser Krankenstand ist extrem niedrig und die Personalfluktuation ist sehr gering. Wir haben mehr Bewerbende als freie Stellen. Selbst nachdem sie uns verlassen haben, klopfen einige Leute wieder an unsere Tür und wollen zurückkehren.«

Diese Gegensätze haben mich dazu inspiriert, eingehende Untersuchungen durchzuführen. Der Gallup Engagement Index[2] und meine Forschung beleuchten die markanten Unterschiede zwischen erfolgreichen und weniger erfolgreichen Führungsansätzen und bieten fundierte Lösungen.

Die Anwendung dieser Erkenntnisse ermöglicht es innovativen Führungskräften und Unternehmen, sich positiv abzuheben und ihre Organisationen erfolgreich in die Zukunft zu führen. Zu den wirksamen Strategien gehören eine auf Stärken basierende Führung, transparente Kommunikation, flexible Arbeitsmodelle, Karriere- und Weiterbildungsmöglichkeiten, eine Kultur der Wertschätzung und Anerkennung, ein effektives Onboarding- und Bindungsmanagement, Gesundheitsmanagement sowie regelmäßiges Feedback und Coaching. Diese Maßnahmen schaffen ein starkes, widerstandsfähiges Fundament, das die langfristige Integrität und Dynamik des Unternehmens gewährleistet.

Auswahl der Führungskräfte und des Managements

Die Kunst, die richtigen Personen auszuwählen

> *»Erfolg beginnt mit der Auswahl: die richtige Person, am richtigen Arbeitsplatz, im richtigen Unternehmen!«*

Diese einleitenden Worte umreißen treffend den Ausgangspunkt für eine erfolgreiche Unternehmensführung. Doch was auf den ersten Blick einfach erscheint, entpuppt sich als ein komplexer, dynamischer Prozess, der weit über eine einfache Personalauswahl hinausgeht.

---

2   Gallup Engagement Index Deutschland (2023), Pressemitteilung vom 14. März 2024, https://www.gallup.com/de/472028/bericht-zum-engagement-index-deutschland-2023.aspx; besucht am 26.04.2024.

Die richtige Führungskraft agiert als Bindeglied zwischen Management und Mitarbeitenden, beeinflusst das Engagement sowie die Loyalität der Teams und prägt die Unternehmenskultur.

Die Identifizierung und Förderung von Führungspersönlichkeiten beginnt mit einer klar definierten und sorgfältig ausgearbeiteten Stellenbeschreibung, in der die erforderlichen Soft Skills genau herausgestellt werden. Der anschließende Auswahlprozess für Führungskräfte sollte durch den Einsatz zusätzlicher Instrumente vertieft werden, um ein umfassendes Verständnis der Verhaltensweisen und Einstellungen der Kandidaten zu gewinnen.

Es empfiehlt sich, wissenschaftliche Testverfahren einzusetzen, insbesondere psychometrische Tests. Diese helfen nicht nur dabei, die fachliche Eignung der Kandidaten zu überprüfen, sondern auch zu beurteilen, ob sie über die für eine effektive Führung erforderlichen Soft Skills verfügen. Mit Hilfe dieser Tests können Unternehmen besser beurteilen, ob ihre neuen Führungskräfte auch die sozialen Anforderungen erfüllen, die für den Erfolg in ihrer Rolle entscheidend sind.

Auswirkungen von Fehlbesetzungen

Fehlbesetzungen in Führungspositionen sind nicht nur kostspielig, sondern können auch tiefgreifende negative Auswirkungen auf das gesamte Unternehmen haben. Häufige Folgen sind Demotivation, steigende Fluktuationsraten, erhöhter Stress und ein steigender Krankenstand. Zahlreiche Studien zeigen, dass ein negatives Arbeitsumfeld, das durch ineffektive Führung geschaffen wird, das Risiko psychischer und physischer Erkrankungen bei den Mitarbeitenden deutlich erhöhen kann.

Die direkten und indirekten Kosten können sich schnell auf einen sechsstelligen Betrag summieren. Allein durch Kosten für die Neueinstellung von Mitarbeitenden sowie durch Verluste aufgrund von Produktivitätseinbußen und erhöhtem Krankenstand.

Abgesehen von den unmittelbaren Auswirkungen können falsche Entscheidungen bei der Auswahl von Führungskräften oder

Managern auch langfristige Schäden verursachen, wie beispielsweise eine Erosion der Unternehmenskultur, einen Verlust des Ansehens auf dem Markt und einen Rückgang der Innovationsfähigkeit.

Der strategische Wert einer soliden Auswahl von Führungskräften und Managern
Um diese Risiken zu minimieren, ist es entscheidend, in präzise und gut durchdachte Auswahlverfahren zu investieren. Diese sollten weit über die Beurteilung der fachlichen Qualifikationen hinausgehen und auch die sozialen Fähigkeiten sowie Führungsqualitäten der Kandidaten umfassend bewerten.

Moderne Rekrutierungsprozesse nutzen eine Vielzahl von Instrumenten, darunter Persönlichkeitsbeurteilungen, situative Führungstests und strukturierte Interviews, um ein umfassendes Verständnis der Eignung eines jeden Kandidaten zu erlangen.

Aus mehreren Gründen empfehle ich die Hinzuziehung externer Experten. Diese Experten bieten nicht nur eine wertvolle, unvoreingenommene Perspektive, sondern sie verfügen auch über Spezialwissen und Erfahrung, die es ihnen ermöglichen, den Auswahlprozess effizient zu gestalten. Sie können dabei helfen, die besten Mitarbeitenden zu finden, die nicht nur fachlich, sondern auch kulturell gut in das Unternehmen passen.

Die Kosten für die Hinzuziehung externer Berater sind absolut minimal im Vergleich zu den potenziellen finanziellen und betrieblichen Einsparungen durch die Vermeidung von Fehlbesetzungen.

Realistische Erwartungen
Es ist ein weit verbreiteter Trugschluss zu glauben, dass Sie bei der Auswahl von Führungskräften und Managern immer eine perfekte Übereinstimmung mit dem Stellenprofil finden können. Die Realität ist, dass dieser Personenkreis, wie alle Menschen, Raum für Entwicklung braucht. Daher sollte der Fokus im Auswahlprozess nicht ausschließlich darauf liegen, Kandidaten zu finden, die genau alle Anforderungen des Stellenprofils erfüllen.

Vielmehr geht es darum, Persönlichkeiten oder Kandidaten zu identifizieren, die dem Idealbild sehr nahekommen und bereits die wesentlichen Facetten der Einstellungsrolle verkörpern. Ein solcher Ansatz erkennt an, dass Perfektion zum Zeitpunkt des Eintritts selten ist und dass wahre Exzellenz oft durch gezielte Entwicklung erreicht wird.

Für Führungspersönlichkeiten ist es entscheidend, dass sie eine ausgeprägte Leidenschaft für die Personalführung und Entwicklung sowie ein starkes Engagement für ihre eigenen berufliche Weiterbildung haben. Dies schafft eine dynamische und anpassungsfähige Struktur, die in der Lage ist, sich effektiv an die sich ständig ändernden Anforderungen des Marktes und des Arbeitsumfelds anzupassen.

Führungskräfteentwicklung

Investitionen in die Ausbildung und kontinuierliche Weiterentwicklung von Führungskräften zahlen sich um ein Vielfaches aus, indem sie den Grundstein für nachhaltigen Erfolg und eine positive Unternehmenskultur legen, die sowohl bestehende als auch zukünftige Talente anzieht und bindet.

Die Debatte über die Kosten einer kontinuierlichen Führungskräfteentwicklung sollte nicht auf die unmittelbaren Aufwendungen reduziert werden, denn die wahren Kosten eines Verzichts sind um ein Vielfaches höher und können unermesslich sein. Darüber hinaus können es sich Unternehmen in der dynamischen und sich ständig verändernden Geschäftswelt einfach nicht leisten, auf die kontinuierliche Entwicklung ihrer Führungskräfte zu verzichten.

Die Frage, die sich die Entscheidungsträger daher stellen müssen, ist nicht, ob sie die Mittel für die Weiterbildung aufbringen können, sondern vielmehr, ob sie die langfristigen Risiken einer ungeschulten Führungsebene tragen können.

Eine unterlassene kontinuierliche Weiterbildung kann zu gravierenden Defiziten in der Führungsqualität und damit zu erheblichen Nachteilen für das gesamte Unternehmen führen. Die Investition in eine kontinuierliche Führungskräfteentwicklung ist daher nicht nur eine Kostenfrage, sondern eine entscheidende Investition in die Zukunfts- und Wettbewerbsfähigkeit eines Unternehmens.

»Menschliche und individuelle Führung ist entscheidend für die Mitarbeitendenzufriedenheit.«

Der Arbeitsmarkt hat sich stark verändert und ist nun eindeutig zugunsten der Arbeitnehmer ausgerichtet. In dieser neuen Ära haben die Menschen die Freiheit, ihren Arbeitgeber bewusst auf der Grundlage einer Reihe von Schlüsselfaktoren zu wählen, die über das bloße Gehalt hinausgehen, das angeboten wird. Um in diesem wettbewerbsintensiven Umfeld erfolgreich zu sein, müssen Unternehmen mehr bieten als nur attraktive Arbeitsbedingungen. Sie müssen mit exzellenter Führung beeindrucken.

In diesem Kapitel werden wir untersuchen, wie eine gezielte Führungskräfteentwicklung eine Kultur der Exzellenz schaffen kann, die hochqualifizierte Mitarbeitenden anzieht und bindet.

Worauf es bei der Führung heute wirklich ankommt
Führungskräfte sind heute mehr als nur Manager; sie sind Visionäre, Motivatoren, Coaches, Inspiratoren und stellen vor allem die Menschen in den Mittelpunkt.

Neben der fachlichen Kompetenz sind auch soziale Fähigkeiten von entscheidender Bedeutung. Wenn Sie als Unternehmen Spitzenleistungen erzielen wollen, sollten Sie sich bei der Führungskräfteentwicklung auf diese Punkte konzentrieren.

Die folgenden Eigenschaften sind entscheidend, um ein sich ständig veränderndes Arbeitsumfeld erfolgreich zu meistern und eine positive Arbeitsatmosphäre zu schaffen, die das Engagement und die Loyalität der Mitarbeitenden fördert.

- **Empathie:** In komplexen und schnelllebigen Geschäftsumgebungen kann Empathie eine wichtige Rolle bei der Förderung von Resilienz und Anpassungsfähigkeit von Teams spielen. Führungskräfte, die in der Lage sind, emotionale Intelligenz einzusetzen, verstehen besser, wie sich Stress und Druck auf die Teamdynamik auswirken, und können gezielt unterstützend eingreifen.

  Beispiel: In Zeiten unternehmerischer Ungewissheit, wie beispielsweise während einer Umstrukturierung, nutzen empathische Führungskräfte ihre Fähigkeit, Stimmungen und Emotionen im Team wahrzunehmen, um maßgeschneiderte Unterstützungsangebote zu entwickeln, die Stress reduzieren und das Engagement aufrechterhalten.

- **Aktives Zuhören** ermöglicht es Führungskräften, tiefere Einblicke in die Herausforderungen und Ideen ihrer Mitarbeitenden zu gewinnen. Diese Fähigkeit ist besonders wertvoll, wenn es darum geht, Innovationen voranzutreiben und Probleme frühzeitig zu erkennen, indem alle Teammitglieder zu einer offenen Kommunikation ermutigt werden.

  Beispiel: Eine Führungskraft in einem internationalen Entwicklungsteam organisiert regelmäßige »Listening Sessions«, in denen die Mitarbeitenden frei über ihre aktuellen Projekte und mögliche Hindernisse sprechen können. Die daraus resultierenden Erkenntnisse führen oft zu schnellen Anpassungen der Projektpläne und zur Optimierung der Arbeitsabläufe.

- **Respekt und Wertschätzung:** Die Schaffung eines Klimas des Respekts und der Wertschätzung ist entscheidend für die Förderung von Engagement und Loyalität der Mitarbeitenden. Eine respektvolle Führung schafft Vertrauen innerhalb eines Teams und fördert eine Kultur, in der Innovation und Risikobereitschaft gedeihen können.

  Beispiel: Eine Führungskraft in einem Dienstleistungsunternehmen führt ein Anerkennungsprogramm ein, das nicht nur herausragende Leistungen belohnt, sondern auch die täglichen Anstrengungen der Mitarbeitenden anerkennt, um eine Kultur der Anerkennung und des Respekts zu schaffen.

- **Fördern Sie Vertrauen und Partizipation:** Die Förderung von Vertrauen und die Einbindung der Mitarbeitenden in Entscheidungsprozesse sind Schlüsselfaktoren für die Steigerung der Unternehmensagilität. Mitarbeitende, die sich befähigt fühlen, Verantwortung zu übernehmen, tragen aktiv zur Erreichung strategischer Ziele bei und sind weitaus motivierter, zur Lösung von Unternehmensherausforderungen beizutragen.

Beispiel: In einem Technologie-Start-up ermöglicht die Führungskraft den Teammitgliedern, ihre eigenen Projekte zu leiten und innerhalb eines definierten Rahmens selbstständig Entscheidungen zu treffen, was zu schnelleren Innovationszyklen und größerer Loyalität der Mitarbeitenden führt.

- **Offenheit und Neugierde** sind der Schlüssel zur Anpassung an ein sich schnell veränderndes Marktumfeld. Führungskräfte, die neue Ideen und Ansätze nachdrücklich fördern und aktiv infrage stellen, können nicht nur schneller auf Veränderungen reagieren, sondern auch Vorreiter bei Innovationen sein.

Beispiel: Ein CEO eines nationalen Konzerns führt regelmäßig »Innovation Labs« ein, in denen Mitarbeitende aus verschiedenen Abteilungen zusammenkommen, um neue Ideen zu entwickeln und zu testen. Dies fördert eine Kultur der Offenheit und des experimentellen Denkens, die es dem Unternehmen ermöglicht, Branchentrends zu antizipieren und zu beeinflussen.

- **Inspirationsfähigkeit:** Inspirierende Führungskräfte sind in der Lage, ihre Teams zu außergewöhnlichen Leistungen zu motivieren und eine Vision zu vermitteln, die weit über das normale Tagesgeschäft hinausgeht. Sie nutzen ihre Kommunikationsfähigkeiten, um Begeisterung zu wecken und eine starke emotionale Verbindung zu den Unternehmenszielen herzustellen.

Beispiel: Die Geschäftsführerin im Bereich der erneuerbaren Energien hält regelmäßig Präsentationen, in denen sie die Auswirkungen ihrer Arbeit auf die Umwelt und die Gesellschaft hervorhebt. Damit erreicht sie nicht nur die Mitarbeitenden, sondern positioniert das Unternehmen auch als Vorreiter in Sachen soziale Verantwortung.

- **Transparente Kommunikation** schafft Vertrauen und Klarheit im gesamten Unternehmen. Sie ermöglicht es Führungskräften, Erwartungen effektiv zu steuern und sicherzustellen, dass alle Teammitglieder die gleichen Ziele verfolgen und verstehen, wie ihre Arbeit zum Gesamterfolg beiträgt.

Beispiel: Ein Abteilungsleiter in einem Handwerksbetrieb führt wöchentliche Briefings ein, in denen Projektfortschritte, Unternehmensnachrichten und Marktneuigkeiten ausgetauscht werden. Diese regelmäßigen Updates helfen, Missverständnisse zu vermeiden und fördern eine Kultur der Offenheit und des gemeinsamen Engagements.

- **Networking-Fähigkeiten:** In einer global vernetzten Wirtschaft sind Netzwerkfähigkeiten entscheidend, um strategische Allianzen zu schmieden und Innovationsquellen anzuzapfen. Erfolgreiche Führungskräfte nutzen ihre Netzwerke stets, um operative Herausforderungen zu meistern, technologische Trends frühzeitig zu adaptieren und kulturelle Vielfalt in ihre Teams zu integrieren, was zu einer nachhaltigen Unternehmensentwicklung beiträgt.

Beispiel: Unter der Leitung einer visionären Führungskraft führte ein Technologieunternehmen eine Reihe von strategischen Partnerschaften mit Start-ups ein, die nicht nur den technologischen Fortschritt beschleunigten, sondern auch den Zugang zu neuen Märkten eröffneten.

Zusammenfassend lässt sich sagen, dass die Kunst der positiven Führung darin besteht, bei den Mitarbeitenden positive Emotionen zu wecken, um ihr individuelles Engagement zu fördern und nachhaltige Beziehungen aufzubauen. In Verbindung mit der Vermittlung eines klaren Sinns und Zwecks macht dies Ziele nicht nur sichtbar, sondern auch erreichbar.

Hören Sie nie auf, besser zu werden
Genau wie eine Olympiasiegerin, die nach dem Gewinn einer Goldmedaille weiter trainiert (es sei denn, es ist ihr geplantes Karriereende), oder ein Fußballspieler, der seine Fähigkeiten auch nach der Berufung in die Nationalmannschaft weiter verbessert, sollten Führungskräfte ihre Entwicklung nie als abgeschlossen betrachten, solange sie aktiv sind.

Die Annahme, dass eine Führungskraft nach ihrer Ernennung keine Weiterbildung mehr benötigt, ist ein grundlegender Irrtum. In der heutigen, sich schnell verändernden Geschäftswelt ist ständiges Lernen und Anpassen entscheidend für den langfristigen Erfolg und die Relevanz einer Führungskraft. Weiterbildung ist nicht nur für die Bewältigung aktueller Herausforderungen entscheidend, sondern auch für das Erkennen zukünftiger Chancen und um innovativ zu bleiben.

Die Investition in die kontinuierliche Entwicklung von Führungskräften ist daher keine Option, sondern eine Notwendigkeit für jedes Unternehmen, das langfristig erfolgreich sein will. Wie im Sport gilt auch für die Führung: Ständiges Training und Weiterentwicklung sind der Schlüssel zum Erfolg.

Das 360-Grad-Feedback in der Führungskräfteentwicklung

Die umfassende Entwicklung von Führungskräften (und ich rede bewusst von Führungskräften und nicht von Managern, weil wir hier von Führungsqualitäten sprechen) beginnt idealerweise mit einem tiefen Verständnis der aktuellen Wahrnehmung von Führung im Unternehmen.

Das 360-Grad-Feedback bietet Feedback aus verschiedenen Perspektiven. Es umfasst sowohl die Selbstbeschreibung der Führungskraft als auch die Fremdbeschreibung durch Vorgesetzte, Kollegen und die zu führenden Mitarbeitenden. Es ist auch möglich, das Feedback von Kunden einzubeziehen. Das 360-Grad-Feedback bietet Führungspersönlichkeiten eine sehr gute Gelegenheit zur Selbstreflexion und Unternehmen einen guten Einblick in den Entwicklungsbedarf.

Auch hier bietet die Einbeziehung von externen Beratern in den 360-Grad-Feedback-Prozess erhebliche Vorteile. Ihre Unabhängigkeit gewährleistet Objektivität und Vertraulichkeit, was die Glaubwürdigkeit der Ergebnisse erhöht und ehrliches Feedback fördert. Mit ihrem Fachwissen und ihrer Erfahrung optimieren sie den Prozess effektiv, arbeiten mit Benchmarks und unterstützen die Entwicklung von gezielten Maßnahmen. Außerdem können Unternehmen, denen es oft an spezifischem internem Fachwissen mangelt, wertvolle Ressourcen einsparen und sich effektiv auf ihre Kernkompetenzen konzentrieren.

Der 360-Grad-Feedback-Prozess
Der 360-Grad-Feedback-Prozess beginnt mit einer anonymen Mitarbeitendenbefragung innerhalb der jeweiligen Abteilung oder Einheit, die gezielte Einblicke in die Führungs- und Arbeitskultur aus der Perspektive der direkt unterstellten Mitarbeitenden liefert. Dieses spezifische Feedback bildet die Grundlage für das ausführliche 360-Grad-Feedback der jeweiligen Führungskraft, das sowohl Selbst- als auch Fremdeinschätzungen umfasst. Diese Bewertungen werden ausschließlich von direkten Vorgesetzten, Kollegen auf derselben Hierarchieebene und anonym von direkt zugeordneten Teammitgliedern abgegeben. Externe Berater moderieren diesen Prozess, um Objektivität zu gewährleisten und die Vertraulichkeit des Feedbacks sicherzustellen.

Sobald die Umfragen abgeschlossen sind, führt ein vertrauliches Gespräch zwischen dem externen Berater (Profiler) und der Führungskraft zu tieferen Einsichten aus dem gegebenen Feedback. Es folgt eine vom externen Berater moderierte Teamdiskussion, in der die Führungskraft konstruktives Feedback direkt von ihrem Team erhält.

Auf der Grundlage dieser umfassenden Bewertungen werden individuell zugeschnittene Entwicklungspläne erstellt, um die Führungskompetenzen zu verbessern und eine positive Unternehmenskultur innerhalb der jeweiligen Einheit zu fördern.

Verborgene Strömungen in der Unternehmensstruktur
Die im Rahmen des 360-Grad-Feedbacks durchgeführten Teamgespräche offenbaren weit mehr als nur die Führungsqualitäten der einzelnen Leitungspersonen. Sie geben einen genauen Einblick in die tatsächliche Dynamik innerhalb der Teams und erstrecken sich auch auf die interdisziplinären Beziehungen, die für das Funktionieren des gesamten Unternehmens entscheidend sind.

Diese Gespräche bringen oft ans Licht, wie mit Konflikten umgegangen wird, inwieweit Wertschätzung und Respekt im Arbeitsalltag praktiziert werden, ob es Ausgrenzung gibt und ob Abteilungen fachübergreifend effektiv zusammenarbeiten. Sie offenbaren, was in den Teams und über Abteilungsgrenzen hinweg im Unternehmen wirklich vor sich geht.

Diese Gespräche sind unerlässlich, um sowohl die offensichtlichen als auch die subtilen und oft verborgenen Aspekte von Interaktionen und Zusammenarbeit vollständig zu erfassen. Ohne sie würden viele wichtige Details der Teamdynamik unerkannt bleiben.

Diese tiefgreifenden Erkenntnisse ermöglichen es Unternehmen, gezielt einzugreifen, um ein gesundes, respektvolles und integratives Arbeitsumfeld zu fördern. Diese Maßnahmen kommen allen Mitarbeitenden zugute und schaffen die Grundlage für eine effektive Zusammenarbeit und hohe Leistung.

Jetzt, da der spezifische Bedarf klar ist, können gezielte und maßgeschneiderte Inhouse-Schulungen geplant werden.

Viele Unternehmen haben einen übergreifenden Bedarf in den Bereichen Selbstmanagement, Stressprävention, Kommunikation, Moderations- und Präsentationstechniken, Konfliktmanagement und zukunftsorientierte Führungskompetenzen.

Um diesen gemeinsamen Herausforderungen wirksam zu begegnen, werden speziell zugeschnittene Schulungen angeboten, die nicht nur die individuelle Entwicklung der Führungskräfte fördern, sondern auch die gesamte Unternehmensstruktur stärken. Dieser gezielte Ansatz zur Unternehmensentwicklung ist der Schlüssel zur Steigerung der Wettbewerbsfähigkeit und zur nachhaltigen Förderung einer positiven Unternehmenskultur.

Investitionen in die Entwicklung dieser Fähigkeiten bei Führungskräften erhöhen nicht nur die emotionale Bindung und Zufriedenheit der Mitarbeitenden, sondern steigern auch die Attraktivität des Unternehmens als Arbeitgeber erheblich.

Gestalten Sie den Wandel

In diesem Kapitel haben wir eine Reise durch die vielschichtigen Aspekte der modernen Unternehmensführung unternommen. Durch die kritische Analyse globaler Trends und durch einen detaillierten Blick auf spezifische Personalrisiken haben wir gezeigt, wie entscheidend eine proaktive, einfühlsame und inspirierende Führung für den Erfolg und die Nachhaltigkeit eines Unternehmens ist.

Die Zukunft der Führung erfordert eine kontinuierliche Anpassung an sich verändernde Bedingungen und die Bereitschaft, traditionelle Managementstile zu überdenken, um eine Kultur der Integration, Innovation und Widerstandsfähigkeit zu fördern.

Warten Sie nicht darauf, dass der Wandel Sie erreicht – seien Sie der Motor des Wandels in Ihrem Unternehmen. Nutzen Sie die Erkenntnisse und Strategien in diesem Buch, um nicht nur auf Herausforderungen zu reagieren, sondern aktiv Chancen zu schaffen. Beginnen Sie damit, Ihre Führungsstrukturen durch ein umfassendes 360-Grad-Feedback zu bewerten und passen Sie Ihre Personalentwicklungsstrategien an, um echte, nachhaltige Fortschritte zu erzielen. Investieren Sie in die Entwicklung der sozialen Kompetenz Ihrer

Führungskräfte (sowie Manager) und fördern Sie eine Kultur, die jeden Mitarbeitenden inspiriert und motiviert.

Durch die Umsetzung dieser Ansätze können Sie eine Atmosphäre schaffen, die nicht nur die Zufriedenheit und Loyalität Ihrer Mitarbeitenden erhöht, sondern auch Ihre Wettbewerbsfähigkeit stärkt.

Lassen Sie dieses Buch der Startschuss für einen tiefgreifenden Wandel sein, der Ihr Unternehmen auf die Zukunft vorbereitet und es zu einem Ort macht, an dem Menschen nicht nur arbeiten, sondern auch wachsen, sich engagieren und gedeihen können.

Ihr Engagement ist der Schlüssel
Die Zukunft ist jetzt. Jede Entscheidung, jede Aktion und jede Innovation beginnt mit der Vision und dem Engagement von Führungspersönlichkeiten wie Ihnen. Lassen Sie uns gemeinsam eine Zukunft gestalten, die auf den Grundwerten Empathie, Wertschätzung und Respekt beruht.

Ihr Unternehmen verlässt sich auf Sie, Ihre Teams vertrauen auf Sie und der Markt beobachtet Sie. Machen Sie den ersten Schritt, um die Führungspersönlichkeit zu werden, die Unternehmen jetzt und in Zukunft für mehr Erfolg brauchen.

Literaturempfehlungen

Connert-Weiss, S., Dahm, J., Drack, K., Grandt, U., Henke, A., Hermann, M., Kramp, M., Krombholz, T., Masholder, M. und I. Osthoff, (2023). Zukunftssicherung. Impulse für Wege in eine stabile und positive Zukunft, Jünger Medien Verlag, Offenbach.

Häfner, A. und J. Hartmann-Pinneker (2023). Wertschätzung in Organisationen fördern, 1. Auflage, Hogrefe Verlag GmbH & Co KG., Göttingen.

Häfner, A. und C. Truschel (2022). Fluktuationsmanagement. Ungewollte Kündigungen vermeiden, 1. Auflage, Hogrefe Verlag GmbH & Co KG., Göttingen.

Hossiep, R., Zens, J. E. und W. Berndt (2020). Mitarbeitergespräche. Motivierend, wirksam, nachhaltig, 2. vollständig überarbeitete und erweiterte Auflage, Hogrefe Verlag GmbH & Co KG., Göttingen.

Hossiep, R. und O. Mühlhaus (2015). Personalauswahl und -entwicklung mit Persönlichkeitstests, 2. Auflage, Hogrefe Verlag GmbH & Co KG., Göttingen.

Kanning, U. P. und H. Kempermann (Hrsg.) (2012). Fallbuch BIP. Das Bochumer Inventar zur berufsbezogenen Persönlichkeitsbeschreibung in der Praxis, 1. Auflage, Hogrefe Verlag GmbH & Co KG., Göttingen.

Kortsch, T., Decius, J. und H. Paulsen (2024). Lernen in Unternehmen. Formal, informell, selbstreguliert, 1. Auflage, Hogrefe Verlag GmbH & Co KG., Göttingen.

Müller, K., Kempen, R. und T. Straatmann (2021). Mitarbeitendenbefragung. Organisationales Feedback wirksam gestalten, 1. Auflage, Hogrefe Verlag GmbH & Co KG., Göttingen.

Patzke, R. (2003). Führungskraft als Beruf. Erfolgreich führen in Kreditinstituten, Deutscher Sparkassen Verlag, Stuttgart.

Regnet, E. (2017). *Frauen ins Management. Chancen, Stolpersteine und Erfolgsfaktoren*, 1. Auflage, Hogrefe Verlag GmbH & Co KG., Göttingen.

Rempe, K. (1996). *Neue Wege der Selbstmotivation*, 3. Auflage, Deutscher Sparkassenverlag GmbH, Stuttgart.

Rose, N. (2020). *Führen mit Sinn. Wie Sie die Führungskraft werden, die Sie sich früher immer gewünscht haben*. Haufe, Freiburg.

Sarica, R. M. (2020). *Gesunde Führung in der VUCA-Welt. Orientierung, Entwicklung und Umsetzung in die Praxis*, 1. Auflage, Haufe-Lexware GmbH & Co. KG, Freiburg.

Zeschke, M. und H. Zacher (2022). *Homeoffice*, 1. Auflage, Hogrefe Verlag GmbH & Co KG., Göttingen.

Thomas Bayer
Netzwerkexperte, Unternehmensberater und Coach

© *Justin Bockey*

Thomas Bayer ist ein renommierter Netzwerkexperte und sehr angesehener Beauftragter des Bundesverbands für den Mittelstand. Er bringt fast 35 Jahre Erfahrung im Firmenkundenbereich von Banken und als geschäftsführender Gesellschafter in einem internationalen Unternehmen mit. Seine Expertise erstreckt sich über zahlreiche Branchen und Märkte, was ihn zu einem unverzichtbaren Problemlöser und Sparringspartner für kleine und mittelständische Unternehmen (KMUs) macht.

Thomas Bayer ist mehr als nur ein Experte – er ist ein Brückenbauer zwischen Ideen und ihrer erfolgreichen Umsetzung. Mit einem beeindruckenden internationalen Netzwerk und tiefgreifendem Wissen steht er CEOs, Geschäftsführern und Unternehmern als vertrauenswürdiger Berater zur Seite. Seine Fähigkeit setzt er ein, um maßgeschneiderte Lösungen zu entwickeln. Das macht ihn zum idealen Ansprechpartner für Führungskräfte, die mit ihrem Unternehmen expandieren wollen.

Durch seine inspirierenden und lehrreichen Veranstaltungen sowie sein praxisnahes Training schafft Thomas Bayer wahre Win-win-Situationen. Er fördert und unterstützt High Potentials aus verschiedensten Wirtschaftsbereichen, indem er ihnen die Werkzeuge und das Wissen an die Hand gibt, um ihre Ziele zu erreichen und über sich hinauszuwachsen. Sein Engagement für die Entwicklung und den Erfolg anderer ist beispiellos. Thomas Bayer – Ihr Schlüssel zu erfolgreichem Networking und nachhaltigem Wachstum! Lassen Sie sich von seiner Leidenschaft, seinem Fachwissen und seiner unermüdlichen Unterstützung inspirieren und begleiten. Entfesseln Sie das volle Potenzial Ihres Unternehmens mit einem der angesehensten Experten im Bereich des unternehmerischen Netzwerks. Sein Motto: *»Man kann und muss nicht alles wissen – Hauptsache, man kennt jemanden, der es weiß!«*

Weitere Informationen finden Sie auf: *www.bvmw.de/de/ruhrgebiet*

Vernetztes Denken, vernetztes Handeln
Netzwerken als transformative Stärke

In diesem Buchbeitrag werde ich die Bedeutung von Networking als Metakompetenz der Zukunft untersuchen und praktische Tipps sowie Strategien für den Aufbau und die Pflege eines starken Netzwerks in einer vernetzten Welt bereitstellen. Von der Definition von Zielen über die Investition von Zeit und Energie bis hin zur Pflege von Beziehungen werde ich Ihnen die wesentlichen Schritte und bewährten Methoden aufzeigen, die es Ihnen ermöglichen, Ihr Netzwerk zu erweitern und effektiv zu nutzen.

Früher gab es die sperrige Kamera mit einem 36-mm-Film für den Urlaub. Sie mussten sich genau überlegen, welches Motiv Sie als Souvenir festhalten wollten. Oder die Musik-CD, die in Holzregalen gehortet wurde. Heutzutage haben wir Smartphones, Spotify und Netflix. Das hat unseren Alltag verändert und ganze Branchen sind von der Bildfläche verschwunden – so auch Arbeitsplätze.

Mit dem Siegeszug der Smartphones sind bekannte Unternehmen wie Grundig und Kodak in der Bedeutungslosigkeit verschwunden oder in Konkurs gegangen. Der technologische Wandel hat die Unternehmenslandschaft verändert, und zwar ganz erheblich. Nokia, der damals führende Handy-Anbieter, verschwand sogar, weil er sich weigerte, Smartphones zu produzieren – unglaublich.

Aufgrund der Geschwindigkeit des Wandels werden die heutigen Y+Z-Generationen nicht mehr wissen, was sie in zehn bis 15 Jahren wo als Beruf machen werden. Es gibt immer mehr neue Berufe und

damit auch wechselnde Karrieremöglichkeiten. Es gibt Spezialisten, die derzeit mit ihrem Fachwissen überzeugen – aber wie lange noch? Wird lebenslanges Lernen in den verschiedenen Bereichen in Zukunft bessere Chancen bieten?
Ich bin zu 100 Prozent davon überzeugt, dass dies der Fall sein wird. Der Generalist, der über ein breites Wissen und ein stabiles Netzwerk verfügt, wird jedoch mit größerer Wahrscheinlichkeit einen viel sichereren Arbeitsplatz haben oder bekommen. Auch heute noch ist eine der beliebtesten Fragen in Vorstellungsgesprächen die nach den bestehenden, zuverlässigen Kontakten des Bewerbers.

In einer sich ständig verändernden und zunehmend vernetzten Welt wird Networking, nein, IST Netzwerken zu einer wichtigen Metafähigkeit geworden, die über Erfolg oder Misserfolg von Einzelpersonen und Organisationen entscheiden kann. Heutzutage geht es nicht mehr nur darum, über Fachwissen zu verfügen, sondern die richtigen Leute zu kennen und effektive Beziehungen zu ihnen aufzubauen. Dieser Paradigmenwechsel ist das Ergebnis einer Reihe von Faktoren, darunter die Globalisierung, die oben beschriebene Digitalisierung und die schnell fortschreitende technologische Entwicklung.

Networking ist nicht nur ein Tätigkeitsschwerpunkt für Geschäftsleute und Unternehmer, sondern hat sich zu einer bereichsübergreifenden Fähigkeit entwickelt, die in allen Lebensbereichen entscheidend ist. In einer Welt, in der das Tempo des Wandels ständig zunimmt und die Komplexität der Herausforderungen exponentiell wächst, sind belastbare Beziehungen der Schlüssel zur Anpassung, zum Ergreifen von Chancen und zum Aufbau von Widerstandsfähigkeit.

Die Bedeutung von Networking geht weit über die traditionellen Vorstellungen von Geschäftskontakten hinaus. Es ist ein wesentlicher Bestandteil persönlicher Beziehungen, sozialer Kreise und der beruflichen Entwicklung. Networking ermöglicht den Austausch von Ideen, die Zusammenarbeit bei Projekten und gegenseitige Unterstützung in Zeiten der Not. Es ist ein Instrument zur Förderung von Innovation, Wachstum und persönlicher Entwicklung.

Die Fähigkeit, ein effektives Netzwerk aufzubauen und zu pflegen, ist eine Kunst, die sowohl erlernt als auch kultiviert werden kann. Es erfordert jedoch Zeit, Engagement und die Fähigkeit, echte Beziehungen zu Menschen aufzubauen, die auf Vertrauen, Respekt und gemeinsamen Interessen beruhen. Es erfordert auch die Fähigkeit, die Vielfalt der heutigen Netzwerke, einschließlich persönlicher Kontakte, sozialer Medien, Berufsorganisationen und informeller Gruppen, zu verstehen und zu nutzen.

Definition von Netzwerken/Networking[1]

Networking ist ein proaktiver Prozess, bei dem Einzelpersonen strategisch Verbindungen herstellen, Beziehungen aufbauen und pflegen, um gegenseitigen Nutzen zu erzielen. Es ist ein bewusstes Bemühen, Kontakte zu knüpfen, Ressourcen zu teilen, Informationen auszutauschen und potenzielle Möglichkeiten zu erkunden. Dies geschieht nicht nur persönlich, sondern auch online über Plattformen wie LinkedIn, X und andere soziale Medien.

Die Bedeutung von Netzwerken für die Zukunft

In einer sich ständig verändernden Geschäftswelt ist der Zugang zu aktuellen Informationen und Ressourcen entscheidend. Mit einem starken Netzwerk können Sie auf ein breites Spektrum an Wissen, Erfahrung und Expertise zugreifen, um fundierte Entscheidungen zu treffen und innovative Lösungen zu entwickeln.

Durch Networking können Sie Ihre Sichtbarkeit erhöhen und Ihre Karrierechancen verbessern. Durch den Austausch von Ideen, Mentoring und Coaching können Sie Ihre Fähigkeiten und Führungskompetenzen und damit sich selbst beruflich weiterentwickeln. Ein starkes Netzwerk bietet Ihnen als Unternehmer eine Menge Unterstützung

---

[1] Vgl. Networking (Definition), https://de.wikipedia.org/wiki/Networking; besucht am 31.03.2024.

in schwierigen Zeiten. Es ermöglicht Ihnen, Feedback von Gleichgesinnten und Mentoren zu erhalten. Das stärkt nicht nur Ihr Selbstvertrauen, sondern hilft Ihnen auch, Herausforderungen zu meistern und persönliche oder berufliche Hindernisse zu überwinden.

Indem Sie mit anderen Fachleuten und Organisationen in Ihrem Netzwerk zusammenarbeiten, können Sie als Entscheidungsträger innovative Lösungen entwickeln und neue Geschäftsmöglichkeiten erkunden. Networking fördert den Austausch von Ideen und bewährten Verfahren, was zu kreativen Lösungen und einem Wettbewerbsvorteil führen kann.

Ich erlebe nun schon seit vielen Jahren, dass Sie durch Networking Ihren Einflussbereich erweitern und einen positiven Einfluss auf Ihre Branche, Ihr Unternehmen und Ihre Gemeinschaft haben können. Indem Sie sich aktiv an Diskussionen beteiligen, an Networking-Veranstaltungen teilnehmen und sich für wichtige Anliegen einsetzen, können Sie dazu beitragen, positive Veränderungen herbeizuführen und eine nachhaltige Zukunft zu gestalten. Das macht Sie für Ihre Partner und Kontakte aus den verschiedenen Gruppen wirklich interessant.

Insgesamt ist die Vernetzung in der Zukunft von entscheidender Bedeutung, da sie dazu beiträgt, sich anzupassen, zu wachsen und erfolgreich zu sein, während man sich den Herausforderungen und Chancen einer sich ständig verändernden Welt stellt.

Die Vielfalt der Vernetzung
Networking ist eine Kunst, die in einer Vielzahl von Kontexten angewendet werden kann: persönlich, beruflich und online. Jede Art von Networking bietet einzigartige Möglichkeiten, Beziehungen aufzubauen, Ressourcen mit anderen zu teilen und dabei Ihr Wissen zu erweitern. Bei den Veranstaltungen, an denen ich teilnehme, erfahre ich ständig von neuen Inhalten und nehme jedes Mal einen neuen Aspekt mit, sodass ich letztlich mein eigenes Fachwissen erweitern kann.

Beim *persönlichen Networking* geht es um den direkten zwischenmenschlichen Austausch von Informationen und Ideen. Dies kann durch informelle Treffen, Networking-Veranstaltungen, Konferenzen oder sogar durch gemeinsames Sporttreiben geschehen. Ein persönliches Netzwerk bietet die Möglichkeit, echte Kontakte zu knüpfen, Vertrauen aufzubauen und langfristige Beziehungen zu pflegen. Außerdem bietet es Zugang zu manchmal verborgenen Möglichkeiten und unterstützt die persönliche Entwicklung durch den Austausch von Erfahrungen und Ratschlägen.

Professionelles Networking konzentriert sich auf die Entwicklung von Beziehungen innerhalb Ihrer eigenen Branche oder Ihres beruflichen Umfelds. Dies kann durch Branchenveranstaltungen, Fachkonferenzen, Weiterbildungsprogramme oder Mentoring-Beziehungen geschehen. Ein starkes berufliches Netzwerk kann Ihnen neue Karrierechancen eröffnen. Es verschafft Ihnen Zugang zu Informationen und Fachwissen von Dritten, die Sie möglicherweise in Ihrem Unternehmen nutzen können. Es ermöglicht Ihnen auch, bewährte Verfahren auszutauschen, Herausforderungen zu lösen und oft die berufliche Entwicklung durch Feedback und Unterstützung von Kollegen und Experten zu fördern.

In meinen vielen Jahren in Banken und Verbänden habe ich eines immer wieder festgestellt: Als Unternehmer haben Sie oft die meist unausgesprochene Schwierigkeit, dass Sie niemanden mehr auf Ihrer Ebene haben, mit dem Sie auf Augenhöhe diskutieren oder Ideen austauschen können. Netzwerktreffen sind eine willkommene Gelegenheit, Gleichgesinnte zu treffen oder einfach Ideen auszutauschen. Sie glauben gar nicht, wie oft ich schon erlebt habe, dass CEOs aus völlig unterschiedlichen Branchen Ideen austauschen und dadurch plötzlich Probleme lösen konnten.

Mit dem Aufkommen der digitalen Technologien hat sich das Networking in den letzten Jahren zunehmend in den virtuellen Raum verlagert. *Online-Networking* wird sehr oft über Social-Media-Plattformen wie LinkedIn, X, Xing oder professionelle Foren und Online-Communitys betrieben. Diese Plattformen bieten die Möglichkeit, weltweit Kontakte zu knüpfen, Fachwissen auszutauschen, sich über aktuelle Entwicklungen zu informieren und sogar Möglichkeiten für Fernarbeit zu finden. Der Online-Raum ermöglicht effizientes Networking über geografische Grenzen hinweg, Zugang zu einem breiten Spektrum von Fachleuten und die Teilnahme an virtuellen Veranstaltungen und Diskussionen.

Zusammenfassend lässt sich sagen, dass Networking, ob persönlich, beruflich oder online, ein wesentlicher Bestandteil der modernen Geschäftswelt ist. Durch die Pflege und den Ausbau von Beziehungen lassen sich sowohl persönliche als auch berufliche Ziele erreichen. Es ist sehr wichtig, dass Sie die verschiedenen Arten des Networking nutzen und dabei eine ausgewogene Strategie entwickeln, die auf Ihre individuellen Bedürfnisse und Ziele zugeschnitten ist. Letztendlich ist Networking eine Investition in Ihre Zukunft, die Ihnen langfristige Vorteile und Chancen bietet.

Vorteile der Vernetzung
Networking ermöglicht es Ihnen als Unternehmer, Ihren Einflussbereich zu erweitern, indem Sie neue Kontakte knüpfen und bestehende Beziehungen pflegen. Das bedeutet nicht nur eine größere Reichweite innerhalb Ihrer eigenen Branche, sondern auch die Möglichkeit, in neue Branchen oder Märkte einzudringen. Ein erweiterter Einflussbereich ermöglicht es Ihnen, Ihre Ideen, Visionen und Strategien einem größeren Publikum vorzustellen und potenzielle Partnerschaften oder Geschäftsmöglichkeiten zu erkunden.

Ein gut etabliertes Netzwerk bietet Entscheidungsträgern einen breiten Zugang zu einer Vielzahl von Ressourcen. Dazu gehören Informationen über Branchentrends, Fachwissen zu bestimmten Themen, Finanzierungsmöglichkeiten für Investitionen oder Expansionen und Zugang zu Talenten für die Rekrutierung oder Entwicklung von Mitarbeitern. Dies sind die entscheidenden Aspekte bei der Bewältigung geschäftlicher Herausforderungen oder der Umsetzung neuer Initiativen. Das sollten Sie immer im Hinterkopf behalten.

Meiner bisherigen Erfahrung nach spielt das Networking eine entscheidende Rolle bei der Karriereentwicklung in Ihrer Rolle als Führungskraft. Ich habe es sehr oft erlebt: Kontakte schaden nur demjenigen, der sie nicht hat oder sie nicht nutzt. Networking bietet Ihnen Möglichkeiten für berufliches Wachstum, sei es durch das Aufspüren neuer Karrieremöglichkeiten, die Förderung Ihrer Person innerhalb des Unternehmens oder die Suche nach Mentoren oder Coaches. Ein gut ausgebautes Netzwerk kann Ihnen auch Zugang zu wichtigen Entscheidungsträgern verschaffen, was Ihre Chancen auf beruflichen Erfolg weiter erhöht.

So können Sie sich über aktuelle Branchentrends, bewährte Verfahren und innovative Ideen austauschen. Indem Sie mit Gleichgesinnten oder Experten sprechen, können Sie Ihr Wissen erweitern, neue Perspektiven gewinnen und fundierte Entscheidungen treffen. Dieser Informationsaustausch kann auch dazu beitragen, Risiken zu minimieren, da Sie so frühzeitig über mögliche Herausforderungen durch Dritte informiert werden und entsprechende Gegenmaßnahmen ergreifen können.

Indem Sie Beziehungen zu anderen Entscheidungsträgern aufbauen, können Sie die Sichtbarkeit und den Ruf Ihres Unternehmens stärken. Die Vernetzung auf Geschäftskanälen wie LinkedIn führt dank der entsprechenden Algorithmen zu weiteren Kontaktmöglichkeiten.

Ein positives Image innerhalb des Netzwerks kann dann zu neuen Geschäftsmöglichkeiten führen, das Vertrauen der Kunden stärken und die Positionierung des Unternehmens als Branchenführer unterstützen. Darüber hinaus können gemeinsame Projekte oder Partnerschaften innerhalb des Netzwerks dazu beitragen, das Wachstum und die Entwicklung Ihres eigenen Unternehmens voranzutreiben.

Die Herausforderungen der Vernetzung
Ich stelle es selbst immer wieder fest – eines der größten Hindernisse beim Networking ist das Zeitmanagement. Angesichts Ihres ohnehin schon vollen Terminkalenders kann es für Sie schwierig sein, genügend Zeit für Networking-Aktivitäten zu finden. Ich empfehle Ihnen daher, Prioritäten zu setzen und strategisch zu entscheiden, welche

Veranstaltungen oder Aktivitäten für Sie am wichtigsten sind, damit Sie Ihr Zeitbudget effektiv verwalten können.

Authentizität ist einer der wichtigsten Aspekte für erfolgreiches Networking. Sie sollten unbedingt darauf achten, dass Ihre Interaktionen nicht als oberflächlich oder opportunistisch wahrgenommen werden. Stattdessen sollten Sie echte, aufrichtige Beziehungen aufbauen, die auf gegenseitigem Respekt und Vertrauen beruhen. Dies setzt jedoch voraus, dass Sie ehrlich, offen sowie bereit sind, sich in die Bedürfnisse und Interessen anderer einzufühlen.

Die Pflege von Beziehungen erfordert kontinuierliche Bemühungen und Engagement. Deshalb halte ich es für besonders wichtig, regelmäßig mit Ihren Kontakten in Kontakt zu bleiben, sei es durch persönliche Treffen, eine Runde Golf, ein gemeinsames Mittagessen, ein Treffen bei einem »schnellen Kaffee«, Telefonate, E-Mails oder Interaktionen in den sozialen Medien. Das kann eine Herausforderung sein oder werden, vor allem, wenn Sie aufgrund Ihrer Position und Arbeit viel reisen oder mit einem breiten Netzwerk von Kontakten verbunden sind.

Zu viele Networking-Verpflichtungen können zu einer Überlastung führen und damit die Produktivität beeinträchtigen. Ausgehend von den Erfahrungen, die ich bereits gemacht habe, würde ich Ihnen dringend raten, sorgfältig zu überlegen, an welchen Veranstaltungen oder Aktivitäten Sie teilnehmen möchten. Allerdings erfordert dies auch eine klare Prioritätensetzung und ein gelegentliches »Nein« zu Anfragen, die nicht mit Ihren eigenen Zielen übereinstimmen.

In globalen Netzwerken können kulturelle Unterschiede und Sprachbarrieren zu Missverständnissen führen und die Effektivität beeinträchtigen. Sie sollten daher für diese Unterschiede sensibilisiert sein und Ihre Kommunikationsstrategien entsprechend anpassen, um sicherzustellen, dass Sie mit Kontakten aus verschiedenen Kulturkreisen effektiv interagieren können. Die gegenseitige Begrüßung in der arabischen Welt ist für uns Mitteleuropäer oft eine große Herausforderung. Das Wortspiel mit Fragen und Antworten ist eine Geduldsprobe, da wir in solchen Situationen aufgrund des Zeitdrucks schnell gestresst sind. Ein einziges falsches Wort kann zu einem Abbruch der

Beziehungen führen und sich folglich sehr negativ auf das gesamte Netzwerk auswirken.

Vernetzung im Zusammenspiel mit anderen Metakompetenzen[2]

Alle Metakompetenzen gehen über rein technische Fähigkeiten hinaus und beziehen sich auf die Fähigkeit einer Person, ihre eigenen Fähigkeiten, Verhaltensweisen und Denkmuster zu erkennen, zu verstehen, zu kontrollieren und weiterzuentwickeln. Metakompetenzen ermöglichen es Ihnen auch, effektiv mit sich selbst, anderen Menschen und den Anforderungen Ihrer persönlichen Rolle umzugehen.

Die wichtigste Metafähigkeit für den Unternehmer von heute ist die Vernetzung:

- Kommunikation – ein wesentlicher Faktor für eine belastbare Beziehung zwischen Menschen.
- Selbstmanagement und Selbstreflexion – die Fähigkeit, Ihre eigenen Ressourcen effektiv zu verwalten und Ihre Ziele zu erreichen. Dabei ist es immer notwendig, über sich selbst nachzudenken
- Empathie – die Gefühle, Bedürfnisse und Perspektiven anderer Menschen verstehen und angemessen darauf reagieren.
- Konfliktlösung – um produktive Beziehungen aufrechtzuerhalten und die Effektivität von Netzwerken zu maximieren.

Auf diese anderen Metakompetenzen werde ich in meinem Artikel hier jedoch nicht näher eingehen.

---

2   Vgl. Netzwerken lernen, https://karrierebibel.de/netzwerken-richtig-lernen/; besucht am 31.03.2024.

Lesen bildet; ein Buch kann dem Leser helfen, seine eigenen Metakompetenzen zu erkennen und zu entwickeln, indem es theoretische Konzepte, praktische Übungen, Fallstudien und Beispiele aus dem wirklichen Leben liefert. Meiner Meinung nach ist jedoch ein persönlicher Coach immer die bessere Alternative – schließlich hat jeder Spitzensportler einen guten Trainer, der ihn fordert und fördert.

Indem Sie an Ihren Metakompetenzen arbeiten und diese verbessern, können Sie nicht nur Ihre eigene Leistung steigern, sondern auch die Leistung und das Wohlbefinden Ihrer Mitarbeiter verbessern und den langfristigen Erfolg Ihres Unternehmens sicherstellen.

Sie müssen nicht nur effektiv kommunizieren, sondern auch starke Beziehungen zu Mitarbeitern, Kunden, Partnern und anderen Interessengruppen aufbauen und pflegen. Diese Beziehungen sind entscheidend für den langfristigen Erfolg des Unternehmens und können dazu beitragen, eine loyale und engagierte Arbeitsgemeinschaft zu schaffen.

Strategisches Denken im Kontext der Vernetzung
Der Begriff »strategisches Denken« bezieht sich auf die Fähigkeit, langfristige Ziele zu erkennen, klare Pläne zu entwickeln und die verfügbaren Ressourcen gezielt einzusetzen. Aufgrund meiner bisherigen Erfahrungen kann ich mit Fug und Recht behaupten, dass bestimmte Ziele auf diese Weise erreicht werden können. Im Kontext von Netzwerken bedeutet dies, dass der Aufbau und die Pflege von Beziehungen bewusst und zielgerichtet erfolgen sollte, um langfristige Vorteile zu erzielen. Strategisches Denken erfordert ein Verständnis für die Dynamik von Beziehungen, die Fähigkeit, Chancen zu erkennen und zu nutzen sowie die Bereitschaft, flexibel auf Veränderungen zu reagieren.

Ohne klare Ziele kann es schwierig sein, den Fokus zu behalten und die richtigen Schritte zu unternehmen, um die gewünschten Ergebnisse zu erzielen. Klare Ziele helfen Ihnen, Ihre Motivation zu steigern, Fortschritte zu messen und Ihren eigenen Erfolg zu bewerten. Sie helfen Ihnen bei der Auswahl der richtigen Kontakte sowie

Aktivitäten und ermöglichen es Ihnen, Ihre Zeit und Energie effizient zu nutzen.

Eine gründliche Analyse der Zielgruppen ist entscheidend, um die richtigen Kontakte anzusprechen und Beziehungen aufzubauen. Es geht nicht nur darum, die Bedürfnisse zu erkennen, sondern insbesondere auch die Interessen und Herausforderungen der anderen Partei. Durch die Segmentierung von Zielgruppen können Sie gezieltere Ansätze entwickeln und die Effektivität von Aktivitäten enorm steigern.

Beim Aufbau von Netzwerken geht es nicht um den Austausch von Visitenkarten oder oberflächliche Interaktionen, sondern vielmehr um den Aufbau von Vertrauen und gegenseitigem Respekt. Echte Beziehungen entstehen durch Engagement, Einfühlungsvermögen und die Bereitschaft, sich für das Wohl des anderen einzusetzen. Indem Sie sich aktiv für die Bedürfnisse und Interessen Ihrer Kontakte interessieren und ihnen einen Mehrwert bieten, können Sie Vertrauen aufbauen und langfristige Beziehungen entwickeln.

Erfolgreiche Netzwerke beruhen auf gegenseitigem Nutzen für alle Beteiligten. Es geht nicht nur ums Nehmen, aber es ist besonders wichtig, mit dem Geben und Teilen zu beginnen. Indem Sie Ihre Erfahrungen, Ihr Wissen und Ihre Kontakte mit anderen teilen, können Sie den Vertrauensaufbau erst beginnen. Gleichzeitig empfehle ich Ihnen, darauf zu achten, dass die Beziehung ausgewogen bleibt und Sie nicht ausgenutzt werden.

Der Aufbau von Netzwerken ist definitiv keine kurzfristige Angelegenheit, sondern erfordert eine langfristige Perspektive und kontinuierliche Pflege. Es geht nicht nur darum, kurzfristige Ziele zu erreichen, sondern auch darum, Beziehungen über einen längeren Zeitraum zu pflegen und zu stärken. Bei meiner Arbeit für einen Verband, der unter anderem die KMU (kleine und mittlere Unternehmen) vertritt, habe ich festgestellt, dass hier nur viel Ausdauer, Geduld und die Bereitschaft, in Beziehungen zu investieren, helfen, auch wenn der Nutzen nicht sofort sichtbar ist.

Die Geschäftswelt ist dynamisch und Veränderungen sind unvermeidlich. Daher ist es wichtig, flexibel und anpassungsfähig zu sein, wenn es um den Aufbau und die Pflege von Netzwerken geht. Sie sollten offen sein für neue Kontakte sowie Möglichkeiten und bereit sein, Ihre Strategie an die sich ändernden Anforderungen anzupassen.

Fazit

In unserer zunehmend digitalisierten und schnelllebigen Welt ist strategisches Denken eine wesentliche Fähigkeit beim Aufbau und der Pflege von Netzwerken. Indem Sie klare Ziele setzen, Zielgruppen analysieren, Beziehungen aufbauen, gegenseitigen Nutzen schaffen und eine langfristige Perspektive einnehmen, können Sie erfolgreiche Netzwerke aufbauen, die langfristigen Nutzen bringen.

Welche Plattformen gibt es für die Vernetzung?

In meiner Funktion als Vertreter eines Verbandes nehme ich oft an Branchenveranstaltungen und Fachkonferenzen zu Themen teil, die für meine Zielkundschaft geeignet sind. Dort kann ich neue Kontakte knüpfen und viele bestehende Kontakte pflegen. Das ist eine absolute Empfehlung, die ich gerne an Sie weitergebe.

Es gibt Stammtische für Unternehmer oder klassische Treffen – ein einfaches, persönliches Mittagessen, um sich besser kennenzulernen, eine Runde Golf, ein informelles Treffen mit Partnern oder einfach nur ein Informationsaustausch.

Die wöchentlichen Treffen von Wirtschaftsclubs, wie dem Lions Club, den Rotariern oder den Soroptimisten, sind ein möglicher Ausgangspunkt, den ich ebenfalls empfehlen kann. Hier können Sie Unternehmer aus der Region treffen, oft aus verschiedenen Branchen. Hier können Sie auch andere Sichtweisen und Einschätzungen von Situationen besser verstehen, Ihr eigenes Fachwissen einbringen und es dadurch erweitern. Neues Wissen hilft!

In Bezug auf die Online-Präsenz empfehle ich derzeit den beliebtesten Social-Media-Kanal für Unternehmer – LinkedIn –, auf dem Sie Ihre eigene Expertise durch eigene Inhalte und Beiträge oder durch die Teilnahme und Kommentare in Diskussionen unter Beweis stellen und so Vertrauen bei Ihren Gesprächspartnern und anderen Lesern aufbauen können. Die Menschen wollen Persönlichkeit und vor allem persönliche Aspekte im Zusammenhang mit dem Unternehmen sehen. Ein guter Beitrag mit ansprechenden Bildern oder Videos und einem Bezug zum Unternehmen erregt Aufmerksamkeit und stärkt Ihre Kompetenz bei Lesern und Followern. Ihr Netzwerk wird dadurch stetig wachsen.

TikTok erfreut sich derzeit immer größerer Beliebtheit – auch im traditionellen Unternehmensbereich. Ursprünglich vor allem von der jüngeren Generation gehyped, wird diese Plattform auch bei Unternehmen immer beliebter. Und warum? Jeder kennt das Sprichwort – ein Bild sagt mehr als tausend Worte und ein Film ist mehr als tausend Bilder wert. Und genau das ist heutzutage die Absicht. Kurze, prägnante Videos sollen Sichtbarkeit erzielen und die Aufmerksamkeit potenzieller Zielkunden auf sich ziehen. Der wunderbare Nebeneffekt ist, dass bestehende Kontakte Ihre Expertise immer wieder sehen.

Andere Plattformen wie X, Facebook oder Instagram werden von Personalverantwortlichen häufig genutzt, da sie ebenfalls zur Identifizierung von Einstellungspotenzialen verwendet werden können.

Kammern wie die Industrie- und Handelskammer (IHK), die Handwerkskammer oder Branchenverbände sowie viele andere Berufsverbände bieten nicht nur Veranstaltungen und Vorträge, sondern oft auch ergänzende Fortbildungen an, die einerseits Networking-Möglichkeiten bieten, andererseits aber auch informativen Input liefern. Eine gute Gelegenheit, das eigene Wissen zu erweitern und gleichzeitig das eigene Netzwerk auszubauen.

Heutzutage nehmen aufstrebende Manager und Jungunternehmer zunehmend an Mentoring-Programmen teil, um in regelmäßigen Treffen von Wissen und Erfahrung zu profitieren.

Der Coaching-Sektor bietet eine breite Palette interessanter Dienstleistungen für Selbstständige und/oder Unternehmer. Neben dem traditionellen Einzel- oder Gruppencoaching gibt es auch sogenannte Mastermind-Gruppen. Das Ziel dieser Gruppen besteht darin, sich gegenseitig bei den Herausforderungen der einzelnen Teilnehmer zu unterstützen. Dies ist eine großartige Möglichkeit, sich gegenseitig kennenzulernen und Ihr eigenes Netzwerk zu erweitern. Und warum? Weil es oft nicht nur einen fachlichen Austausch über mehrere Tage gibt, nein, Sie lernen die Teilnehmer natürlich auch in privater Atmosphäre während des ergänzenden Rahmenprogramms kennen. Das fördert den schnelleren Aufbau von Vertrauen.

Meine nächste Empfehlung sind strategische Partnerschaften. Es gibt auch genügend Möglichkeiten zur Vernetzung mit Lieferanten, Kunden oder Dienstleistern wie Softwareunternehmen, Energieversorgern oder Banken/Versicherungen.

Ehemalige Studenten kennen sie – die Alumni-Treffen ehemaliger Studenten an den jeweiligen Universitäten. Das Wiedersehen mit Kommilitonen aus der Vergangenheit und die Diskussion über die Entwicklung ihrer Karrieren bieten auch neue Perspektiven für eine mögliche Zusammenarbeit.

Meine drei T = Zehn Top-Tipps
Hier finden Sie einige praktische Tipps und Anleitungen, wie Sie Ihr persönliches Networking strategisch verbessern können:

Klarheit über Ihre Ziele

Bevor Sie mit dem Networking beginnen, sollten Sie sich darüber im Klaren sein, was Sie erreichen wollen. Definieren Sie klare Ziele, sei es die Erweiterung Ihres Kundenstamms, die Suche nach Mentoren oder die Entwicklung neuer Geschäftsmöglichkeiten.

Identifizieren Sie relevante Netzwerke

Finden Sie heraus, welche Netzwerke für Ihre beruflichen Ziele am wichtigsten sind. Das können Branchenverbände, Fachkonferenzen, lokale Geschäftsgruppen oder Online-Plattformen sein.

Pflegen Sie Ihre Online-Präsenz

In der digitalen Welt von heute ist eine starke Online-Präsenz von entscheidender Bedeutung. Optimieren Sie Ihr LinkedIn-Profil und andere Profile in sozialen Medien, um einen professionellen Eindruck zu hinterlassen und potenzielle Kontakte zu gewinnen.

Aktiv zuhören und Interesse zeigen

Es geht nicht nur darum, über sich selbst zu sprechen, sondern vielmehr darum, anderen zuzuhören und echtes Interesse an ihren Bedürfnissen und Herausforderungen zu zeigen. Stellen Sie Fragen und zeigen Sie Empathie.

Bieten Sie Mehrwert

Versuchen Sie, Ihren Kontakten einen Mehrwert zu bieten, sei es, indem Sie relevante Informationen weitergeben, nützliche Ressourcen empfehlen oder ihnen bei der Lösung von Problemen helfen. Indem Sie geben, werden Sie oft empfangen. Meine Erfahrung hier: Geben zahlt sich zuerst aus, meist mehrfach.

Pflegen Sie Ihre Kontakte

Networking ist keine einmalige Aktivität, sondern ein fortlaufender Prozess. Pflegen Sie Ihre Kontakte regelmäßig, indem Sie sie auf dem Laufenden halten, sie zu Veranstaltungen einladen oder einfach eine persönliche Beziehung aufrechterhalten.

Seien Sie authentisch

Menschen mögen es, mit authentischen Menschen zu interagieren. Seien Sie daher ehrlich und authentisch in Ihrem Verhalten und Ihren Interaktionen. Vermeiden Sie es, sich zu verstellen oder übertrieben zu wirken.

Nutzen Sie Networking-Veranstaltungen effektiv

Wenn Sie an Networking-Veranstaltungen teilnehmen, setzen Sie sich klare Ziele, wen Sie treffen möchten; und bereiten Sie sich darauf vor, sich und Ihr Unternehmen kurz und bündig vorzustellen. Gehen Sie proaktiv auf neue Kontakte zu.

Bleiben Sie dran

Nach einer Networking-Veranstaltung oder einem Treffen ist es wichtig, in Kontakt zu bleiben. Senden Sie eine Dankes-E-Mail oder eine Einladung zur Kontaktaufnahme auf LinkedIn und zeigen Sie Ihr Interesse an einer weiteren Zusammenarbeit. Aber seien Sie vorsichtig – machen Sie das nicht zu oft –, es könnte kontraproduktiv sein.

Lernen Sie kontinuierlich

Networking ist eine Fähigkeit, die Sie ständig verbessern können. Nehmen Sie sich Zeit, um Feedback einzuholen, Ihre Erfahrungen zu reflektieren und von erfolgreichen Netzwerkern in Ihrer Umgebung zu lernen.

Wenn Sie diese Tipps und Richtlinien befolgen und Ihre Networking-Fähigkeiten kontinuierlich verbessern, werden Sie in der Lage sein, wertvolle Beziehungen aufzubauen, von denen Sie langfristig beruflich profitieren werden. Ich kann nur immer wieder betonen, dass Networking eine investitionsintensive Tätigkeit ist, die sich aber auf lange Sicht auszahlen kann und wird.

»Training macht den Meister« – Übungen für Sie!

Es gibt eine Vielzahl von Übungen und Aktivitäten, die Ihnen helfen, Ihre Netzwerkfähigkeiten zu entwickeln. Hier habe ich ein paar davon aufgelistet, die Ihnen helfen werden.

- Führen Sie ein Tagebuch über Ihre Netzwerkaktivitäten – reflektieren Sie Ihre Ziele, Erfolge, Herausforderungen und Erkenntnisse.
- Setzen Sie sich Ziele nach der »SMART«-Formel: spezifisch, messbar, erreichbar, relevant und zeitgebunden.
- Führen Sie Gespräche, in denen Sie als Teilnehmer verschiedene Networking-Situationen simulieren, um vor allem empathische Fähigkeiten zu entwickeln.
- Üben Sie den sogenannten Elevator Pitch bis zur Perfektion, wenn Sie verschiedene Angebote haben, auch individuell für jeden einzelnen Aspekt. Das wird Ihre Selbstdarstellung enorm verbessern.
- Lernen Sie Ihr persönliches Storytelling, um für Ihren Gesprächspartner interessant zu werden. Kombinieren Sie private Erlebnisse mit Themen aus dem geschäftlichen Kontext.
- Entwickeln Sie einfach ein Spiel für Ihre Mitarbeiter, bei dem die Teilnehmer und Sie herausgefordert sind, innerhalb eines Zeitlimits effektiv über ein Thema zu kommunizieren.
- Üben Sie Verhaltensweisen in schwierigen Situationen. Stellen Sie sich dazu ein unerwartetes Szenario vor und üben Sie, damit umzugehen oder das Problem mit anderen zu lösen.
- Planen Sie Ihre Aktivitäten und Ziele strategisch – wer, wo, wie, wann, wie oft. Analysieren Sie Ihre jeweiligen Schritte.

Die Netzwerkkarte

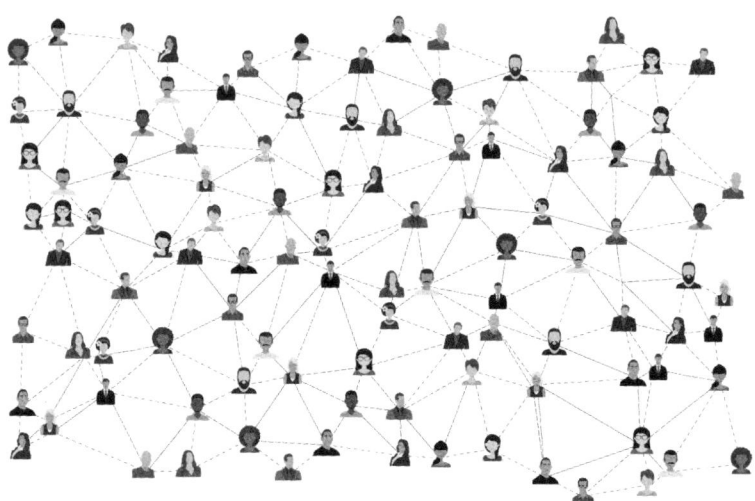

Abbildung 1: Netzwerkkarte
© *Pixabay, GDJ, 3846597*

Die Karte zeigt ein Beispiel für Ihr persönliches Netzwerk. Sie können diese Karte gerne auf einem großen Flipchart in Ihrem Unternehmen personalisieren und sie ergänzen, wenn Sie neue Kontakte knüpfen. Sie kennen Ihre Kontakte! Aber wen kennen Ihre Kontakte außer Ihnen noch? Können Sie vielleicht strategisch interessante Kontakte identifizieren, die Sie ansprechen könnten? Machen Sie sich die Arbeit und Sie werden sehen, welches ungenutzte Potenzial vor Ihnen liegt. Mit nur drei bis fünf anderen Kontakten pro Person, die Sie kennen, wird das entstehende Netzwerk riesig sein. Sie können mir gerne die Anzahl Ihrer Kreise nennen.

Worauf sollten Sie achten?
Networking ist ein gegenseitiger Prozess, der auf Vertrauen, Respekt und gegenseitigem Nutzen beruht. Falsches Networking kann Ihren beruflichen oder geschäftlichen Ruf langfristig schädigen und sich somit sehr negativ auf die Möglichkeit einer zukünftigen Zusammenarbeit auswirken. Es ist daher wichtig, das Folgende zu vermeiden:

Übertriebenes Eigeninteresse mit dem Gedanken, nur persönliche Vorteile zu erzielen, ohne ein wirkliches Interesse an einer echten Beziehung zu haben, wird von der anderen Person als oberflächlich empfunden. Wenn Sie ständig über sich selbst sprechen, ohne der anderen Person aktiv zuzuhören oder ohne einen Mehrwert zu bieten, werden Sie von der anderen Person als unangenehmer Selbstdarsteller wahrgenommen.

Achtung – hier wird es unangenehm. Wenn Sie nur beeindrucken wollen, indem Sie eine falsche Persönlichkeit oder falsche Interessen vortäuschen, werden Sie das Vertrauen Ihres Gegenübers nie gewinnen oder, noch schlimmer, verlieren, wenn Ihr falsches Spiel offensichtlich wird. Dies kann sogar Ihren Ruf schädigen, was sich schnell herumsprechen und schwerwiegende Folgen haben kann.

Verzichten Sie auf das Versenden von Spam-Nachrichten, das heißt das Versenden von ungezielten Kontaktanfragen auf Social-Media-Plattformen nur um der Kontaktaufnahme willen. Prüfen Sie im Voraus, was diese Person Ihnen bringen kann. Weniger ist mehr! Dieses Sprichwort erweist sich hier als wahr.

Versuchen Sie nach Möglichkeit nie, sich einen sofortigen Vorteil zu verschaffen. Bauen Sie zunächst eine Beziehung auf, die langfristig Bestand hat. Um die Beziehung aufzubauen, empfehle ich Ihnen eine kontinuierliche Erweiterung, bleiben Sie in Kontakt und das Vertrauen in Sie wird wachsen.

Fazit

Networking ist mehr als nur das Sammeln von Visitenkarten oder E-Mail-Adressen. Der Aufbau belastbarer Beziehungen ist der Schlüssel.

Es geht darum, authentische Beziehungen aufzubauen, die Ihr Leben und oft auch Ihre Karriere bereichern können. Diese Kontakte dienen nicht nur als Quelle für neue Möglichkeiten, sondern können Ihnen auch emotionale Unterstützung und Mentoring bieten.

Investieren Sie proaktiv Zeit, Geduld und Energie, indem Sie regelmäßig persönlich an Networking-Veranstaltungen teilnehmen und bestehende Beziehungen angemessen pflegen. Beim Networking ist Geben besser als Nehmen. Es gibt fast immer ein Gleichgewicht der Energien – oft entstehen die gewünschten Win-Win-Situationen.

Endgültig inspirierend CASE EXAMPLE[3]

Joe Girard war ein legendärer Netzwerker und Verkaufsexperte, der für seine außergewöhnlichen Fähigkeiten beim Aufbau von Beziehungen und im Verkauf bekannt war.

Hier sind einige seiner Strategien:

- Girard glaubte an die Bedeutung eines ständigen Kontakts mit seinen Kunden. Er pflegte einen regelmäßigen persönlichen Kontakt durch Tausende von Anrufen, Briefen und Besuchen, um eine starke Beziehung aufzubauen und die Bedürfnisse seiner Kunden zu verstehen.
- Girard nahm sich die Zeit, seine Kunden persönlich kennen zu lernen und ihre individuellen Bedürfnisse und Vorlieben zu verstehen. Er passte seine Interaktionen und Angebote entsprechend an, was zu einer stärkeren Loyalität und einem höheren Verkaufserfolg führte.
- Girard nutzte bestehende Kundenbeziehungen, um sein Netzwerk zu erweitern. Er ermutigte zufriedene Kunden, ihre Freunde und Familienmitglieder an ihn zu verweisen und belohnte sie oft

---

3   Vgl. Joe Girard, https://de.wikipedia.org/wiki/Joe_Girard; besucht am 31.03.2024.

dafür. Dies führte zu einer starken Mundpropaganda und einem stetigen Zustrom neuer Kunden.
- Girard setzte sich für einen außergewöhnlichen Kundenservice ein und ging weit über die Erwartungen seiner Kunden hinaus, um ihre Zufriedenheit zu gewährleisten. Er war dafür bekannt, Probleme schnell zu lösen und seinen Kunden ein erstklassiges Kauferlebnis zu bieten.
- Girard war extrem hartnäckig und beharrlich in seinem Verkaufsansatz. Er gab nicht auf, auch wenn er zunächst abgewiesen wurde, sondern suchte nach alternativen Wegen, um seine Ziele zu erreichen. Diese Beharrlichkeit zahlte sich aus und trug zu seinem Erfolg als Spitzenverkäufer bei.

Insgesamt zeichnete sich Joe Girard durch seine Fähigkeit aus, starke Beziehungen aufzubauen, den Wert seiner Kunden zu maximieren und langfristige Verkaufserfolge zu erzielen, indem er sein Netzwerk kontinuierlich pflegte. Seine Strategien und Prinzipien sind auch heute noch für jeden relevant, der im Vertrieb und im Networking erfolgreich sein möchte.

Joe Girard hat seinen Platz im Guinness-Buch der Rekorde gefunden – als Autoverkäufer. Zwölf Jahre hintereinander war er der Verkäufer mit den meisten verkauften Fahrzeugen in den USA. Niemand vor ihm hatte dies jemals zweimal hintereinander geschafft. Dabei stellte er verschiedene andere Rekorde auf, und das alles ohne wirkliches Training oder Coaching in diesem Bereich. Seine Rekorde:

- Die meisten Neuwagenverkäufe an einem Tag (18)
- Die meisten Neuwagenverkäufe in einem Monat (174)
- Die meisten Neuwagenverkäufe in einem Jahr (1.425)
- Die meisten Neuwagenverkäufe in einer 15-jährigen Karriere (13.001)

Für mich ist dies ein besonders eindrucksvolles Beispiel dafür, wie eine Idee und kontinuierliche Arbeit zum Erfolg führen können.

Zusammenfassung und Ausblick

Networking ist für Ihr persönliches und berufliches Wachstum heute und erst recht in der Zukunft von entscheidender Bedeutung. Wenn Sie die Prinzipien des Networking verstehen und in die Praxis umsetzen, können Sie nicht nur Ihre beruflichen Ziele erreichen, sondern auch ein erfüllendes und unterstützendes Netzwerk aufbauen, von dem Sie in allen Bereichen Ihres Lebens profitieren. Networking ist eine Metafähigkeit, die sich nicht nur auf Ihre Karriere, sondern auch auf Ihr persönliches Wachstum und Ihre Lebenszufriedenheit auswirken wird. Indem Sie in Ihre Beziehungen investieren und Ihre Networking-Fähigkeiten ausbauen, können Sie langfristigen Erfolg und Wohlbefinden sicherstellen.

Die Digitalisierung, virtuelle sowie interkulturelle Netzwerke werden in einer globalisierten Welt immer wichtiger. Künstliche Intelligenz wird dabei in Zukunft eine größere Rolle spielen. Durch die Analyse von Daten und Verhalten können Algorithmen Ihnen helfen, relevante Kontakte zu identifizieren und Ihren Netzwerkerfolg zu maximieren. Machen Sie sich das zunutze.

Starten Sie noch heute: mit mir! Kontaktieren Sie mich gerne über:

linkedin.com/in/thomas-bayer-74409024b/

Oder machen Sie weiter: zielstrebig, respektvoll, authentisch, emphatisch!

Nikolai A. Behr
Experte für Führungskräfte-Kommunikation und audiovisuelle Unternehmenskommunikation

© DIKT GmbH

Dr. Nikolai A. Behr ist ein Experte für Führungskräfte-Kommunikation und audiovisuelle Unternehmenskommunikation. Seit zwei Jahrzehnten trainiert er Managerinnen und Manager sowie Vorstände und Aufsichtsräte für wichtige Kommunikationsereignisse und TV-Auftritte. Davor arbeitete er viele Jahre als Fernsehjournalist, Hörspielsprecher, Marketingmanager, Produzent und Trainer. In diesem Buch teilt Dr. Behr seine vielfältigen Erfahrungen und Erkenntnisse, um Führungskräften wertvolle Tipps für eine effektive, empathische und nachhaltige Kommunikation zu geben.

Seit 2007 leitet Dr. Behr die DIKT GmbH, die sich mit ihren Marken Deutsches Institut für Kommunikations- und Medientraining (DIKT)® und brain script® auf Führungskräftetraining und die Produktion von hochwertigen Imagefilmen spezialisiert hat. Dr. Behr, der in Umweltpolitik promoviert hat, besitzt einen Executive MBA der TUM School of Management und ist Certified Private Equity Analyst (CPEA).

Neben seiner Rolle als Geschäftsführer und Medientrainer unterstützt Nikolai A. Behr Start-ups und junge Unternehmer als Business Angel. Er ist Vorstandsmitglied des Internationalen Komitee Journalisten helfen e.V., Gastdozent an verschiedenen Hochschulen und Trainer an der Akademie der German Speakers Association (GSA).

Weitere Informationen finden Sie auf:
www.medientraining-institut.de und *www.dr-behr.com*

Kommunikation als Führungsaufgabe
Schlüssel zum Unternehmenserfolg

Grundlagen der Kommunikation im Leadership

Die Bedeutung von effektiver und empathischer Kommunikation für die Unternehmensführung
Kommunikation in der Führung bedeutet mehr als nur die Übermittlung von Informationen. Sie ist die Kunst, Botschaften so zu gestalten, dass sie Klarheit schaffen, Mitarbeiter inspirieren und die Unternehmensziele unterstützen. In einer Welt, die von Wirtschaftskrisen, rasantem technologischen Wandel, Fachkräfte- und Rohstoffmangel und den dringenden Anforderungen des Klimawandels geprägt ist, wird von Führungskräften nicht nur erwartet, dass sie die richtigen Entscheidungen treffen, sondern auch, dass sie diese Entscheidungen effektiv und einfühlsam kommunizieren.

Effektive und einfühlsame Kommunikation im Management fördert eine Kultur der Offenheit, verbessert das Engagement und die Zufriedenheit der Mitarbeiter und minimiert Missverständnisse. Sie spielt eine entscheidende Rolle bei der Bewältigung von Veränderungen und bei der Motivation von Teams, gemeinsam an der Bewältigung neuer Herausforderungen zu arbeiten. Sie spielt auch eine Schlüsselrolle dabei, wie ein Unternehmen in der Öffentlichkeit wahrgenommen wird, zum Beispiel von Kunden, Lieferanten, dem Finanzmarkt und Wettbewerbern.

Einfluss von Kommunikationsstilen auf die Motivation und Bindung von Mitarbeitern

Vertreter verschiedener Führungsstile kommunizieren auf unterschiedliche Weise. Ein autoritärer Stil ermöglicht zwar schnelle Entscheidungen, kann aber das Gefühl der Mitbestimmung untergraben. Partizipative Führungskräfte hingegen fördern einen offenen Dialog, der die Mitarbeitenden dazu ermutigt, sich am Entscheidungsprozess zu beteiligen. Gerade in Zeiten des Fachkräftemangels und des schnellen Wandels durch die Digitalisierung kann dies zu mehr Mitarbeiterbindung- und motivation beitragen.

In der heutigen digitalen Ära, in der Teams oft nur remote vernetzt sind oder hybrid arbeiten, wird transparente und offene Kommunikation noch wichtiger. Führungskräfte müssen durch eine klare, konsistente und regelmäßige Kommunikation sicherstellen, dass alle Teammitglieder, unabhängig von ihrem Standort, die Unternehmensziele verstehen und sich für diese einsetzen. Eine Studie der Macromedia Hochschule Köln und des DIKT unter der Leitung von Prof. Dr. Holger Sievert aus dem Jahr 2023 hat gezeigt, dass Teams, die sich regelmäßig (zum Beispiel einmal pro Woche) mit ihren Führungskräften zu Vor-Ort-Meetings treffen, ein deutlich besseres Gemeinschaftsgefühl haben als die von Managern, die sich nur virtuell mit ihren Teams treffen.[1]

Die zusätzlichen Herausforderungen des Klimawandels mit weiteren regulatorischen Anforderungen erfordern ebenfalls mehr Kommunikation. Führungskräfte müssen ihre Teams über umweltfreundliche Praktiken, Verfahren und Vorschriften informieren und sie motivieren, die Nachhaltigkeitsziele des Unternehmens zu unterstützen. Dies erfordert häufig, bestehende Prozesse zu überdenken und neue, innovative Lösungen zu kommunizieren, die sowohl ökologisch als auch ökonomisch nachhaltig sind.

---

[1] Vgl. Macromedia Hochschule Köln, DIKT (2023).

Praktische Anwendungsfälle und Beispiele

Unternehmen wie Siemens[2] und IKEA[3] haben gezeigt, wie entscheidend die Kommunikation für die Implementierung von Nachhaltigkeitsstrategien und die digitale Transformation ist. Beide Unternehmen nutzen regelmäßige Updates, Town Hall Meetings und digitale Plattformen, um sicherzustellen, dass alle Mitarbeiter, von der Werkshalle bis zum Management, die strategischen Ziele und ihre persönliche Rolle in diesen Prozessen verstehen.[4] [5]

Ein Beispiel für die negativen Konsequenzen schlechter Kommunikation liefert die Deutsche Bank im Fall der Kirch-Gruppe, bei der eine öffentliche Äußerung zur Kreditwürdigkeit schwerwiegende rechtliche und finanzielle Folgen hatte. Dies veranschaulicht, wie eine unbedachte Äußerung zu einem Vertrauensverlust führen kann, der oft nur schwer zu beheben ist.

Zusammenfassung

Die Fähigkeit, effektiv zu kommunizieren, ist mehr als nur eine Führungsqualifikation. Sie ist ein strategischer Imperativ, der die Widerstandsfähigkeit und Agilität eines Unternehmens in unsicheren Zeiten erhöht. Wenn Führungskräfte lernen, ihren Kommunikationsstil zu adaptieren und zu verfeinern, können sie nicht nur ihre Teams inspirieren, sondern auch die übergeordneten Unternehmensziele effektiver unterstützen und umsetzen.[6]

---

2   Vgl. Bundesverband Industrie Kommunikation (2023).
3   Vgl. Stackpol, T. (2021).
4   Vgl. Deutsches Institut für Marketing (2023).
5   Vgl. GPRA (2021).
6   Vgl. Manager Magazin (2006) und Ott, K. (2012).

Erfolgreiche Kommunikation in der Praxis

Effektive Kommunikation ist eine der wichtigsten Säulen erfolgreicher Führung. Dieser Abschnitt befasst sich nicht nur mit historischen Beispielen, sondern auch mit aktuellen Fällen, die die Bedeutung von guten Kommunikationsstrategien in der heutigen schnelllebigen und vernetzten Welt unterstreichen.

Nokias Transformation in den 1990er Jahren

In den frühen 1990er Jahren stand Nokia vor enormen Herausforderungen: Der einst diversifizierte Mischkonzern war in vielen seiner Geschäftsbereiche nicht mehr wettbewerbsfähig. Das Management beschloss, das Unternehmen radikal umzugestalten, um sich auf die Telekommunikationsbranche zu konzentrieren. Dies erforderte nicht nur strategischen Weitblick, sondern auch eine kommunikative Meisterleistung.[7]

Kommunikationsstrategie

Stichwort interne Transparenz: Jorma Ollila, der damalige CEO, setzte auf eine offene Kommunikation über die geplanten Veränderungen, um Unsicherheit und Widerstand unter den Mitarbeitern zu minimieren.

Regelmäßige, klare Kommunikation und Aktualisierungen hielten die Mitarbeiter über Fortschritte und Herausforderungen auf dem Laufenden, was das Vertrauen in das Management des Unternehmens stärkte, und die Loyalität der Mitarbeiter erhöhte.

Ergebnisse

Diese Strategie führte zu einer verbesserten Unternehmenskultur und einer starken Marktposition in der Telekommunikationsbranche.

---

[7] Vgl. Cooper & Steinbock (2001) und *Nokia Jahresberichte 1992 bis 1995*.

Nokia wurde zum Weltmarktführer für Mobiltelefone und konnte diese Position fast ein Jahrzehnt lang halten.

Die Tylenol-Krise bei Johnson & Johnson
1982 sah sich Johnson & Johnson (J&J) mit einer potenziell verheerenden Krise konfrontiert, als sieben Menschen in Chicago nach der Einnahme von mit Zyanid vergiftetem Tylenol starben. Die Art und Weise, wie J&J kommunizierte, wurde zu einem Paradebeispiel für effektives Krisenmanagement.[8]

Kommunikationsstrategie

Sofortige Transparenz: J&J informierte die Öffentlichkeit sofort über die Risiken und zog Tylenol aus dem Verkauf zurück, auch wenn dies kurzfristige finanzielle Verluste bedeutete.

Kontinuierliche Updates: Das Unternehmen nutzte die Medien, um über den Stand der Ermittlungen zu informieren und Sicherheitsmaßnahmen zu kommunizieren, was das öffentliche Vertrauen stärkte.

Ergebnisse

J&J war in der Lage, das Vertrauen der Kunden zurückzugewinnen und Tylenol erfolgreich wieder auf den Markt zu bringen. Die entschlossene und transparente Art der Kommunikation schützte die Marke und führte zu einer langfristigen Kundenbindung.[9] Und solche Erfolgsgeschichten sind langfristig auch für den Aktienmarkt wichtig. Das erfolgreiche Krisenmanagement war für Fondsmanager Michael Holland der Grund, J&J als größte Position in Fonds zu halten.[10]

---

8   Vgl. Schultz, M. C. und J. T. Schultz (1990).
9   Vgl. Fink, S. (1986).
10 Vgl. Rehak, J. (2002).

Lehren und Anwendung in der heutigen Zeit
Die Beispiele von Nokia und J&J zeigen, dass erfolgreiche Kommunikation auf Transparenz, Regelmäßigkeit und einer klaren strategischen Ausrichtung beruhen muss. In einer Zeit, in der Unternehmen mit globalen Unsicherheiten, technologischen Veränderungen und ökologischen Herausforderungen konfrontiert sind, sind diese Kommunikationsprinzipien aktueller denn je.

Wie bereits erwähnt, zeigen diese Fälle die Bedeutung von Transparenz und regelmäßigen Updates sowohl in Transformationsphasen als auch in Krisenzeiten. Diese historischen Beispiele legen den Grundstein für Kommunikationsprinzipien, die auch in modernen Kontexten anwendbar sind.

Modernere Beispiele für effektive Kommunikation

SpaceX und die Kommunikation von technischen Innovationen (ab etwa 2010)

SpaceX hat die Kommunikation genutzt, um seine technologischen Durchbrüche und Missionen öffentlichkeitswirksam zu vermarkten.[11] Durch offene und regelmäßige Updates über soziale Medien und Webcasts hat SpaceX nicht nur Experten, sondern auch die breite Öffentlichkeit erreicht und so Interesse und Unterstützung für Raumfahrtprojekte geweckt. Einzelne Äußerungen des Unternehmensgründers Elon Musk werden in den Medien vor allem deshalb diskutiert, weil sie provokant sind und gleichzeitig den Eindruck impulsiver Spontaneität vermitteln.[12]

---

11 Vgl. SpaceX Pressemitteilungen
12 Vgl. Haupt, J. (2021).

Die COVID-19-Pandemie und die Rolle einer effektiven Kommunikation in Unternehmen (2020)

Während der Pandemie waren die Unternehmen gezwungen, schnell auf Fernarbeit umzustellen. Viele Unternehmen (darunter die globalen Tech-Giganten Google und Microsoft) haben ihre Pläne und Maßnahmen zur Unterstützung der Mitarbeiter und zur Fortführung des Geschäftsbetriebs effektiv kommuniziert.[13] Diese Kommunikation trug dazu bei, die Unsicherheit zu verringern und eine neue Arbeitskultur zu etablieren.[14]

Christin Mey und Prof. Dr. Kerstin Alfes von der ESCP Business School zeigen, wie wichtig Kommunikation für das Wohlbefinden der Mitarbeitenden in Unternehmen ist. Die Art und Weise, wie mit psychischer Gesundheit umgegangen wird, beeinflusst das Arbeitsumfeld.[15]

Sie beschrieben unter anderem den Salutogenese-Ansatz: Dieser Ansatz zielt nicht nur auf die Gesundheit, sondern auch auf die Förderung des menschlichen Potenzials ab. Dabei spielen Faktoren wie Optimismus, Hoffnung, Selbstwirksamkeit und Resilienz eine Rolle. Diese Faktoren hängen weitgehend von der Kommunikation der Führungskräfte ab. Wenn sie richtig gemacht wird, stärkt sie das Wohlbefinden der Mitarbeiter.

Erfolgreiche Kommunikation am Beispiel eines mittelständischen Unternehmens: BayWa r. e. AG

Die BayWa r. e. AG, ein mittelständisches deutsches Unternehmen, das sich auf erneuerbare Energien spezialisiert hat, zeigt, wie

---

13 Vgl. Yang, L., Holtz, D. et. al. (2021).
14 Vgl. Microsoft Press release und Google Unternehmensblog Press release.
15 Vgl. Mey, C. und K. Alfes (2022).

effektive Kommunikation Innovation und Mitarbeiterengagement fördern kann.[16]

Kommunikationsstrategie
Direkter Dialog und flache Hierarchien: Die BayWa r. e. hat eine Kultur des offenen Austauschs gefördert, in der Mitarbeiter aller Ebenen ermutigt werden, direkt mit dem Management zu kommunizieren. Dies hat zu einer Atmosphäre beigetragen, in der Ideen und Bedenken frei geäußert werden können, was die Innovationskraft des Unternehmens stärkt.

Regelmäßige interne Workshops: Um sicherzustellen, dass alle Mitarbeiter über die neuesten Unternehmensziele und -strategien auf dem Laufenden sind, veranstaltet BayWa r. e. regelmäßig Workshops und Meetings, in denen Strategien diskutiert werden und aktiv um Feedback gebeten wird.

Ergebnisse
Die BayWa r. e. hat unter anderem dank dieser integrativen Kommunikationsstrategie die Loyalität und Zufriedenheit der Mitarbeiter deutlich verbessert. Eine klare und offene Kommunikation hat dem Unternehmen auch geholfen, schnell auf Veränderungen im Markt zu reagieren und seine Position im Bereich der erneuerbaren Energien zu festigen.[17]

Lehren für andere KMU

BayWa r. e. zeigt, dass auch in kleineren Unternehmensstrukturen eine gut durchdachte Kommunikationsstrategie entscheidend ist, um Unternehmensziele zu erreichen und ein innovatives Arbeitsumfeld zu schaffen. Dies verdeutlicht, dass nicht nur große Konzerne, sondern

---

16   Eigene mehrjährige Beobachtung des Autors.
17   Vgl. hierfür die Bewertungen des Unternehmens auf Portalen wie Kununu.com.

auch kleine und mittlere Unternehmen durch effektive Kommunikation erhebliche Wettbewerbsvorteile erzielen können.

Lehren und Anwendung in der heutigen Zeit
Die genannten Beispiele zeigen, wie wichtig es ist, mit den technologischen Entwicklungen Schritt zu halten und die Kommunikationsstrategien entsprechend anzupassen. In einem Zeitalter, in dem Informationen schnell und weit verbreitet sind, wird eine transparente und regelmäßige Kommunikation noch wichtiger.

Strategische Empfehlungen

Anpassung an digitale Plattformen: Nutzung sozialer Medien und interner digitaler Tools zur Optimierung der Kommunikation (zum Beispiel eine eigene Mitarbeiter-App), was besonders bei großen, weltweit verteilten Teams nützlich ist. Darüber hinaus regelmäßige physische Treffen mit dem Team vor Ort, um das gegenseitige Vertrauen zu vertiefen.

Krisenkommunikation: Entwicklung klarer Richtlinien für die Kommunikation in Krisenzeiten, basierend auf den Beispielen von Tylenol und COVID-19. Regelmäßige Schulungen zur Krisenkommunikation als Ergänzung zu den operativen Maßnahmen zur Krisenprävention und zum Krisenmanagement.

Zusammenfassung
Von den historischen Lektionen von Nokia und Johnson & Johnson bis hin zu den jüngsten Herausforderungen der COVID-19-Pandemie und den technologischen Fortschritten bei SpaceX wird deutlich, dass effektive Kommunikation über verschiedene Zeiträume und Situationen hinweg ein entscheidender Faktor für den Erfolg von Führungskräften bleibt. Diese Beispiele bieten wertvolle Einblicke und Anregungen für Führungskräfte, um ihre Kommunikationsfähigkeiten kontinuierlich weiterzuentwickeln und effektiv zu nutzen.

Die Folgen einer schlechten Kommunikation

Schlechte Kommunikation, sowohl intern als auch extern, kann schwerwiegende negative Auswirkungen auf ein Unternehmen haben, von finanziellen Verlusten über rechtliche Konsequenzen bis hin zu dauerhaften Rufschädigungen. Einige prägnante Beispiele verdeutlichen, wie schlechte Kommunikationspraktiken zu ernsthaften Problemen führen können.

Deutsche Bank und die Kirch-Gruppe

Im Jahr 2002 äußerte Rolf Breuer, der damalige Vorstandsvorsitzende der Deutschen Bank, in einem Interview mit Bloomberg TV öffentlich Zweifel an der Kreditwürdigkeit der Kirch-Gruppe. Diese Äußerungen hatten weitreichende finanzielle und rechtliche Konsequenzen für die Deutsche Bank. Aufgrund von Entschädigungszahlungen und Rechtskosten dürfte der Schaden die Milliardengrenze überschritten haben. Der Fall zeigt, wie eine einzige unbedachte Äußerung finanziell verheerende und langfristige Folgen haben kann.[18]

Abgasskandal bei Volkswagen (Dieselgate)

Im Jahr 2015 erschütterte der Abgasskandal von Volkswagen die Automobilindustrie, als bekannt wurde, dass das Unternehmen die Software in seinen Dieselfahrzeugen manipuliert hatte, um die Emissionswerte zu beschönigen. Dies führte nicht nur zu einem massiven Vertrauensverlust bei den Kunden, sondern auch zu hohen Geldstrafen und einem langfristigen Imageschaden für das Unternehmen. Die internen Kommunikationsfehler und das unzureichende Krisenmanagement verschärften die Situation noch. Der Fall Volkswagen ist ein deutliches Beispiel dafür, wie die Versäumnisse in der Kommunikation nicht nur auf die öffentliche Meinung, sondern auch auf die Marktposition eines globalen Unternehmens auswirken können.[19]

---

18 Vgl. Kunz, A. (2018).
19 Vgl. Ewing, J. (2017).

BP und die Ölpest im Golf von Mexiko
Die Explosion der von BP betriebenen Ölplattform Deepwater Horizon im Jahr 2010 führte zu einer der größten Umweltkatastrophen der Geschichte. Die anfängliche Unterschätzung des Ausmaßes der Katastrophe und eine verspätete Informationspolitik verschlimmerten die Reaktion der Öffentlichkeit und der Behörden. BP wurde weltweit für seine Kommunikationsmängel und sein schlechtes Krisenmanagement kritisiert.[20] Dieser Vorfall zeigt, wie wichtig eine schnelle, transparente und ehrliche Kommunikation in Krisenzeiten ist, um den Schaden zu minimieren und das öffentliche Vertrauen zu erhalten.

Die Auswirkungen auf die Unternehmenskultur
Eine schlechte Kommunikationskultur innerhalb eines Unternehmens führt nicht nur zu externen Krisen, sondern kann auch tiefgreifende Auswirkungen auf die Unternehmenskultur haben. Eine Kultur, die von Missverständnissen, mangelnder Information und fehlendem Vertrauen geprägt ist, beeinträchtigt die Motivation der Mitarbeiter, die Produktivität und letztlich die Wettbewerbsfähigkeit des Unternehmens auf dem Markt. Effektive Kommunikationsstrategien, die vom Management vorgelebt werden, sind daher unerlässlich, um eine positive und leistungsfördernde Atmosphäre zu schaffen. Unternehmen müssen kontinuierlich in die Ausbildung ihrer Führungskräfte investieren, um sicherzustellen, dass sie in der Lage sind, effektiv und konstruktiv zu kommunizieren.[21]

Zusammenfassung und Lehren
Die genannten Beispiele veranschaulichen die kritischen Folgen einer schlechten Kommunikation. Sie zeigen, dass Unternehmen jeder Größe robuste und klare Kommunikationsstrategien entwickeln sowie anwenden müssen, um solche negativen Szenarien zu vermeiden.

---

20 Vgl. Lustgarten, A. (2012).
21 Vgl. Winston, A. (2010).

Die wichtigsten Lektionen sind die Notwendigkeit einer klaren, ehrlichen und empathischen Kommunikation, die Bedeutung eines proaktiven Kommunikationsmanagements, insbesondere in Krisenzeiten, und die Bedeutung eines offenen internen Dialogs zu jeder Zeit, um Missverständnisse und Konflikte zu vermeiden.

Kulturelle Unterschiede in der Führungskommunikation

Die Globalisierung und zuletzt auch die Covid-19-Pandemie haben die Geschäftswelt stärker vernetzt als je zuvor. Führungskräfte stehen heute vor der Herausforderung, effektiv über kulturelle Grenzen hinweg zu kommunizieren. Dieser Abschnitt zeigt die Auswirkungen kultureller Unterschiede auf die Kommunikation und bietet strategische Ansätze zur Überwindung von Kommunikationsbarrieren in multinationalen Unternehmen.

Einfluss der Kultur auf den Kommunikationsstil

Kulturelle Prägungen beeinflussen grundlegend, wie Menschen kommunizieren und interagieren. Verschiedene Kulturen haben unterschiedliche Vorstellungen davon, wie mit Konflikten umgegangen wird, wie Entscheidungen getroffen werden und wie Autorität ausgeübt wird.

Direkte versus indirekte Kommunikation

Kulturen wie die USA und Deutschland neigen dazu, direkte Kommunikation zu bevorzugen, die klare und eindeutige Aussagen fördert. Im Gegensatz dazu haben Länder in Asien oder im Nahen Osten meist einen indirekten Kommunikationsstil, der mehr Wert auf Kontext, Harmonie und den respektvollen Umgang mit Autorität legt.[22]

---

22 Vgl. Meyer, E. (2016).

Der Umgang mit Hierarchie

Hierarchische Unterschiede werden in verschiedenen Kulturen unterschiedlich behandelt. Während in den skandinavischen Ländern flache Hierarchien und eine gleichberechtigte Kommunikation vorherrschen, bevorzugen Länder wie China und Indien eine eher hierarchische Kommunikation, bei der Respekt und Anerkennung der höheren Hierarchieebenen im Mittelpunkt stehen.[23]

Herausforderungen und Strategien für multikulturelle Teams
Effektive Führung in multikulturellen Kontexten erfordert nicht nur die Anpassung an unterschiedliche Kommunikationsstile, sondern auch die Entwicklung von Strategien, die die kulturelle Sensibilität und das Verständnis der Mitarbeiter fördern.

Entwicklung von interkultureller Kompetenz

Führungskräfte sollten durch Schulungen und Workshops in interkultureller Kommunikation geschult werden, um die Vielfalt der Kommunikationsstile und -erwartungen in ihren Teams und bei Kunden und Geschäftspartnern zu verstehen und effektiv darauf reagieren zu können.

Schaffung integrativer Kommunikationsplattformen

Technologien, die kulturelle und sprachliche Barrieren überwinden, können die Kommunikation in globalen Teams unterstützen. Der Einsatz von Tools wie DeepL, Microsoft Translator oder Google Translate kann helfen, Sprachbarrieren zu überwinden und eine integrativere beziehungsweise inklusivere Arbeitsumgebung zu schaffen.

---

23 Vgl. Hofstede, G., Hofstede J. G. und M. Minkov (2010).

Fallstudie zur internationalen Unternehmenskooperation

Die Renault-Nissan-Allianz

Die Allianz zwischen Renault und Nissan ist ein hervorragendes Beispiel für die Überwindung kultureller Barrieren durch angepasste Kommunikationsstrategien.

Anpassen an kulturelle Unterschiede
Unter der Leitung von CEO Carlos Ghosn wurden umfassende Maßnahmen eingeleitet, um die kulturellen Unterschiede zwischen den französischen und japanischen Teams zu überbrücken. Dazu gehörten regelmäßige interkulturelle Trainings und der Einsatz von zweisprachigen Führungskräften, die sowohl mit französischen als auch mit japanischen Geschäftspraktiken vertraut waren.[24]

Langfristige Integration und Erfolge
Die strategischen Initiativen zur kulturellen Integration trugen wesentlich dazu bei, dass Renault und Nissan nicht nur interne Herausforderungen meisterten, sondern auch erfolgreich auf internationalen Märkten expandierten. Die Allianz profitierte von der gesteigerten globalen Wettbewerbsfähigkeit sowie der innovativen Produktentwicklung und stieg 2017 zum größten Automobilhersteller der Welt auf.

Fusion Daimler-Chrysler

Die Fusion zwischen Daimler-Benz und Chrysler im Jahr 1998 wurde zunächst als vielversprechender Zusammenschluss globaler Kräfte angesehen, endete aber in einer problematischen und letztlich gescheiterten Integration. Die Schwierigkeiten begannen mit einem grundlegenden Missverständnis und einer Fehleinschätzung der kulturellen

---

24 Vgl. Ghosn, C. (2004).

Unterschiede zwischen einem deutschen Luxusautomobilhersteller und einem amerikanischen Massenproduzenten. Die Deutschen bevorzugten einen formalen, hierarchischen und methodischen Ansatz in der Unternehmensführung, während die Amerikaner einen eher informellen und flexiblen Stil pflegten.

Eines der Hauptprobleme war die Kommunikation. Daimler-Benz versuchte, seine strengen Managementstile und -praktiken durchzusetzen, ohne die bestehenden Unternehmenskulturen und Arbeitsweisen von Chrysler ausreichend zu berücksichtigen. Dies führte zu erheblichen Reibereien und Widerstand seitens der Chrysler-Mitarbeiter, die sich ausgegrenzt und unterbewertet fühlten. Die Fusion, bei der mehr als ein Jahrzehnt lang um Integration und Synergien gerungen wurde, führte schließlich zu einer Entflechtung, durch die die Unternehmen wieder getrennt wurden. Diese Erfahrung zeigt, wie entscheidend die Berücksichtigung und der Umgang mit kulturellen Unterschieden für den Erfolg internationaler Fusionen sind.[25]

Geely-Volvo-Partnerschaft

Im Gegensatz zur Daimler-Chrysler-Fusion ist die Übernahme von Volvo durch den chinesischen Automobilhersteller Geely im Jahr 2010 ein Beispiel für eine erfolgreiche Übernahme, bei der kulturelle Unterschiede effektiv überbrückt wurden. Geely erkannte und respektierte die kulturellen sowie betrieblichen Unterschiede zwischen chinesischen und schwedischen Geschäftspraktiken. Anstatt zu versuchen, die Unternehmenskultur von Volvo radikal zu verändern, unterstützte Geely die bestehenden Stärken und Markenwerte von Volvo.

Der Schlüssel zum Erfolg dieser Partnerschaft war der Respekt vor der Markenidentität und der Autonomie von Volvo sowie die gezielte Nutzung von Synergien, wo dies sinnvoll war. Geely förderte die schwedische Technik und das schwedische Design, während

---

25 Vgl. Badrtalei, J. und D. L. Bates (2007).

Volvo von Geelys Marktkenntnissen und Vertriebsnetzen in China profitierte. Diese respektvolle und zielgerichtete Integration hat Volvo geholfen, seine Position auf dem globalen Markt zu stärken, während Geely wichtige Einblicke in das Management und den Betrieb eines globalen Automobilunternehmens gewonnen hat.[26]

Kommunikation im interkulturellen Management
Nancy Adler, eine renommierte Expertin für interkulturelles Management, betont die zentrale Bedeutung der Führungskräfte-Kommunikation und der Unternehmenskommunikation im Kontext kultureller Vielfalt. In ihrem Ansatz unterstreicht Adler, dass eine effektive Kommunikation über kulturelle Grenzen hinweg entscheidend für den Erfolg internationaler Unternehmen ist. Sie argumentiert, dass Führungskräfte nicht nur sprachliche Unterschiede, sondern auch kulturelle Werte, Normen und Kommunikationsstile verstehen und respektieren müssen, um effektiv führen und motivieren zu können. Adlers Forschung zeigt, dass interkulturelle Kompetenz, unterstützt durch angepasste Kommunikationsstrategien, eine grundlegende Fähigkeit für Führungskräfte in global operierenden Unternehmen ist. Sie empfiehlt speziell konzipierte Trainingsprogramme, die Führungskräften helfen, ihre Kommunikationsfähigkeiten zu schärfen und kulturell angemessene Führungsstile zu entwickeln, die den unterschiedlichen Bedürfnissen internationaler Teams gerecht werden.[27]

Empfehlungen für eine effektive interkulturelle Kommunikation

<u>Förderung der kulturellen Kompetenz</u>
Unternehmen sollten regelmäßig in die Weiterbildung ihrer Mitarbeiter investieren, um kulturelle Fähigkeiten zu fördern und das Bewusstsein für die Bedeutung einer effektiven interkulturellen Kommunikation zu schärfen.

---

26 Vgl. Conklin, D. W., Cadieux, D. (2010).
27 Vgl. Adler, N. (2008).

Anpassung der Kommunikationsstrategien
Es ist entscheidend, dass die Kommunikationsstrategien kontinuierlich an die kulturellen Bedürfnisse eines internationalen Teams angepasst werden. Dazu gehört nicht nur die Wahl der Kommunikationskanäle, sondern auch der Stil und die Form der Nachrichtenübermittlung.

Zusammenfassung
Die Fähigkeit, effektiv über kulturelle Grenzen hinweg zu kommunizieren, ist entscheidend für den Erfolg in der globalen Wirtschaft. Durch ein tiefes Verständnis der kulturellen Unterschiede und die Entwicklung geeigneter Kommunikationsstrategien können Führungskräfte die Zusammenarbeit verbessern und den Erfolg ihrer Organisation sicherstellen. Erin Meyer bringt es im Umgang mit Vertretern anderer Kulturen auf den Punkt: »... versuchen Sie, mehr zu beobachten, mehr zuzuhören und weniger zu sprechen.«[28]

Schlussfolgerungen und Empfehlungen

In der globalisierten Wirtschaft ist eine effektive, transparente und einfühlsame Kommunikation eine unverzichtbare Fähigkeit für Führungskräfte. Kommunikationsstrategien in international operierenden Unternehmen müssen an die kulturellen Unterschiede angepasst werden. Dies gilt jedoch auch für Unternehmen, die bisher allein für den heimischen Markt produzierten oder ihre Dienstleistungen nur lokal anboten. Dank globalisierter Märkte mit Online-Vergleichsmöglichkeiten können auch kleine und mittlere deutsche Unternehmen schnell internationale Marktgeltung erlangen und damit international tätig werden. Der internationalisierte Arbeitsmarkt mit einer diversen Mitarbeiterschaft unterschiedlicher Nationalitäten und Kulturen erfordert auch Anpassungen in der Führungskräfte-Kommunikation.

---

28 Meyer, E. (2016).

Bedeutung einer effektiven und empathischen Kommunikation in der Führung
Effektive Kommunikation ist entscheidend für den Aufbau von Vertrauen, die Steigerung der Mitarbeitermotivation und die Verbesserung der Unternehmensleistung. Untersuchungen, wie das bekannte Beispiel von Singapore Airlines, zeigen, dass eine klare, offene Kommunikation nicht nur die Loyalität der Mitarbeiter stärkt, sondern auch direkt zur Verbesserung der Unternehmensergebnisse beiträgt.[29]

Herausforderungen in der globalen Kommunikation
Kulturelle Unterschiede können zu erheblichen Kommunikationsbarrieren in multinationalen Teams führen. Geert Hofstede entwickelte das Modell der Kulturdimensionen, um die kulturellen Unterschiede zwischen den Ländern zu analysieren. Die sechs von ihm identifizierten Hauptdimensionen sind:

- Machtabstand
- Individualismus versus Kollektivismus
- Maskulinität versus Femininität (Geschlechterrollen)
- Unsicherheitsvermeidung
- Langfristige versus kurzfristige Orientierung
- Genuss versus Zurückhaltung

Das Modell von Hofstede bietet eine wertvolle Grundlage für das Verständnis kultureller Unterschiede und ihrer Auswirkungen auf zwischenmenschliche Beziehungen und Geschäftspraktiken.[30]

---

29 Vgl. Chong M. (2007)
30 Vgl. Hofstede, G., Hofstede J. G. und M. Minkov (2010).

Strategien zur Verbesserung der Kommunikation

Weiterbildung und Entwicklung

Führungskräfte sollten regelmäßig an Schulungen teilnehmen, die der Entwicklung von Kommunikationsfähigkeiten dienen. Kommunikation ist eine Fähigkeit, die, wie Musik oder Sport, ständig geübt und trainiert werden muss.[31] Interkulturelle Kommunikation ist auch für Unternehmen wichtig, die grenzüberschreitend tätig sind oder internationale Teams haben. Edward T. Halls Studien über High-Context- und Low-Context-Kulturen sind hier immer noch lehrreich.[32]

Einsatz von Technologie

Technologien wie Kollaborationsplattformen und Echtzeit-Übersetzungstools können helfen, Sprach- und Zeitbarrieren zu überwinden und die Kommunikation in verteilten Teams zu verbessern. Die Möglichkeit, mit Webvideos oder Mitarbeiter-Apps Tausende von Mitarbeitern über Länder-, Sprach- und Zeitgrenzen hinweg in nahezu Echtzeit über relevante Themen zu informieren, trägt ebenfalls dazu bei, das Zusammengehörigkeitsgefühl der Belegschaft zu stärken.[33]

Förderung von Feedback-Kulturen

Eine Kultur, die regelmäßiges und konstruktives Feedback unterstützt, ist für die kontinuierliche Verbesserung der Kommunikationsfähigkeiten unerlässlich. Kim Scotts *Radical Candor* bietet praktische Ratschläge, wie Führungskräfte Feedback effektiv nutzen können, um Beziehungen zu stärken und die Leistung zu verbessern.[34]

---

31 Vgl. Behr, N. A. (2024).
32 Vgl. Hall, E. T. (1976).
33 Vgl. Behr, N. A. (2006) und Behr, N. A. (2015).
34 Vgl. Scott, K. (2019).

Fazit

Die Entwicklung und Pflege einer effektiven, transparenten und empathischen Kommunikation ist für Führungskräfte in einer globalisierten Welt unerlässlich. Durch ein tiefes Verständnis für die individuellen und kulturellen Unterschiede sowie die Bereitschaft, Kommunikationsstrategien kontinuierlich anzupassen, können Führungskräfte ein integratives, produktives und nachhaltig innovatives Arbeitsumfeld schaffen und damit die intrinsische Motivation der Mitarbeiter optimal fördern. Und Unternehmen, die intern nach diesen Grundsätzen geführt werden, geben in der Regel auch nach außen ein positives Bild ab.

Quellen und Literaturempfehlungen

Adler, N. (2008). International Dimensions of Organizational Behavior, 5. Auflage, South-Western Cengage Learning, Nashville.

Badrtalei, J. und D. L. Bates (2007). Effect of Organizational Cultures on Mergers and Acquisitions. The Case of DaimlerChrysler, International Journal of Management, Bd. 24, Ausg. 2. S. 303-317.

Behr, N. A. (2006). Führungskräfte-Kommunikation, brain script®, München.

Behr, N. A. (2015). Web-Videos in der internen und externen Unternehmenskommunikation, in: Zerfaß A. / Pleil Th. (Hrsg.): Handbuch Online PR, S. 289-305.

Behr, N. A. (2024). Führungsaufgabe Nr. 1: Kommunikation. Entwickeln Sie die wichtigste Fähigkeit jeder Führungskraft, brain script®, München.

Bundesverband Industrie Kommunikation (2023). Unternehmenskommunikation im Wandel. Best case Siemens, https://bvik.org/blog/2023/07/unternehmenskommunikation-siemens; besucht am 24.04.2024.

Chong, M. (2007). The Role of Internal Communication and Training in Infusing Corporate Values and Delivering Brand Promise. Singapore Airlines´ Experience, Corporate Reputation Review, Vol. 10, No. 3, Palgrave MacMillans, Heidelberg.

Conklin, D. W. und D. Cadieux (2010). Geely´s Acquisition of Volvo. Challenges and Opportunities, in: Harvard Business Publishing, Ivey Publishing, https://hbsp.harvard.edu/product/910M57-PDF-ENG; besucht am 21.04.2024.

Deutsches Institut für Marketing (2023). IKEA und die Nachhaltigkeitskommunikation, https://www.marketinginstitut.biz/blog/nachhaltigkeitskommunikation-ikea/; besucht am 21.04.2024.

Ewing, J. (2017). *Faster, Higher, Farther. The Volkswagen Scandal*, W.W. Norton & Company, New York.

Fink, St. (1986). *Crisis management. Planning for the inevitable*, American Management Association, New York.

Ghosn, C. (2004). *Shift. Inside Nissan´s Historic Revival*, Crown Publishing Business, New York.

Google Unternehmensblog: https://blog.google/ (Press release).

GPRA (2021). *Corporate Communications bei Siemens. Gemeinsame Verantwortung und Vertrauen*, https://www.gpra.de/podcast/corporate-communications-bei-siemens-gemeinsame-verantwortung-und-vertrauen/; besucht am 24.04.2024.

Hall, E. T. (1976). *Beyond Culture*, Knopf Doubleday Publishing Group, New York.

Haupt, J. (2021). *The Future Needs to Inspire. SpaceX und die kommunikative Kolonisation der Zukunft*, in: *Die Konstruktion unternehmerischer Zukünfte. Theorie und Praxis der Diskursforschung*, Springer VS, Wiesbaden.

Hofstede, G., Hofstede J. G. und M. Minkov (2010). *Cultures and Organizations. Software of the Mind. Intercultural Cooperation and Its Importance for Survival*, 3. Auflage, McGraw-Hill, New York.

Kunz, A. (2018). *Kirch Prozess. Das größte Trauma der Deutschen Bank*, in: Die Welt Online, https://www.welt.de/wirtschaft/article173515088/Kirch-Prozess-Das-groesste-Trauma-der-Deutschen-Bank.html; besucht am 21.04.2024.

Lustgarten, A. (2012). *Run to Failure. BP and the Making of the Deepwater Horizon Disaster*, W. W. Norton & Company, New York.

Macromedia Hochschule Köln, DIKT – Deutsches Institut für Kommunikations- und MedienTraining (2023). Studie Führung im Digitalzeitalter, Köln/München.

Manager Magazin (2006). Breuer-Interview. Da begehe ich keine Indiskretion, https://www.manager-magazin.de/unternehmen/artikel/a-397002.html; besucht am 21.04.2024.

Mey, C. und K. Alfes (2022). Kommunikation als Katalysator für mehr Wellbeing at Work, in: PERSONALquarterly Wissenschaftsjournal für die Personalpraxis, 74. Jhrg, Haufe Verlag, Freiburg i. Brsg.

Meyer, E. (2016). The Culture Map. Breaking Through the Invisible Boundaries of Global Business, PublicAffairs, New York.

Microsoft: https://news.microsoft.com/category/press-releases/ (Press release).

Ott, K. (2012). Deutsche Bank im Kirch-Prozess. Triumph aus dem Jenseits, in: Süddeutsche Zeitung, Ausgabe 09, München.

Rehak, J. (2002). Tylenol made a hero of Johnson & Johnson. The recall that started them all, in: International Herald Tribune.

Schultz, M. C. und J. T. Schultz (1990). Corporate Strategy in Crisis Management. Johnson & Johnson and Tylenol. Essays in Economic and Business History, 7 (N/A), https://commons.erau.edu/publication/58; besucht am 24.04.2024.

Scott, K. (2019). Radical Candor. Be a Kick-Ass Boss Without Losing Your Humanity, St. Martin's Press, New York.

SpaceX Pressemitteilungen: https://www.spacex.com/updates/index.html; besucht am 25.04.2024.

Stackpol, T. (2021). *Inside IKEA's Digital Transformation*, in: *Harvard Business Review*, Boston, https://hbr.org/2021/06/inside-ikeas-digital-transformation; besucht am 24.04.2024.

Cooper, R. und D. Steinbock (2001). *The Nokia Revolution. The Story of an Extraordinary Company That Transformed an Industry*. AMACOM Books, New York.

Winston, A. (2010). *Five Lessons From the BP Oil Spill*, in: *Harvard Business Review*, https://hbr.org/2010/06/the-bp-oil-spill-top-5-lessons; besucht am 21.04.2024.

Yang, L., Holtz, D. et. Al. (2021). *The effects of remote work on collaboration among information workers*, in: *Nature Human Behaviour*, https://www.nature.com/articles/s41562-021-01196-4; besucht am 04.07.2024.

Corina Endele
Kriminalkommissarin, Dozentin und Expertin für schwierige Entscheidungen

© Max Ott

Corina Endele arbeitete während und nach ihrem Studium der Sportwissenschaften im Bereich des betrieblichen Gesundheitsmanagements. Daneben verfolgte sie ihre Wettkampfkarriere in der Kampfsportart Ju-Jutsu, die sie 2006 mit dem Weltmeistertitel abschloss. Es folgten weitere Jahre als Bundestrainerin für die Nachwuchskader.

Im Jahr 2013 entschied sie sich, in den Polizeiberuf zu wechseln und arbeitet nun als Kriminalkommissarin und Dozentin des Instituts für Ausbildung und Training der Polizei Baden-Württemberg.

Ihre Coaching-Erfahrung im Sport hat sie durch verschiedene Coaching-Ausbildungen im privaten und geschäftlichen Bereich ergänzt, sodass sie nun neben ihrem Polizeiberuf auch Mitarbeiter und Führungskräfte in der Privatwirtschaft durch Vorträge und Coachings zu besseren Entscheidungen inspiriert und unterstützt.

Weitere Informationen finden Sie auf: *www.corina-endele.de*

Entscheidungen treffen im BANI-Zeitalter

Entscheidungsdepression

Da sitzen wir, mein guter Freund David und ich. David ist 40 Jahre alt und Projektleiter in einem Maschinenbauunternehmen. Wir unterhalten uns über die Gelegenheit, die er gerade erhalten hat, um möglicherweise intern die Stelle zu wechseln. Er schwärmt ein wenig davon, was diese Gelegenheit für seine Karriere bedeuten würde. Dann wird er still. Wir nehmen beide einen Schluck Kaffee. Er sagt: »… ja, aber weißt du, ich hab eigentlich gar keinen Bock darauf, da irgendwelche Entscheidungen zu treffen. Ich will diese Verantwortung im Unternehmen gar nicht haben. Am liebsten hätte ich einfach nur meine Ruhe.« Ein kurzes Schweigen, dann fügt er hinzu: »Und ganz ehrlich, ich hab auch mit anderen gesprochen, die in einer ähnlichen Position sind wie ich; denen geht es ganz genauso.«

Und dann sitzen wir eine Weile da, in der Stille des Raumes, die allmählich die Farbe der Müdigkeit und Resignation annimmt, die gerade zusammen mit Davids Worten seinen Mund verlassen haben.

In einer eigenartigen Mischung aus Klarheit, Verzweiflung und Erleichterung nimmt er einen Atemzug und scheint mit genau diesem die Erkenntnis, die er gerade ausgesprochen hat, wieder einzuatmen und sie als tiefe Wahrheit in seinen Körper sinken zu lassen. Interessanterweise wirkt David jetzt präsenter, authentischer und irgendwie auch kraftvoller.

Aber woher kommt diese Entscheidungsdepression und wie können Unternehmen dafür sorgen, dass ihre Mitarbeiter und Manager erstens wieder Entscheidungen treffen wollen und zweitens wirklich gut darin werden?

Das folgende Kapitel befasst sich mit diesem Thema. Wenn Sie jedoch Strategien und Prozesspläne erwarten, mit denen Sie schnell bessere Entscheidungsträger in Ihr Unternehmen zaubern oder selbst bessere Entscheidungen treffen können, möchte ich Sie lieber gleich zu Beginn enttäuschen. Die Herausforderungen der heutigen Welt erfordern einen tieferen, offeneren und meiner Meinung nach ehrlicheren Umgang mit dem Thema *Schwierige Entscheidungen treffen*. Dazu werden wir uns zunächst mit den Herausforderungen befassen, die diese Zeiten für uns bereithalten und warum strategische Pläne allein nicht mehr ausreichen.

Anschließend wenden wir uns den Möglichkeiten zu, die uns die Intuition in Bezug auf das Treffen von Entscheidungen eröffnet, warum Stress einen so großen Einfluss auf unsere Entscheidungskraft hat, wie leicht unsere Entscheidungen beeinflusst werden können und wie wir Bedingungen schaffen können, unter denen es möglich wird, hilfreiche und zielführende Entscheidungen zu treffen. Los geht's!

Die Welt versinkt im Chaos – warum Entscheidungen heute schwieriger zu treffen sind als in der Vergangenheit

Bei der zunehmenden Komplexität und dem schnellen Tempo unserer vernetzten, von KI beeinflussten, technologisierten Arbeitswelt verlieren wir oft den wichtigsten Aspekt aus den Augen, wenn es um Entscheidungen geht. Es ist der Faktor Mensch. Wir werden diesen menschlichen Faktor auf den folgenden Seiten näher beleuchten. Zunächst werden wir jedoch den Einfluss der globalen Umstände auf die Anforderungen an unsere Entscheidungen betrachten.

Besonders wenn es darum geht, wichtige und schwierige Entscheidungen in Unternehmen zu treffen, spielen wir als Menschen mit all unseren bewussten und unbewussten menschlichen Motiven und Fähigkeiten wahrscheinlich die größte Rolle.

Dennoch stellt unser aktueller Zeitgeist enorme Anforderungen an unternehmerische Entscheidungsprozesse. Denn da stehen wir nun als Menschen, umgeben von all den komplexen, automatisierten Prozessen unseres Unternehmens, die wir oft selbst nicht mehr verstehen, suchen Hilfe bei der KI und sind letztlich doch nicht in der Lage, eine Entscheidung zu treffen.

Dabei ist es gefühlt fünf vor zwölf, denn in unserer VUKA-geprägten Welt hat sich nun zu allem Übel auch noch ein BANI-Sturm zusammengebraut, der bereits jetzt die verspiegelten Türen und Fenster vieler Unternehmen zum Bersten bringt.

Die VUKA-Welt

Das Akronym VUKA hat seinen Ursprung in den Führungslehren des US Army War College in den 80er und 90er Jahren des 20. Jahrhunderts. Zu dieser Zeit war der Einfluss des Kalten Krieges noch sehr präsent. VUKA beschreibt eine Welt, die durch *Volatilität, Unsicherheit, Komplexität* und *Ambivalenz* gekennzeichnet ist.

Kein Wunder, dass dieses Modell schnell seinen Weg in den globalen Businesskontext fand. Es wurden Konzepte entwickelt, die dabei halfen, in einem solchen Umfeld zu agieren und gute Entscheidungen zu treffen.[1] Mit einer Vision, Situationsverständnis, Klarheit und Agilität konnten sich Unternehmen orientieren und ihren Weg wiederfinden.[2]

Aber nachdem wir gerade erst gelernt hatten, uns in der VUKA-Welt zurechtzufinden, hatten wir das Gefühl, schon wieder aus ihrem Rahmen zu fallen, denn es wurde schnell klar, dass sich die Welt bereits gnadenlos weitergedreht hatte und dass VUKA nicht mehr

---

1   Vgl. Cascio, J. (2020). Facing the Age of Chaos, https://medium.com/@cascio/facing-the-age-of-chaos-b00687b1f51d; besucht am 25.04.2024.
2   Vgl. VUKA – herausfordernde Bedingungen für Unternehmen, https://t2informatik.de/wissen-kompakt/vuka; besucht am 25.04.2024.

ausreichte, um zu beschreiben, was in ihr vor sich ging. Die Fähigkeit, Umstände zu beschreiben, ist jedoch eine Grundvoraussetzung, um effektiv und angemessen handeln zu können. Daher stellt sich nun die Frage, wie der Rahmen, in dem wir heute agieren, besser beschrieben werden kann.

Die BANI-Welt
Offensichtlich wird ein neues Akronym benötigt. Der US-Zukunftsforscher Jamais Cascio bietet mit BANI die Lösung. Dieses neue Akronym erscheint in Cascios Blogartikel *Facing the age of chaos*, der im April 2020 auf der frei zugänglichen Plattform Medium veröffentlicht wurde. Mit BANI schafft Cascio bewusst eine Parallele zu VUKA, die im Grunde eine neue Dimension dessen beschreibt.[3]
BANI steht für:

- *Brittle* (Brüchigkeit)
- *Anxious* (Angst)
- *Non-linear* (Nichtlinear)
- *Incomprehensible* (Unverständlich)

Brüchigkeit steht für veraltete Strukturen, die in der Vergangenheit eine gewisse Stärke besaßen und auch heute oberflächlich betrachtet stark erscheinen, in Wirklichkeit jedoch aufgrund ihrer Starrheit zerbrechlich sind. Und genau hier liegt die Gefährlichkeit solcher Strukturen. Sie erwecken den Eindruck, funktional zu sein, bis sie zusammenbrechen.[4] Aufgrund der globalen Verflechtung der heutigen Welt ist der Zusammenbruch einer solchen porösen Struktur in der Regel nicht auf eine bestimmte Region beschränkt, sondern kann weitreichende,

---

3   Vgl. Cascio, J. (2020). Facing the Age of Chaos, https://medium.com/@cascio/facing-the-age-of-chaos-b00687b1f51d; besucht am 25.04.2024.
4   Vgl. Mattenberger, M. M. (2021). Was bedeutet BANI?, https://fh-hwz.ch/news/was-bedeutet-bani; besucht am 25.04.2024.

unvorhersehbare Folgen haben, wie zum Beispiel die Schuldenkrise in Griechenland.[5]

Ängstlich steht für das angstauslösende Gefühl, keine gute Entscheidung treffen zu können oder, noch schlimmer, mit einer Entscheidung eine mögliche, unvorhersehbare Katastrophe auszulösen. Diese Angst wird durch die Schnelllebigkeit der Medienwelt geschürt, in der die Geschwindigkeit der Nachrichtenverbreitung deutlich wichtiger erscheint als ihre inhaltliche Richtigkeit. Metaphorisch gesprochen stehen wir auf einem bröckelnden Fundament, das mit echt wirkenden Falschinformationen gespickt ist. Wie sollen wir die Eckpfeiler unserer Entscheidungen auf solch einem Fundament errichten? Es ist nicht verwunderlich, dass uns der bloße Gedanke an die Einsturzgefahr dieses Konstrukts in eine Lähmung versetzen kann.

Nichtlinear beschreibt die Unvorhersehbarkeit von Ursache-Wirkungszusammenhängen, die sich aus der komplexen globalen Vernetzung ergibt.[6] Die Folgen unserer Entscheidungen verlieren ihre Antizipierbarkeit. Wer hätte im Vorfeld gedacht, dass der Ukraine-Konflikt drastische Auswirkungen auf den asiatischen Inselstaat Sri Lanka haben würde?[7]

Unverständlich hingegen ist die mangelnde Nachvollziehbarkeit von Ereignissen. Entscheidungen erscheinen sinnlos oder unlogisch. Erschwerend kommt hinzu, dass zusätzliche Informationen nicht unbedingt zu mehr Klarheit führen, sondern oftmals unsere Verständnisfähigkeiten übersteigen.[8]

---

5 Vgl. Grabmeier, S. (2020). BANI vs. VUCA, https://stephangrabmeier.de/bani-vs-vuca; besucht am 25.04.2024.

6 Vgl. BANI – den Wandel begreifbar machen, https://t2informatik.de/wissenkompakt/bani; besucht am 25.04.2024.

7 Vgl. Cascio, J. (2022). The BANI World, for IRSM 2022. https://www.youtube.com/watch?v=stBdyNBwfpU; besucht am 24.04.2024.

8 Vgl. Cascio, J. (2020). Facing the Age of Chaos, https://medium.com/@cascio/facing-the-age-of-chaos-b00687b1f51d; besucht am 25.04.2024.

BANI beschreibt eine Welt, in der Probleme weder einfach noch kompliziert oder komplex sind, sondern in ihrer Gesamtheit als chaotisch zu verstehen sind.

Ein einfaches Problem erfordert eine klare, unmissverständliche Entscheidung. Bei einem komplizierten Problem ist es wichtig, die Situation zu analysieren, bevor eine Entscheidung getroffen wird. Ein komplexes Problem bedarf das Ausprobieren und Erforschen verschiedener möglicher Lösungen, bevor Sie eine Entscheidung treffen. Das Chaos jedoch erfordert in erster Linie eine Stabilisierung der Situation, bevor das Problem verstanden und eine Entscheidung getroffen werden kann.[9]

Die Frage, die sich nun unweigerlich stellt, lautet: Wie gehen wir mit dieser chaotischen Welt um? An diesem Punkt wächst natürlich die Sehnsucht nach einem 10-Punkte-Plan oder einem Wenn-Dann-Entscheidungsschema. Aber während sich die VUKA-Welle mit verhaltensbasierten Lösungen noch einigermaßen reiten ließ, lässt sich das BANI-Chaos auf diese Weise nicht bändigen.

Lösungen aus der BANI-Welt

Cascio bietet neben den Erklärungen seines Akronyms auch einen kleinen Strohhalm, um uns aus dem Sumpf zu ziehen, und zwar mit den folgenden Prinzipien:[10]

Fragile Systeme brauchen Widerstandsfähigkeit. Wir können diese Widerstandsfähigkeit aufbauen, indem wir Ressourcen bereitstellen und vorausschauend planen, damit wir flexibel auf plötzliche Ereignisse reagieren können. Eine Möglichkeit zum Aufbau von Ressourcen sieht er zum Beispiel in der Stärkung der Wettbewerbsfähigkeit durch Weiterbildung.

---

9   Vgl. Mattenberger, M. M. (2021). https://fh-hwz.ch/news/was-bedeutet-bani; besucht am 25.04.2024.
10 Vgl. Cascio, J. (2022). The BANI World, for IRSM 2022, https://www.youtube.com/watch?v=stBdyNBwfpU; besucht am 24.04.2024.

Systeme und Unternehmen, die sich durch das Schüren von Angst auszeichnen, brauchen Empathie. Ja, Sie haben richtig gelesen, Empathie. In diesem Zusammenhang bedeutet Empathie in einem ersten Schritt die Offenheit und Bereitschaft, die negativen Auswirkungen eines chaotischen Systems anzuerkennen. Spezifischer ausgedrückt heißt Empathie im Zusammenhang mit chaotischen Unternehmensstrukturen, Verständnis zu zeigen und sich selbst, den Mitarbeitern und dem Unternehmen fehlerverzeihend zu begegnen, denn nur dann können wir ohne Groll an neuen, vertrauensbasierten Strukturen arbeiten.

Der Nichtlinearität können wir mit Improvisation begegnen. Dazu gehört vor allem auch die Lockerung streng definierter Handlungsalternativen, denn auch wenn diese unter linearen Bedingungen das Mittel der Wahl sind, können sie unter chaotischen Bedingungen eine destruktive Wirkung haben, vor allem wenn wir gezwungen sind, uns an sie zu halten.

Unverständliche, nicht nachvollziehbare Systeme brauchen Intuition. Intuition bezieht sich auf die Einbeziehung unseres sogenannten Bauchgefühls. Intuition zeigt sich, wenn wir das Gefühl haben, dass sich etwas aus Gründen, die uns zunächst unverständlich sind, nicht richtig anfühlt. Unser Gehirn verfügt über eine unglaubliche Anzahl von Nervenverbindungen, die Hinweise verarbeiten, die wir nicht bewusst nachvollziehen können.[11]

Die Versuche, die Welt durch Kontrollmechanismen zu beherrschen, scheitern spätestens mit den aktuellen Herausforderungen. Die BANI-Welt wirft uns daher auf unsere ureigenen menschlichen Fähigkeiten zurück, die kaum messbar und doch deutlich vorhanden sind – unsere Soft Skills.

---

11 Vgl. Cascio, J. (2022). The BANI World, for IRSM 2022, https://www.youtube.com/watch?v=stBdyNBwfpU; besucht am 24.04.2024.

Die Rolle der Intuition im Entscheidungsprozess

Während Belastbarkeit, Improvisation und in manchen Fällen auch Empathie bereits als etablierte Faktoren in einer zukunftsorientierten Unternehmenswelt wahrgenommen werden, werden sich bei dem Thema *Intuition* einigen Managern die Zehennägel aufrollen und sie werden lautstark Rationalität fordern. Denn wenn sie in ihrer Gedankenwelt das Wort Intuition hören, stehen sie direkt vor dem knarrenden, unheimlichen Tor der Esoterik und wollen es trotz ihrer Offenheit für New Work und Kreativität nicht öffnen. In Wirklichkeit aber ist die Intuition der Gamechanger schlechthin, wenn es darum geht, wichtige Entscheidungen zu treffen.

Intuition in einem beruflichen Kontext
In Bezug auf das Polizeisystem wird regelmäßig darauf hingewiesen, dass der Polizeiberuf eine Profession ist, die auf Erfahrung beruht. Dabei wird oft auf das kriminalistische Gespür verwiesen, das sich durch Erfahrung entwickelt und letztlich dafür sorgen kann, dass einer kritischen Spur, die sonst verloren gehen würde, Aufmerksamkeit geschenkt wird. Die kriminalistische Erfahrung ist diese kaum greifbare und doch vorhandene Form der Intuition, die als unverzichtbarer Faktor bei der Entscheidungsfindung herangezogen wird. Der Kognitionsforscher Gerhard Roth bestätigt die große Rolle der Erfahrung bei der Entscheidungsfindung in komplexen Situationen für Berufsgruppen wie Ärzte und Unternehmer.[12]

Exkursion in die Weltpolitik
Das berühmteste Beispiel für eine intuitive Entscheidung mit unfassbaren weltpolitischen Folgen ist wahrscheinlich die Entscheidung

---

12 Vgl. Dahm, J., Briese, C. und H. Stahnke (2023). Atlas der Entscheider. Entscheiden wie die Profis – Dynamik, Komplexität und Stress meistern, Bourdon Verlag, Münster.

von Stanislav Petrov, Oberstleutnant der sowjetischen Luftabwehrtruppen, im September 1983.[13]

> Im Jahr 1983 befinden wir uns mitten im Kalten Krieg und die Beziehungen zwischen der Sowjetunion und den USA sind extrem angespannt. Nach Berichten amerikanischer und sowjetischer Geheimdienste befürchtet die Sowjetunion seit Mai 1981 die Vorbereitung eines Atomangriffs durch die USA. Die Sowjetunion investiert in ein neues Frühwarnsystem, das allerdings noch fehleranfällig ist.
>
> Kurz nach Mitternacht am 26. September 1983 zeigt das sowjetische Luftverteidigungsfrühwarnsystem den zeitlich verzögerten Abschuss von insgesamt fünf Atomraketen auf die Sowjetunion aus dem Staat Montana an. Stanislav Petrov ist der diensthabende Offizier. Die sowjetische Doktrin der gegenseitigen gesicherten Zerstörung sieht vor, dass jede vom Frühwarnsystem angezeigte Rakete gemeldet werden muss und dass die Verteidigungsstrategie ein sofortiger nuklearer Gegenschlag gegen die USA ist. Nach Abwägung der völlig unzureichenden Informationen, die ihm in diesem Moment zur Verfügung stehen, entscheidet Petrov intuitiv, dass es sich bei der Meldung des Frühwarnsystems um einen Fehlalarm handelt und verhindert damit höchstwahrscheinlich den Ausbruch des damals so gefürchteten Dritten Weltkriegs.*
>
> * Vgl. Nuklear-Fehlalarm von 1983, https://de.wikipedia.org/wiki/Nuklear-Fehlalarm_von_1983; besucht am 26.04.2024.

---

13 Vgl. Chan, S. (2017). Stanislav Petrov, Soviet Officer Who Helped Avert Nuclear War, Is Dead at 77. In New York Times, https://web.archive.org/web/20170919023131/https://www.nytimes.com/2017/09/18/world/europe/stanislav-petrov-nuclear-war-dead.html. Besucht am 26.04.2024.

Was Intuition bedeutet

Intuition ist die unbewusste Verarbeitung von Sinneswahrnehmungen, die ständig in so großer Zahl auf uns einwirken, dass wir keine Chance haben, sie alle bewusst zu analysieren, da unser Bewusstsein nur etwa 40 Sinneswahrnehmungen pro Sekunde verarbeiten kann. Unser gesamter menschlicher Organismus hingegen verarbeitet und integriert etwa elf Millionen Sinneswahrnehmungen pro Sekunde.[14] Die Intuition erkennt Muster früherer Erfahrungen viel schneller als der bewusste Verstand und liefert so Handlungsimpulse in Form von Eingebungen, Gefühlen und Emotionen.[15]

Prof. Dr. Henning Plessner, ein Sportpsychologe aus Heidelberg, forscht über Intuition. In einem seiner Experimente wurden seine Versuchspersonen mit der Aufgabe betraut, auf einem Monitor angezeigte Werbeanzeigen zu bewerten. Gleichzeitig ließ er sie die Kursbewegungen von fünf Aktien aus einem Nachrichtenticker vorlesen, der ebenfalls auf dem Monitor angezeigt wurde. Anschließend waren die Testpersonen nicht in der Lage, Fragen zu den Aktienkursen zu beantworten. Als sie jedoch aufgefordert wurden, frei über die Aktienkurse zu berichten, waren sie in der Lage, die fünf Aktien intuitiv richtig zu beurteilen.[16]

Intuition erfordert also die Bereitschaft, ein Problem nicht bewusst zu untersuchen und stattdessen den eigenen Impulsen zu vertrauen. Damit bietet die Intuition ein hervorragendes Werkzeug, das ermöglichen kann, in chaotischen Systemen intelligente und zielgerichtete Entscheidungen zu treffen.

---

14 Vgl. Dahm, J., Briese, C. und H. Stahnke (2023). Atlas der Entscheider. Entscheiden wie die Profis – Dynamik, Komplexität und Stress meistern, Bourdon Verlag, Münster.

15 Vgl. Gladwell, M. (2024). Blink. Die Macht des unbewussten Denkens, Finanz-Buch Verlag, München.

16 Vgl. Intuition. Die Macht des Unbewussten (2007), https://www.spiegel.de/wissenschaft/mensch/intuition-die-macht-des-unbewussten-a-479900.html; besucht am 27.04.2024.

Der Einfluss von Stress auf unsere Entscheidungsfähigkeit
Stress beeinflusst in vielerlei Hinsicht unsere körperlichen Reaktionen und damit die Art und Weise, wie wir Entscheidungen treffen. Eine Stressreaktion ist die natürliche Reaktion unseres Körpers auf eine potenzielle Bedrohung. Mit der Stressreaktion bereitet sich unser Körper auf eine gefährliche Situation vor mit dem Ziel, unser Überleben bestmöglich zu sichern.

Akute Stressreaktion

Das Fight-or-Flight-Modell des amerikanischen Psychologen Walter Bradford Cannon[17] und das transaktionale Stressmodell von Richard Lazarus, das 1984 veröffentlicht wurde, verhelfen zu einem besseren Verständnis der Stressreaktion. Im Gegensatz zu Cannons Fight-or-Flight-Modell bezog Lazarus den Einfluss kognitiver Bewertungsprozesse in sein Stressmodell ein. In einem ersten Bewertungsprozess werden gemäß Lazarus die eingehenden Reize aus unserer Umgebung als positiv, irrelevant oder bedrohlich kategorisiert. Wenn ein Reiz als bedrohlich eingestuft wird, findet ein zweiter Bewertungsprozess statt, bei dem die Verfügbarkeit von Ressourcen überprüft wird. Wenn wir nicht genügend Ressourcen haben, um eine Situation zu bewältigen, empfinden wir spürbaren Stress in unserem Körper.[18] Dies hat direkte Auswirkungen auf unsere Entscheidungen. In diesem Zustand greift der Körper auf zuvor erlernte Muster zurück, die wenig kognitive Anstrengung bei der Entscheidungsfindung erfordern. Über unser autonomes Nervensystem werden Stresshormone ausgeschüttet, die unser kreatives Denken hemmen. Unsere Intuition beschränkt sich auf Prozesse, die bereits erlernt wurden und fest in unserem Körperbewusstsein verankert sind. Darüber hinaus werden

---

17 Vgl. Kampf-oder-Flucht-Reaktion, https://de.wikipedia.org/wiki/Kampf-oder-Flucht-Reaktion; besucht am 26.04.2024.
18 Vgl. Stressmodell nach Lazarus, https://de.wikipedia.org/wiki/Stressmodell_von_Lazarus; besucht am 26.04.2024.

wir daran gehindert, komplexe Daten zu analysieren und andere verfügbare Optionen in Betracht zu ziehen.

Dies alles geschieht zugunsten unserer körperlichen Leistungsfähigkeit. Unser Fokus verengt sich und wird zu einem Vergrößerungsglas, das auf die Bedrohung fokussiert ist. Unwichtige Dinge werden ausgeblendet. Die Pupillen und die Bronchien weiten sich, die Herzfrequenz und der Muskeltonus steigen. Die Energieversorgung des Körpers läuft auf Hochtouren. Wir sind wachsam, präsent und bereit. In diesem Zustand sind wir prädestiniert, Entscheidungen in Bezug auf einfache und bis zu einem gewissen Grad auch komplizierte Probleme zu treffen.

Allerdings fehlt uns die kognitive Fähigkeit, komplexe Probleme zu erfassen und chaotische Probleme zu stabilisieren. Durch VUKA und BANI werden wir jedoch mit komplexen und chaotischen Problemen konfrontiert. Wenn das Stressniveau unsere Belastbarkeit und unsere Bewältigungsstrategien übersteigt und wir nicht in der Lage sind, eine Lösung zu finden, schlägt unser limbisches System in einem solchen Maß Alarm, dass eine archaische Kampf-oder-Flucht-Reaktion ausgelöst wird. An dieser Stelle kommt das Fight-or-Flight-Modell von Walter Cannon ins Spiel.

Diese beiden Reaktionen, Flucht und Angriff, wurden 1988 von dem amerikanischen Psychologen Jeffrey Alan Gray durch die Reaktion der Angstlähmung oder des Totstellreflexes ergänzt. Dieser Reflex kann bis hin zur Ohnmacht gehen.[19]

In den 1990er Jahren prägte die Psychologieprofessorin Shelley Taylor den Begriff »Tend-and-befriend«, der vor allem eine weibliche Stressreaktion beschreiben sollte.[20] In der Traumaforschung wird die »Tend-and-befriend«-Reaktion auch als »Unterwerfungsreaktion«

---

19 Vgl. Kampf-oder-Flucht-Reaktion, https://de.wikipedia.org/wiki/Kampf-oder-Flucht-Reaktion; besucht am 26.04.2024.

20 Vgl. Kampf-oder-Flucht-Reaktion. https://de.wikipedia.org/wiki/Kampf-oder-Flucht-Reaktion; besucht am 26.04.2024.

oder »Rehkitz-Reaktion« bezeichnet.[21] Beide Reaktionen beschreiben die Suche nach Schutz durch soziale Bindung. Auch das sogenannte Stockholm-Syndrom, das die Sympathie eines Entführungsopfers gegenüber dem Täter beschreibt, kann in diese Kategorie eingeordnet werden.

Im Falle von überwältigendem akutem Stress gibt es letztlich vier archaische Bewältigungsstrategien, auf die unser Organismus in einer bedrohlichen Situation zurückgreift. Eine bewusst gewählte Bewältigungsstrategie ist an diesem Punkt nicht mehr zugänglich.

Wiederkehrende oder chronische Stressreaktion

Unser Körper braucht Phasen der Erholung, um Anpassungs- und Integrationsprozesse durchzuführen. Diese Prozesse laufen autonom, also ohne unser bewusstes Zutun ab. Das Einzige, was wir tun müssen, ist, unserem Körper die Möglichkeit zu geben, diese Prozesse zu durchlaufen, indem wir Pausen einlegen. Nur dadurch steigt unsere Gesamtleistung, denn unser Organismus strebt immer nach einem Gleichgewichtszustand, der Homöostase.[22]

Wenn diese Erholungsphasen über einen längeren Zeitraum hinweg jedoch nicht stattfinden, führt dies zunächst zu einer Widerstandsphase des Organismus und mündet schließlich in eine Erschöpfungsphase. In der sportlichen Trainingslehre wird dies als Übertraining bezeichnet, das mit Müdigkeit, Depression und einem drastischen Leistungsabfall einhergeht.[23]

---

21 Vgl. König, V. (2021). Bin ich traumatisiert? Wie wir die immer gleichen Problemschleifen verlassen, Gräfe und Unzer, München.
22 Vgl. Cannon, W. B. (1932). The Wisdom of the Body, W. W. Norton & Company, New York City.
23 Vgl. Friedrich, W. (2011). Optimales Sportwissen. Grundlagen der Sporttheorie und Sportpraxis, 2. Auflage, Spitta Verlag, Balingen.

Chronische Überlastung, die in vielen Unternehmen erfahren wird, kann zu einer negativen Veränderung der Gehirnstruktur führen, die mit unseren kognitiven Fähigkeiten in Zusammenhang steht. Diese wiederum haben einen direkten Einfluss auf unsere Fähigkeit, Entscheidungen zu treffen.[24]

Bewusstsein für Voreingenommenheit im Entscheidungsprozess

Was passiert im Gehirn, wenn wir eine Entscheidung treffen?

Ein Forscherteam hat das Thema *Entscheidungsfindung* aus einer ethischen Perspektive analysiert.[25] Zu diesem Zweck haben die Forscher zwei Szenarien festgelegt. Im ersten Szenario fährt ein führerloser Eisenbahnwaggon auf fünf Menschen zu, die von ihm überrollt werden und sterben, wenn er auf dem Gleis bleibt. Es gibt jedoch genau eine Möglichkeit, die Menschen zu retten. Der Waggon wird auf ein anderes Gleis umgeleitet, auf dem sich eine Person befindet. Wie würden Sie sich entscheiden? In diesem Szenario waren die meisten Menschen in der Versuchsgruppe bereit, den Wagen auf das andere Gleis umzuleiten und damit eine Person für fünf Überlebende zu opfern. Das zweite Szenario ist ähnlich aufgebaut wie das erste. Auch hier laufen fünf Personen Gefahr, von einem Eisenbahnwaggon überrollt zu werden. Diesmal gibt es eine Brücke über die Gleise. Sie stehen auf dieser Brücke und neben Ihnen steht ein Fremder. Die einzige Möglichkeit, die fünf Menschen auf den Gleisen zu retten, besteht darin, den Fremden neben Ihnen auf die Gleise zu stoßen. Er stirbt dabei, aber der Waggon wird angehalten und die Menschen

---

24 Vgl. Dahm, J., Briese, C. und H. Stahnke (2023). Atlas der Entscheider. Entscheiden wie die Profis – Dynamik, Komplexität und Stress meistern, Bourdon Verlag, Münster.

25 Vgl. Andersen, J. R. (2013). Kognitive Psychologie, Deutsche Fassung herausgegeben von Funke, 7. Auflage, J. Springer Verlag, Heidelberg.

überleben. Würden Sie das tun? Ich nehme an, Sie würden es nicht tun, wie die meisten Menschen in der Versuchsgruppe.

Während des Experiments wurde die funktionelle Magnetresonanztomographie eingesetzt, um die Hirnregionen zu analysieren, die während der Entscheidungsfindung aktiv waren. Dabei zeigte sich, dass im ersten, deutlich unpersönlicheren Szenario andere Hirnareale aktiv waren als im zweiten. Auf den Gehirnscans des ersten Szenarios zeigte das mit nüchterner Berechnung assoziierte Hirnareal Aktivität. Beim zweiten Szenario hingegen, das eine viel persönlichere Komponente hat, wurde Aktivität in den Hirnregionen festgestellt, die mit Emotionen und Sprache in Verbindung gebracht werden.

Framingeffekte

Im Bereich der kognitiven Psychologie erlangten die Forscher Kahneman und Tversky lange vor der Coronavirus-Pandemie Berühmtheit mit ihrem sogenannten »Asian disease problem«.

Stellen Sie sich vor, Sie sind Gesundheitsminister und bereiten sich auf den Ausbruch einer sehr seltenen asiatischen Krankheit vor. Wenn keine weiteren Maßnahmen ergriffen werden, werden voraussichtlich 600 Menschen an den Folgen dieser Krankheit sterben. Es gibt jedoch Bekämpfungsstrategien, die Hoffnung machen. Allerdings kann nur eine Alternative angewandt werden.

Alternative A: 200 Menschen werden gerettet.

Alternative B: Es besteht eine Wahrscheinlichkeit von einem Drittel, dass alle 600 Menschen gerettet werden. Es besteht eine Zwei-Drittel-Wahrscheinlichkeit, dass niemand gerettet wird.

Für welches Programm entscheiden Sie sich? 72 Prozent der Testpersonen entschieden sich für die sichere Alternative A und verzichteten auf die risikobehaftete Alternative B.

Aber was passiert, wenn wir einen anderen Rahmen setzen? Eine andere Versuchsgruppe erhält die folgenden Alternativen zur Auswahl.

Alternative C: 400 Menschen sterben.

Alternative D: Es besteht eine Wahrscheinlichkeit von einem Drittel, dass niemand sterben wird. Es besteht eine Zwei-Drittel-Wahrscheinlichkeit, dass 600 Menschen sterben werden.

In dem Experiment entschieden sich nur 22 Prozent dieser Versuchsgruppe für die Alternative C, die zwar sprachlich anders gestaltet ist, aber inhaltlich der Alternative A entspricht.[26]

Die sprachliche Gestaltung allein hat also einen nicht zu vernachlässigenden Einfluss auf unseren Entscheidungsprozess.[27] Diese Framing-Effekte lassen sich auch in Bezug auf medizinische Behandlungen beobachten. Zum Beispiel haben die gegensätzlichen Konzepte von Überlebenswahrscheinlichkeit und Todeswahrscheinlichkeit im Zusammenhang mit Behandlungsalternativen unterschiedliche Auswirkungen auf die vom Arzt gewählte Behandlung.[28] Dieses Forschungsergebnis macht hoffentlich nicht nur mich ein wenig nervös.

Der Forscher Shafir hat in den 1990er Jahren einen interessanten Aspekt entdeckt. Bei seinen Forschungen zur moralischen Entscheidungsfindung kam er zu dem Schluss, dass wir unseren Entscheidungsprozess danach ausrichten, welche Entscheidung wir am

---

26 Vgl. Kahneman, D. und A. Tversky (1984). Choices, values, and frames, American Psychologist, 80, 341-350.

27 Vgl. Andersen, J. R. (2013). Kognitive Psychologie, Deutsche Fassung herausgegeben von Funke, 7. Auflage, J. Springer Verlag. Heidelberg.

28 Vgl. McNeil, B. J., Pauker, S. G., Cox, H. C. Jr. und A. Tversky (1982). On the elicitation of preferences for alternative therapies, New England Journal of Medicine, 306, 1259-1262.

ehesten moralisch rechtfertigen können, sowohl vor uns selbst als auch vor anderen.[29]

Wenn das nicht eine weitreichende Erkenntnis ist, bei der wir einen Zusammenhang zur »Tend-to-befriend«-Stressreaktion in Betracht ziehen könnten.

Der menschliche Faktor im Entscheidungsprozess

In der Persönlichkeitsentwicklungsblase kursiert der Slogan »Die schlechteste Entscheidung ist die, die Sie nicht treffen« wie ein Kalenderspruch. In meiner täglichen Polizeiarbeit habe ich so viele Entscheidungen beobachtet, von denen ich wünschte, sie wären nie getroffen worden, dass ich diesen Kalenderspruch vehement infrage stellen möchte.

Bei näherer Betrachtung sieht es eher so aus: Ähnlich wie Paul Watzlawik es über die Kommunikation schreibt, ist es für uns nicht möglich, nicht zu entscheiden. Denn wie die Kommunikation ist auch das Treffen von Entscheidungen eine Form des Verhaltens und wir verhalten uns immer auf irgendeine Weise.[30] In dem Moment, in dem wir eine Entscheidung aufschieben oder nicht treffen, treffen wir tatsächlich eine Entscheidung, auch wenn dieser Prozess nicht unbedingt auf einer bewussten Ebene stattfindet.

Menschliche Bedingungen für schlechte Entscheidungen

Die meisten Entscheidungen, von denen ich wünschte, sie wären nie getroffen worden, lassen sich auf Menschen zurückführen, die in chaotischen, fragilen Familienverhältnissen aufgewachsen sind und keine stabile soziale Unterstützung erfahren haben. Vermutlich hat sich der chronische Stress, den sie in ihrer Kindheit erlebt haben,

---

29 Shafir, E. (1993). Choosing versus rejecting. Why some opinions are both better and worse than others, Memory & Cognition, 21, 546-556.
30 Vgl. Watzlawick, P., Beavin, J. H. und D. D. Jackson (2016). Menschliche Kommunikation. Formen, Störungen, Paradoxien, 13. Auflage, Hogrefe, Göttingen.

drastisch auf ihre Entscheidungskompetenz ausgewirkt. Diese Menschen wirken in ihrer körperlichen Erscheinung oft stark und widerstandsfähig, werden aber schnell impulsiv und damit fragil. Ihre angstbasierten Entscheidungen sind für Außenstehende oft unverständlich und es kann kein nachvollziehbarer kausaler Zusammenhang hergestellt werden.

Übertragen auf die Unternehmenswelt erkennen wir eindeutig eine Parallele zu unserem Akronym BANI. Hier beißt sich die Katze also selbst in den Schwanz.

Menschliche Bedingungen für gute Entscheidungen

Paul Zak hat herausgefunden, dass Organisationen, die herausragende Leistungen erbringen, das heißt, die zur Gruppe der leistungsstarken Unternehmen gehören, eine Organisationskultur haben, die durch ein hohes Maß an Vertrauen und Motivation gekennzeichnet ist. Offenbar ist es gerade der Faktor Vertrauen, der dazu führt, dass die Mitarbeiter voll motiviert sind, sich für die Ziele ihrer Organisation einzusetzen.

Dieses Vertrauen setzt voraus, dass die Menschen in der Organisation auch als Menschen gesehen und nicht zu bloßem Humankapital degradiert werden. Zak hat festgestellt, dass sich ein hohes Maß an Vertrauen nicht nur auf die Leistung innerhalb der Organisation auswirkt, sondern auch einen Dominoeffekt auslöst, der sogar im Privatleben der Mitarbeiter zu spüren ist.[31]

In diesen Organisationen mit hohem Vertrauen erleben die Mitarbeiter 74 Prozent weniger Stress als in Organisationen mit niedrigem Vertrauen, fühlen sich 66 Prozent mehr mit ihren Kollegen

---

31 Vgl. Zak, P., J. (2023). Trust Factor. The Science of Creating High Performance Companies, HarperCollins Leadership, New York.

verbunden und leiden weniger unter stressbedingtem Burnout.[32] Vertrauen hilft beim Aufbau von Resilienz und Resilienz ist laut Cascio genau der Faktor, den wir brauchen, um der Fragilität von Systemen wirksam zu begegnen.

Zak konnte nachweisen, dass Menschen Oxytocin freisetzen, wenn ihnen Vertrauen entgegengebracht wird. Dieses Oxytocin wiederum stimuliert eine Region in unserem Gehirn, die dafür sorgt, dass wir mehr Empathie zeigen. Cascio führt Empathie als Heilmittel für angstinduzierte Systeme an, denn Empathie ermöglicht es uns, angstbedingtem Verhalten mit Mitgefühl zu begegnen. Oxytocin ist das Hormon, das uns menschlich macht. Um seine Produktion im Körper anzuregen, braucht es positive soziale Interaktionen ohne Stress.[33]

Dies ermöglicht die Etablierung einer vertrauensbasierten, verzeihenden Fehlerkultur, die es uns erlaubt, mit jeder Entscheidung zu wachsen und zu lernen. Eine solche Fehlerkultur ermöglicht es, Verzerrungen im Entscheidungsprozess sowie Ängste und Stressreaktionen bewusst anzusprechen und damit zu minimieren.

BANI verlangt Ehrlichkeit. Ehrlichkeit erfordert Mitgefühl und Mitgefühl erfordert Vertrauen. Es reicht nicht mehr aus, mit einer glitzernden Unternehmenskultur zu werben, die nicht gelebt wird. Es reicht nicht mehr aus, sich mit einem ausgefeilten Lebenslauf zu bewerben, dessen Essenz nicht verkörpert wird. Es reicht nicht mehr aus, Menschen auf ihr Humankapital zu reduzieren, um Gewinne zu maximieren.

Die gute Nachricht ist, dass, sobald diese alten Strukturen zerbrechen, genau eine Sache übrig bleibt: die nackte Wahrheit. Und das

---

32 Vgl. Dahm, J., Briese, C. und H. Stahnke (2023). Atlas der Entscheider. Entscheiden wie die Profis – Dynamik, Komplexität und Stress meistern, Bourdon Verlag, Münster.

33 Vgl. Zak, P., J. (2023). Trust Factor. The Science of Creating High Performance Companies, HarperCollins Leadership, New York.

ist die einzige Grundlage, auf der wir mit Vertrauen, Einfühlungsvermögen und Intuition menschlich sinnvolle Entscheidungen treffen können.

Auf dem fruchtbaren Boden der Ehrlichkeit können wir einen Rahmen mit einer emphatischen und wohlwollenden Fehlerkultur schaffen, in dem Mitarbeiter wieder bereit sind, Verantwortung zu übernehmen und schwierige Entscheidungen zu treffen. Also, los geht´s!

Simone Allard
Top-100-Trainerin DACH-Region und
Speakerin Professional Member GSA

In Vertriebsführung, Vertriebskommunikation und Verkauf

© *Simone Allard*

Simone Allard ist eine erfahrene und inspirierende Trainerin und Rednerin, bekannt für ihre erfrischende ehrliche und motivierende Art. Mit mehr als 30 Jahren in der Finanzdienstleistungsbranche, davon viele Jahre bei der Deutsche Bank, verfügt sie über umfangreiches Fachwissen und praktische Erfahrung. Die gebürtige Rheinländerin hat seit 2016 Berlin zu ihrer Wahlheimat gemacht, was ihre Perspektive und Erfahrungsvielfalt bereichert.

Ihr Beitrag zum Thema *Vertriebsführung* umfasst nicht nur ihre eigene Karriere, sondern auch ihre Erfahrungen aus Trainings in anderen Unternehmen. Durch ihre fachliche Expertise und ihre jahrelange Praxis bietet Simone Allard eine wertvolle Ressource voller praxiserprobter Strategien, inspirierender Geschichten und wertvoller Erkenntnisse. Als angesehene Führungspersönlichkeit hat sie zahlreiche Teams und Führungskräfte zu Höchstleistungen geführt und ist eine begehrte Rednerin und Trainerin, die frischen Wind in die Welt des Vertriebs bringt und Menschen dazu motiviert, ihr volles Potenzial auszuschöpfen. In den Jahren 2022, 2023 und 2024 wurde Simone Allard zu einer der 100 besten Trainer in der DACH-Region ernannt und ist eine unverzichtbare Ressource für alle, die ihre Führungsqualitäten ausbauen und langfristigen Erfolg im Vertrieb erzielen möchten.

Weitere Informationen finden Sie auf: *www.simone-allard.de*

Chefsache Vertrieb

Die Essenz exzellenter Führung im Vertrieb – die Geheimnisse der Topteams

Als Chef oder Chefin sind SIE die ERSTEN Verkäufer, aber Sie müssen nicht unbedingt der oder die Beste sein. Vielmehr bedeutet dies, dass Sie sich für Ihre Produkte oder Dienstleistungen begeistern und von ihnen überzeugt sind. Diese Begeisterung wird ausgestrahlt und prägt die Vertriebsführung Ihres Unternehmens. In diesem Kapitel möchte ich mit Ihnen die Essenz erfolgreicher Vertriebsführung teilen, um Spitzenteams zu bilden.

Der Vertrieb ist das Herzstück eines Unternehmens, da er weitgehend für den Umsatz verantwortlich ist und somit die finanzielle Gesundheit und das Wachstum des Unternehmens bestimmt.

Heutzutage werden Vertriebler mit einer Vielzahl von Herausforderungen konfrontiert, die sowohl die Generation Z als auch die Generation X und Y betreffen. Die zunehmende Digitalisierung und die damit verbundene Veränderung der Kaufgewohnheiten stellen eine große Herausforderung dar. Die Kunden kaufen zunehmend online ein und nutzen digitale Kanäle für Informationen und Einkäufe. Gleichzeitig erwarten die Kunden ein personalisiertes und nahtloses Einkaufserlebnis über verschiedene Kanäle hinweg. Dies erfordert von den Vertrieblern ein tiefes Verständnis für die Bedürfnisse und Vorlieben der verschiedenen Generationen und die Fähigkeit, innovative Technologien und Tools einzusetzen, um diese Erwartungen zu erfüllen. Darüber hinaus spielen auch Themen wie *Nachhaltigkeit*,

Ethik und *soziale Verantwortung* eine immer wichtigere Rolle im Kaufverhalten der Verbraucher, was den Vertriebler vor die zusätzliche Herausforderung stellt, diese Aspekte in seine Vertriebsstrategien zu integrieren. Insgesamt müssen Vertriebler flexibel sowie wendig und bereit sein, sich ständig an die sich verändernde Landschaft anzupassen, um in Zukunft erfolgreich zu sein. Angesichts dieser Herausforderungen ist es von entscheidender Bedeutung, eine erstklassige Vertriebsführung aufzubauen, die ein gesundes und effektives Arbeitsumfeld für Spitzenteams schafft. Durch eine unterstützende Führungskultur, die auf Wertschätzung, Flexibilität und kontinuierlicher Entwicklung basiert, können Sie sicherstellen, dass Ihre Teams in der Lage sind, die Anforderungen des sich ständig verändernden Marktes erfolgreich zu erfüllen. Ein gesundes und motiviertes Team ist der Schlüssel zu langfristigem Erfolg und Spitzenleistungen im Vertriebsumfeld des 21. Jahrhunderts.

Wie bauen Sie ein Spitzenteam auf? Drei grundlegende Aspekte sind in der Vertriebsführung eng miteinander verbunden:

1. Navigation
2. Leichtigkeit
3. Diversität

Navigation

Für die erfolgreiche Führung von Vertriebsteams ist es von grundlegender Bedeutung, für Klarheit und Orientierung zu sorgen, da dies einen klaren Fahrplan liefert und die Teammitglieder befähigt, zielgerichtet und effizient zu arbeiten. Ziele sind der Kompass, der uns durch die oft turbulenten Zeiten des Geschäftslebens führt und unseren Vertriebsmitarbeitenden Klarheit über ihre Aufgaben und Erwartungen gibt. Kommunizieren Sie offen und transparent über Unternehmensziele, Erwartungen und Leistungsstandards. Geben Sie regelmäßig Updates und Feedback zu den Fortschritten des Teams und stellen Sie sicher, dass alle Teammitglieder über die relevanten Informationen und Entwicklungen informiert sind.

Klare Ziele ermöglichen es Ihnen, objektiv zu messen, wie gut Sie vorankommen und sich entwickeln. Sie geben uns auch eine klare Richtung vor, sodass Sie wissen, wohin Sie sich bewegen. Es reicht jedoch nicht aus, im Januar einfach Ziele anzukündigen und sie dann aus den Augen zu verlieren. Wenn Sie feststellen, dass Ihre Vertriebszahlen hinter den Erwartungen liegen, müssen Sie Maßnahmen ergreifen. Auswertungen ohne Konsequenzen sind schlichtweg ineffektiv. Stattdessen sollten Sie mit Ihren Vertriebsmitarbeitenden sprechen, um herauszufinden, warum die Ziele nicht erreicht wurden. Nur so können Sie gemeinsam einen Plan entwickeln, um die Dinge umzukehren und sich neu zu orientieren: Es ist wichtig, das Problem nicht nur zu benennen, sondern auch nach konstruktiven Lösungen zu suchen. Wenn Sie bis Dezember warten, ist es oft zu spät, um entscheidende Gegenmaßnahmen zu ergreifen. Wirksame Maßnahmen sind jetzt erforderlich und müssen durch eine offene Kommunikation und den gemeinsamen Willen unterstützt werden, um das Beste erreichen zu können. Motivation ist ein entscheidender Treibstoff für den Vertriebserfolg. Es ist daher unerlässlich, regelmäßig über die Erreichung von Zielen zu sprechen. Nehmen Sie sich die Zeit dafür, sowohl in Teamsitzungen als auch in Einzelgesprächen. Anstatt das Team mit endlosen PowerPoint-Präsentationen von Statistiken einzuschläfern, suchen Sie aktiv nach Wegen, wie Sie gemeinsam das Beste aus der Situation machen können, um das gesamte Team zu inspirieren und zu motivieren. Gemeinsam können Sie einen neuen Plan entwickeln, um das Jahresziel doch noch zu erreichen. Denn letztendlich kann es das gemeinsame Ziel sein, das alle antreibt und zu Höchstleistungen anspornt. »Es kommt darauf an, sich auf Weniges, dafür Wesentliches zu konzentrieren.«[1]

---

1 Malik, F. (2014). Führen. Leisten. Leben, Campus Verlag, Frankfurt/New York, Kapitel, 3 Seite 104.

Hierzu ein spannendes Kapitel aus dem Leben eines Vertriebsteams in Düsseldorf im März 2023:

Sie hinkten hinterher – satte 33 Prozent hinter dem Ergebnis des Vorjahres. Der Vertriebsleiter hatte jedoch genug von den üblichen Meetings, die sich in endlosen Tabellen und leeren Phrasen verloren. Es war Zeit für Veränderung, Zeit für Einbeziehung. Die Führungskraft beschloss, die besten Köpfe des Teams zu mobilisieren. Sie lud die drei Top-Performer zu einem exklusiven Treffen ein, nur einen Tag vor der geplanten Sitzung. Die Aufgabe war klar: Wie können wir diese 30 Prozent gemeinsam aufholen? Welche Hebel können wir erfolgreich einsetzen? Gemeinsam mit diesen ausgewählten Personen entwickelte sie ein kühnes Konzept, das auf nur zwei bewährten Vertriebsansätzen basierte. Max, Carmen, Daniele und die Führungskraft selbst arbeiteten Hand in Hand, um die Strategie zu verfeinern und sie für die Präsentation vorzubereiten. Am nächsten Tag war es dann soweit. Max, Carmen und Daniele standen vor dem aufgeregten Team und präsentierten ihre visionären Ideen. Sie hatten alles vorbereitet – von Dokumenten bis hin zu interaktiven Workshops. Das Team teilte sich in zwei Gruppen auf und machte sich an die Arbeit. Jede Gruppe war entschlossen, einen der beiden Vertriebsansätze zu entwickeln. Und wie es das Schicksal so wollte, waren es genau die Ansätze, die für Daniele, Carmen und ein anderes Teammitglied in den letzten Monaten am besten funktioniert und bis März zu einem erfolgreichen Ergebnis geführt hatten. Jetzt hatte jeder im Team nicht nur einen, sondern zwei wertvolle Vertriebsansätze und ein Best-Practice-Paket zur Hand, um genau zu wissen, wie es weitergehen sollte. Mit dieser geballten Ladung an Ideen und Strategien war das Team bereit, die Herausforderung anzunehmen und wieder auf die Erfolgsspur zu kommen. Das Düsseldorfer Vertriebsteam übertraf alle Erwartungen: Sie machten nicht nur die vorherigen 33 Prozent wieder wett, sondern das Team erreichte eine beeindruckende Zielerreichung von 104 Prozent im selben Jahr und war damit das erfolgreichste Team des Jahres.

Dieses konkrete Beispiel veranschaulicht zwei äußerst effektive Ansätze:

- *Einbeziehung der Top-Performer:* Die Führungskraft lud gezielt die drei Top-Performer des Teams zu einem exklusiven Treffen ein, um gemeinsam Lösungen zu entwickeln. Durch die Einbeziehung dieser Schlüsselpersonen konnten innovative Ideen entwickelt und erfolgreich umgesetzt werden.
- *Konzentration auf die wichtigsten Ansätze:* Anstatt sich auf eine Vielzahl von Vertriebsstrategien zu konzentrieren, wählte das Team nur zwei Schlüsselansätze aus, die bereits erfolgreich waren. Dieser klare Fokus trug dazu bei, den Arbeitsaufwand zu verringern und die Umsetzung der Strategien zu optimieren.

Ich empfehle Ihnen dringend, Rituale einzuführen, die die Teamdynamik stärken und eine förderliche Arbeitskultur unterstützen. Diese Rituale könnten in Form regelmäßiger Teamsitzungen, monatlicher Teamevents oder kurzer täglicher Zusammenkünfte stattfinden. Sie bieten Ihrem Team dadurch die Möglichkeit, sich zu vernetzen, Erfolge zu feiern und gemeinsame Ziele zu setzen. Der zeitliche Rahmen sollte nach seiner Sinnhaftigkeit und Wirksamkeit gewählt werden. Es ist wichtig, daran zu denken, dass der Aufbau eines starken Teams ein fortlaufender Prozess ist, der Zeit, Engagement und Beständigkeit erfordert. Indem Sie regelmäßige Treffen, Einzelgespräche und Rituale einrichten, legen Sie den Grundstein für eine erfolgreiche Zusammenarbeit und eine positive Unternehmenskultur. Hier liegt die Verantwortung bei Ihnen als Führungskraft. Wenn Sie ein neues Team bilden, können Sie leicht Regeln einführen. Bei bestehenden Teams erfordert es jedoch etwas mehr Fingerspitzengefühl. Bestehende Teams brauchen eine klare Erklärung der Bedeutung und den Nutzen neuer Regeln oder Rituale. Sie sollten die zuvor genannten Vorteile deutlich hervorheben. Wenn es immer noch Widerstände gibt, ist es wichtig, klare Erwartungen zu formulieren, die die Akzeptanz der neuen Prozesse unterstützen. Es ist auch äußerst klug, die Wortführer im Team frühzeitig für Ihre Pläne zu gewinnen(!).

Fazit

1. Ein klarer **Fahrplan** ist entscheidend für eine effektive Teamführung.
2. Die wichtigsten **Ziele dienen als Kompass** und müssen aktiv verfolgt werden, um den Erfolg sicherzustellen.
3. Durch **regelmäßige Zielerreichungsgespräche** und die Nutzung der **Expertise von Top-Performern** kann das Team effektiver zusammenarbeiten und seine Leistung steigern.

Leichtigkeit

Spitzenteams zeichnen sich durch eine ansteckende Leichtigkeit und Spaß aus. Wie können Sie diese Leichtigkeit in ein Team integrieren? Motivation und Vertrauen sind der Schlüssel zur effektiven Führung von Vertriebsteams. Motivierte Mitarbeitende sind produktiver und engagierter bei ihrer Arbeit. Wenn Teammitglieder motiviert sind, setzen sie sich eher Ziele und arbeiten hart daran, diese zu erreichen. Dies kann zu einem Anstieg der Vertriebszahlen und einer besseren Leistung des Vertriebsteams führen. Darüber hinaus fördert ein starkes Vertrauensverhältnis innerhalb des Teams den Zusammenhalt und die Zusammenarbeit. Mitarbeitende, die einander vertrauen, sind eher bereit, sich gegenseitig zu unterstützen, Wissen und Ressourcen zu teilen und gemeinsam an Lösungen zu arbeiten, was zu einem effektiveren und harmonischeren Arbeitsumfeld führt. Darüber hinaus können Führungskräfte durch die Schaffung eines motivierenden und vertrauensvollen Arbeitsumfelds das Engagement und die Loyalität ihrer Mitarbeitenden langfristig fördern. Motivierte und zufriedene Mitarbeitende sind eher bereit, langfristig im Unternehmen zu bleiben und aktiv zum Erfolg des Unternehmens beizutragen. Zusammenfassend lässt sich sagen, dass **Motivation und Vertrauen** entscheidende Elemente für die Führung von Vertriebsteams sind, da sie nicht nur die Leistungsfähigkeit und Effektivität des Teams verbessern, sondern auch zu einer positiven Unternehmenskultur und langfristigem Erfolg beitragen. Solche Teams haben eine ansteckende Leichtigkeit und Spaß.

Werfen wir einen kurzen Blick auf zwei Arten von Motivation. Wir unterscheiden zwischen intrinsischer und extrinsischer Motivation:

Intrinsische Motivation bezieht sich auf den inneren Wunsch einer Person, eine bestimmte Aufgabe auszuführen, weil sie persönliche Freude, Zufriedenheit oder Interesse daran empfindet. Diese Art der Motivation entsteht durch das eigene Interesse an der Tätigkeit selbst und nicht durch externe Belohnungen oder Anreize. Zum Beispiel kann jemand intrinsisch motiviert sein, ein Musikinstrument zu erlernen, weil es ihm Spaß macht, die Musik zu spielen, unabhängig von äußeren Belohnungen wie Anerkennung oder Geld.

Extrinsische Motivation hingegen bezieht sich auf die Anreize oder Belohnungen, die von außen kommen und dazu dienen, das Verhalten einer Person zu beeinflussen. Diese Art der Motivation ergibt sich aus dem Streben nach externen Belohnungen oder der Vermeidung von Bestrafung. Beispiele für extrinsische Motivation sind finanzielle Belohnungen, Lob oder Anerkennung von anderen, Beförderungen oder das Vermeiden von Strafen.

Insgesamt bezieht sich die intrinsische Motivation auf die inneren Wünsche und persönlichen Interessen einer Person, während sich die extrinsische Motivation auf externe Belohnungen oder Anreize konzentriert, um das Verhalten zu beeinflussen.

Zwei Spitzenreiter, zwei Motive

Die alleinerziehende Mutter Jana, eine Spitzenkraft aus Berlin, möchte mit ihrem Kind in einer schönen Umgebung leben. Sie möchte ihre Eigentumswohnung so schnell wie möglich abbezahlt haben, damit sie das zukünftige Studium ihrer Tochter finanzieren kann. Zu Beginn des Jahres kalkuliert Jana die Ergebnisse, die sie erreichen muss, um das Bonussystem optimal auszunutzen. In ihrem Fall bedeutet dies, in diesem Jahr in drei Bereichen ein kumulatives Ziel von 128 Prozent zu erreichen. Ihr reguläres Ziel lag bisher bei 100 Prozent, was bereits ein beachtlicher Erfolg gewesen wäre. Aber sie strebt nun nach Spitzenleistungen und setzt sich daher das ehrgeizige Ziel von 128 Prozent. Sie macht einen genauen Plan, wie sie diese Ziele erreichen kann und schafft es auch ... Für Jana ist es sehr wichtig, für sich und ihr Kind finanziell abgesichert zu sein. Sie ist intrinsisch motiviert.

Für ihren Kollegen Frank ist es extrem wichtig, die Nummer 1 auf der Liste der Top-Performer zu sein. Er möchte auf keinen Fall einen Platz neben dem CEO beim Dinner auf der Incentive-Reise verpassen. Außerdem möchte er mit seinen Kollegen in der Dachterrassen-Lounge um die neuesten Luxusartikel konkurrieren. Frank behält auch seine Vertriebszahlen genau im Auge. Auch er hat einen Plan ausgearbeitet und immer ein Auge auf seine Mitbewerber. Schließlich will er die Nummer 1 sein. Und das ist er auch. Status und Luxusartikel sind für Frank sehr wichtig. Er ist extrinsisch motiviert.

Zum Schluss haben sowohl Frank als auch Jana ihre persönlichen höheren Ziele erreicht und sind herausragende Top-Performer, aber mit unterschiedlichen Motivationsfaktoren.

Die Motivation eines Vertriebsteams kann auf verschiedene Weise gefördert werden. Hier sind vier konkrete Ansätze:

Klare Ziele und Belohnungssysteme
Setzen Sie klare und erreichbare Ziele für das Vertriebsteam und verbinden Sie diese mit attraktiven Belohnungen oder Anreizen. Dies kann in Form von Bonuszahlungen, Provisionen, Prämien, Incentive-Reisen oder anderen Formen der Vergütung geschehen.

Individuelle Anerkennung und Wertschätzung spielen eine wichtige Rolle bei der Motivation der Mitarbeitenden. Achten Sie darauf, individuelle Leistungen anzuerkennen und zu belohnen, sei es durch Lob, Auszeichnungen oder besondere Anerkennung für herausragende Leistungen.

Je nach Größe der Vertriebsorganisation ist es sinnvoll, entweder Einzelwettbewerbe oder eine Kombination aus Einzel- und Teamwettbewerben zu initiieren. In großen Organisationen kann ein jährlicher Einzelwettbewerb sinnvoll sein. Für kleinere, regionale Teams ist es jedoch ratsam, Einzel- und Teamwettbewerbe zu kombinieren. Die

Einrichtung eines Top-Performer-Clubs innerhalb größerer Organisationen bietet eine Plattform für den Austausch zwischen Top-Performern. Um die Leistung der Teams zu steigern, können das ganze Jahr über Wettbewerbe mit individuellen und teamorientierten Zielen veranstaltet werden. Diese können mit kleineren Anreizen für das gesamte Team belohnt werden, zum Beispiel mit gemeinsamen Aktivitäten wie einer Kanufahrt.

Die Vorteile dieses ausgewogenen Ansatzes liegen auf der Hand: Die ohnehin schon ehrgeizigen Top-Performer werden durch die Aussicht auf zusätzliche Anerkennung und Belohnungen zusätzlich motiviert. Durchschnittliche Top-Performer hingegen könnten sich demotiviert fühlen, wenn sie glauben, dass sie ohnehin keine Chance haben, den Einzelwettbewerb zu gewinnen. Durch die Betonung des Teamgedankens und die Anerkennung von Einzelleistungen werden auch durchschnittliche Top-Performer motiviert. Diese Methode kann auch Spitzenkräfte dazu ermutigen, noch härter zu arbeiten und ihr volles Potenzial auszuschöpfen.

Katamaran Team Düsseldorf

In den belebten Straßen von Düsseldorf schmiedete ein Team voller Entschlossenheit und Eifer Pläne für eine außergewöhnliche Belohnung, die sie durch ihren bemerkenswerten Erfolg gewinnen konnten. Das Incentive-Programm erstreckte sich über vier Quartale, und die Erwartungen waren zu Beginn gedämpft. Die Konkurrenz war groß und viele bezweifelten, dass sie eine Chance hatten.

Doch dann geschah das Unmögliche: Das Team aus Düsseldorf gewann überraschend im ersten Quartal. Ein Funke der Hoffnung und der Begeisterung war entfacht und die Teammitglieder waren entschlossen, den Wettbewerb zu gewinnen. Auch wenn nicht alle im Team Spitzenleistungen erbrachten – einige befanden sich noch in der Einarbeitungsphase –, so vereinte sie doch der gemeinsame Wunsch nach Erfolg.

Die Führungskraft berief eine Sitzung ein, um Strategien zu entwickeln, wie sie die verbleibenden Quartale gewinnen konnten. Die Belohnung für den Gesamtsieg war eine exklusive Teamreise auf einem Katamaran zwischen den wunderschönen Inseln Ibiza und Mallorca.

Das Team setzte sich zusammen und beschloss, seine Ziele neu zu definieren. Jedes Mitglied analysierte, wie viel Umsatz es bis zum Ende des Jahres beitragen konnte. Als die Zahlen zusammengetragen wurden, wurde klar, dass noch ein erheblicher Betrag fehlte, um das Gesamtziel zu erreichen. Plötzlich erhob sich die Top-Performerin aus ihren Gedanken und verkündete, dass sie ihr persönliches Ziel erhöhen würde. Mutig folgte ihr ein anderer Top-Performer und gemeinsam erhöhten sie ihre Anstrengungen. Durch diese zusätzlichen Anstrengungen wurde das Gesamtziel erreicht – das Team erzielte genug Umsatz, um die begehrte Reise zu gewinnen.

Und so segelte das Team aus Düsseldorf mit einem strahlenden Lächeln im Gesicht über die azurblauen Wellen, genoss die Freiheit und das Gefühl des Erfolgs. Diese Reise war nicht nur eine Belohnung für ihre harte Arbeit, sondern auch ein Beweis dafür, dass Zusammenhalt und Entschlossenheit selbst die größten Herausforderungen überwinden können.

Wertschätzung

Stellen Sie sicher, dass Sie die Wertschätzung Ihrer Mitarbeitenden als einen wesentlichen Bestandteil der Motivation und Loyalität im Unternehmen betrachten. Vertriebsmitarbeitende neigen oft dazu, die Bedeutung von Lob und Anerkennung herunterzuspielen. Zahlreiche Studien und meine persönliche Erfahrung beweisen jedoch das Gegenteil, insbesondere wenn es um die Gründe für die Kündigung von Mitarbeitenden geht.

Während meiner Zeit als Gebietsdirektorin für die Deutsche Bank habe ich ein Projekt zum Thema *Rekrutierung und Mitarbeitendenbindung im Vertrieb* geleitet. Unsere Untersuchungen zeigten, dass Mitarbeitende, die sich wertgeschätzt fühlen, aktiver und zufriedener sind und bessere Leistungen erbringen. Kündigungen oder Leistungseinbrüche waren oft darauf zurückzuführen, dass sich die Mitarbeitenden nicht ausreichend wertgeschätzt fühlten. Dies wurde oft auf einen Mangel an Anerkennung durch die Vorgesetzten zurückgeführt. Es war auch wichtig, dafür zu sorgen, dass Lob nicht ausschließlich an bestimmte Personen vergeben wurde. Anerkennung kann eine kontraproduktive Wirkung haben, wenn sie nicht gerecht verteilt wird.

In einem Umfeld, das oft von Leistungsdruck und Zielvorgaben geprägt ist, ist es besonders wichtig, die Fortschritte und die Entwicklung jedes einzelnen Teammitglieds zu würdigen. Wenn Führungskräfte nur die Top-Performer loben und belohnen, kann dies für diejenigen, die sich noch in der Entwicklungsphase befinden, entmutigend sein. Der Vergleich mit erfahrenen Spitzenkräften kann zu einem Gefühl der Überforderung führen und letztlich die Motivation beeinträchtigen.

Daher ist es entscheidend, einen nuancierten Ansatz zu wählen, der die individuellen Fortschritte und Leistungen jedes einzelnen Teammitglieds anerkennt. Das bedeutet, nicht nur die besten Ergebnisse zu loben, sondern auch die Bemühungen und Verbesserungen jedes Einzelnen anzuerkennen.

Indem sie sich auf den Lernprozess und das persönliche Wachstum konzentrieren, schaffen Führungskräfte ein Umfeld, in dem die Mitarbeitenden ermutigt werden, aus Fehlern zu lernen und sich kontinuierlich weiterzuentwickeln. Kleine Erfolge und Verbesserungen verdienen ebenso viel Anerkennung wie große Erfolge, da sie den Weg für langfristigen Erfolg ebnen können.

Durch die Förderung einer Kultur der Anerkennung und des persönlichen Wachstums können Führungskräfte sicherstellen, dass ihr Team motiviert und engagiert bleibt, selbst in Zeiten von Druck und Herausforderungen.

Wertschätzung ist eine Fähigkeit, die man lernen kann und sollte. Das alte Motto »Nicht kritisiert ist genug gelobt« ist überholt. Machen Sie Wertschätzung zu einer Priorität in Ihrem Arbeitsalltag. Fragen Sie sich selbst: Welche Form der Anerkennung brauchen Ihre Mitarbeitenden?

Allgemeines positives Feedback ist wichtig, aber es ist entscheidend, individuelle und konkrete Wertschätzung zu zeigen.

Die oft unterschätzte Wertschätzung erfordert sowohl Spontanität als auch Struktur. Integrieren Sie sie sowohl in regelmäßige Teambesprechungen als auch in spontane Reaktionen im Tagesgeschäft.

Sie sollte ein Grundpfeiler Ihrer Unternehmenskultur sein. Meiner Erfahrung nach gibt es zwei Hauptarten von Wertschätzung:

1. **Mündliche Anerkennung und**
2. **Zeit.**

Mündliche Anerkennung

Meiner Erfahrung nach fühlen sich die meisten Menschen wertgeschätzt, wenn sie mündliche oder schriftliche Komplimente, Lob und Anerkennung für ihre Dienste, Gefälligkeiten oder Unterstützung erhalten.

Im Vertriebs ist es wichtig, dass sich die Mitarbeitenden wertgeschätzt fühlen, sei es durch verbale oder schriftliche Anerkennung. Individuelles Lob oder Komplimente können in Form eines kurzen Kommentars, einer E-Mail oder sogar einer kleinen Lobkarte erfolgen. Es ist wichtig, dass diese Kommentare zeitnah, anlassbezogen und persönlich sind. Es ist nicht nötig, eine lange Lobeshymne zu verfassen. Auch eine einfache positive Erwähnung von etwas, das positive Aufmerksamkeit erregt hat, kann eine große Wirkung haben. Ganz gleich, ob es sich um einen erfolgreichen Geschäftsabschluss, ein großartiges Telefongespräch oder eine herausragende Präsentation handelt, die Kunst der verbalen Anerkennung kann in der Vertriebsumgebung einen großen Unterschied machen.

In einer Welt, in der es oft die kleinen Gesten sind, die den größten Unterschied machen, beschloss Marc, Teamleiter einer Privatkunden-Bank in Hannover, seinem Mitarbeitenden Olaf eine kleine Geste der Wertschätzung zukommen zu lassen. Er überreichte ihm eine grüne Karte in einem Umschlag mit den Worten:

»Lieber Olaf, vielen Dank für deine Geduld mit der Technik. Ich weiß, dass deine Kunden ungeduldig waren, weil sie ihre Portfoliowerte nicht sofort auf dem PC sehen konnten. Es ist toll, dass du Teil unseres Teams bist. Mit freundlichen Grüßen Marc.«

Nach drei Tagen hörte Marc nichts mehr von Olaf. Aber am vierten Tag trafen sie sich wie geplant und Olaf kam mit einem breiten Grinsen auf Marc zu und sagte einfach: »Ich danke dir!«

Zeit

Die zweite wichtige Form der Wertschätzung ist die Investition von Zeit. Dies kann durch gemeinsame Erfahrungen oder Gespräche in einem geschützten Raum geschehen. Ein Beispiel dafür ist, wenn eine Führungskraft feststellt, dass er oder sie mit einem Mitarbeitenden nicht wirklich in Kontakt treten kann.

Nach einem ausführlichen Gespräch stellt sich heraus, dass der Mitarbeitende gerne wandert und die Natur liebt. Sie beschließen daraufhin, das Treffen in einem nahe gelegenen Wald abzuhalten. Die Einladung der Führungskraft enthält lediglich den Rat, festes Schuhwerk mitzubringen und den genauen Treffpunkt. Dieser unkonventionelle Rahmen lockert die Atmosphäre auf und ermöglicht ein natürliches und gehaltvolles Gespräch. Seither ist die Beziehung zwischen den beiden lockerer und die Gespräche gehen mehr in die Tiefe.

Ein anderes Beispiel ereignete sich in Düsseldorf, als eine Top-Performerin extrem verärgert war. Also beschloss ihre Führungskraft spontan, in ein nahe gelegenes Bistro zu gehen und ein Glas Champagner zu trinken. Es hätte natürlich auch Tee oder ein Softdrink sein können, aber die Führungskraft wusste um die Vorliebe der Mitarbeitenden für Champagner. Die Mitarbeitende konnte somit ihrem Ärger in einer entspannten Atmosphäre Luft machen, und nach nur 20 Minuten war alles wieder in Ordnung.

Es ist von entscheidender Bedeutung, Zeit mit den Mitarbeitenden zu verbringen. Findet ein Gespräch in einem geschützten Raum statt, sollte dieser Moment nicht gestört werden, damit die volle Aufmerksamkeit der Mitarbeitenden gewährleistet ist. Diese Investition in Zeit sowie Aufmerksamkeit ist effektiv und führt zu einem garantierten Return on Investment.

Empowerment

Im hart umkämpften Vertriebsumfeld ist es unerlässlich, Mitarbeitende zu inspirieren, zu unterstützen und zu ermächtigen, ihr volles Potenzial auszuschöpfen. Auch wenn das Empowerment nicht ausschließlich in Ihrer Verantwortung liegt, so spielen Sie doch eine entscheidende Rolle bei der Stärkung des Vertriebs und geben den Mitarbeitenden das nötige Selbstvertrauen.

Studien haben gezeigt, dass ein starkes Gefühl der Selbstwirksamkeit bei Vertriebsmitarbeitenden zu einer Steigerung der Leistungsfähigkeit, der Kreativität und der Bereitschaft, Herausforderungen anzunehmen, führt. Dies ist besonders relevant, da Vertriebsmitarbeitende täglich mit komplexen Kundeninteraktionen und anspruchsvollen Vertriebssituationen konfrontiert sind.

Um Vertriebsmitarbeitende zu befähigen, sollten Führungskräfte gezielt psychologisches Empowerment fördern. Dies kann durch offene Kommunikation, die Einbeziehung der Mitarbeitenden in Entscheidungsprozesse und die Anerkennung ihrer Leistungen erreicht werden.

Es ist auch wichtig, die Vertriebsmitarbeitenden zu ermutigen, ihre eigenen Lösungen zu finden und proaktiv auf die Bedürfnisse der Kunden einzugehen. Eine Unternehmenskultur, die Autonomie und Vertrauen fördert, ist hier entscheidend.

Neben der Motivation ist auch die kontinuierliche Entwicklung der Vertriebsmitarbeitenden von großer Bedeutung. Führungskräfte sollten ihre Mitarbeitenden aktiv dabei unterstützen, ihre Fähigkeiten zu verbessern und sich beruflich weiterzuentwickeln, sei es durch gezieltes Coaching/Training, regelmäßiges Feedback oder Weiterbildungsmöglichkeiten.

Insgesamt ist die Stärkung des Empowerments bei Vertriebsmitarbeitenden entscheidend, um ihre Leistungsfähigkeit zu steigern und sie für herausfordernde Vertriebssituationen zu rüsten. Führungskräfte, die ihre Vertriebsteams effektiv motivieren, unterstützen und befähigen, leisten einen wesentlichen Beitrag zum Erfolg des Unternehmens und schaffen eine erfolgreiche Vertriebskultur.

Teamwork und Förderung von Kooperation
Stärken Sie den Teamgeist und die Zusammenarbeit innerhalb des Vertriebsteams, indem Sie gemeinsame Ziele setzen, Teamaktivitäten organisieren und eine unterstützende und kooperative Arbeitsumgebung schaffen. Dies kann die Motivation jedes Einzelnen steigern und zu einer besseren Teamleistung führen.

Kreative Tage

Ein gelungenes Beispiel aus dem Ruhrgebiet zeigt, wie ein Vertriebsteam aus Essen Leichtigkeit und Spaß in sein Team integriert, um die Mitarbeitendenbindung zu stärken und die Teamdynamik zu verbessern. Der Vertriebsleiter führt regelmäßig »kreative Tage« ein, an denen die Mitarbeitenden ihre täglichen Aufgaben auf Eis legen und stattdessen an kreativen Projekten arbeiten können. Diese Projekte können von der Verschönerung des Firmengeländes bis zur Gestaltung von Kunstwerken reichen, die dann im Büro ausgestellt werden. Darüber hinaus organisiert das Unternehmen soziale Projekte, bei denen sich die Mitarbeitenden gemeinsam an wohltätigen Aktivitäten beteiligen, zum Beispiel bei der Renovierung von Spielplätzen oder der Unterstützung lokaler Wohltätigkeitsorganisationen. Diese kreativen Tage schaffen nicht nur eine angenehme und inspirierende Arbeitsatmosphäre, sondern fördern auch die Zusammenarbeit und den Teamgeist der Mitarbeitenden. Sie genießen es, an diesen Tagen Ideen auszutauschen, neue Fähigkeiten zu entdecken und gemeinsam etwas Gutes für die Gemeinschaft zu tun. Diese Maßnahme trägt dazu bei, die Motivation der Mitarbeitenden zu erhöhen und ihre Bindung an das Unternehmen zu stärken, was letztlich zu einer positiven Unternehmenskultur und einer besseren Leistung führt. Sie kommt auch dem Bedürfnis nach Sinnhaftigkeit entgegen, insbesondere bei der jüngeren Generation Z. Ein »verlorener« Vertriebstag ist also keineswegs ein verlorener Tag. Im Gegenteil, er führt zu neuer Energie und letztlich zu besserer Leistung.

Hier im Pott packt man gemeinsam an

Eine Kindertagesstätte in einem Brennpunktgebiet war voller Liebe und Fürsorge, aber oft von den harten Realitäten des Lebens umgeben. An einem sonnigen Tag beschlossen 14 Mitarbeitende eines Vertriebsteams, etwas ganz Besonderes für die Kinder zu tun. Mit strahlenden Gesichtern und Luftballons in der Hand betraten sie die Kindertagesstätte. Sie wurden von einem Schminkset und einem Eiswagen begleitet und waren bereit, die Herzen der Kinder zu erobern. Als die Kinder die Mitarbeitenden ankommen sahen, leuchteten ihre Augen vor Freude und Neugierde.

Das Personal hatte ein zauberhaftes Kinderfest organisiert, das die Fantasie der Kinder freisetzte. Von wilden Tigern über funkelnde Prinzessinnen bis hin zu lustigen Clowns – jedes Kind wurde nach seinen Wünschen geschminkt und strahlte vor Glück. Die Kindertagesstätte wurde in ein buntes Paradies verwandelt. Bunte Girlanden und fröhliche Dekorationen schmückten die Räume, während der verlockende Duft von gegrillten Würsten und Gemüse die Luft erfüllte.

Der Höhepunkt des Sommerfests war zweifellos der italienische Eiswagen, der draußen wartete. Eine endlose Schlange von Kindern bildete sich, jedes hungrig nach seiner Lieblingssorte. Mit strahlenden Gesichtern und leuchtenden Augen wählten sie ihre Kugeln Eis aus, jede einzelne ein kostbares Geschenk.

Die Atmosphäre war nicht nur voller Freude und Jubel, sondern auch von einem tieferen Sinn durchdrungen. Die Kinder fühlten sich geliebt und geschätzt, während die Mitarbeitenden in ihren Herzen die wahre Belohnung für ihre Bemühungen spürten. An diesem Tag wurde nicht nur Eis gegessen und gelacht, sondern auch es wurden Bindungen gestärkt und Hoffnung gesät. Es war ein Moment der Gemeinschaft und des Miteinanders, der weit über die Grenzen der Kindertagesstätte hinausreichte.

Und als die Sonne langsam unterging und der Tag sich dem Ende zuneigte, blieb das Gefühl der Liebe und Verbundenheit für immer in den Herzen aller, die an diesem wunderbaren Ereignis teilgenommen hatten. In der Einfachheit dieses Moments fanden sie einen unschätzbaren Wert – die Freude am Geben und Empfangen.

Fazit

1. Effektive Motivation im Vertriebsteam wird durch klare Ziele, attraktive Belohnungen, individuelle Anerkennung und eine ausgewogene Kombination aus Einzel- und Teamwettbewerben erreicht.

2. Stellen Sie sicher, dass die Anerkennung und Wertschätzung Ihrer Mitarbeitenden als zentraler Bestandteil ihrer Motivation und Bindung im Unternehmen angesehen wird.
3. Eine wirksame Förderung des Empowerments bei Vertriebsmitarbeitenden ist von entscheidender Bedeutung, um ihre Leistungsfähigkeit zu steigern und eine erfolgreiche Vertriebskultur zu etablieren.
4. Die Förderung von Teamgeist und Zusammenarbeit durch gemeinsame Ziele, organisierte Teamaktivitäten und ein kooperatives Arbeitsumfeld führt zu höherer Motivation und besserer Leistung.

Diversität

Selbst die herausragendsten Leistungen sind das Ergebnis einer effektiven Interaktion zwischen Menschen, sowohl mit sich selbst als auch mit anderen. Leider gibt es keinen allgemeingültigen Leitfaden für zwischenmenschliche Dynamik, da individuelle Persönlichkeiten und Arbeitsstile eine Vielzahl von Führungsansätzen erfordern. Ein nuancierter Ansatz, der die Vielfalt der Persönlichkeitstypen unter den Mitarbeitenden berücksichtigt, ist unerlässlich. Dies erfordert ein tiefes Verständnis der unterschiedlichen Verhaltensmuster und Kommunikationsstile der Teammitglieder, um die Führungstechniken entsprechend anzupassen und eine effektive Zusammenarbeit zu ermöglichen. Wie John Davison Rockefeller sagte: »Was mich anbetrifft, so zahle ich für die Fähigkeit, Menschen richtig zu behandeln, mehr als für irgendeine andere auf der ganzen Welt.«[2]

Es ist jedoch möglich, bestimmte Verhaltensmuster zu erkennen und entsprechend auf ihre Bedürfnisse zu reagieren. Als zertifizierte

---

2 https://www.welt.de/welt_print/article743956/So-behandeln-Sie-Einwaende.html; besucht am 08.07.2024.

Persönlichkeitstrainerin verwende ich gerne das Persolog-Persönlichkeitsprofil von Friedbert Gay als Grundlage.[3] In meiner langjährigen Erfahrung habe ich festgestellt, dass dieses Modell besonders gut geeignet ist, die Unterschiede in den Verhaltensstilen von Vertriebsmitarbeitenden klar und verständlich darzustellen.

Gerne präsentiere ich Ihnen einen kurzen Überblick über die jeweiligen Verhaltensprofile und nenne Ihnen Beispiele für die einzelnen Verhaltensstile. Es ist wichtig zu betonen, dass jeder Mensch in verschiedenen Rollen mehrere Verhaltensstile zeigt, sei es als Verkäufer, Elternteil, Kind usw. Ich werde Ihnen auch Werkzeuge an die Hand geben, die Ihnen helfen, sensibel und effektiv mit Ihren Mitarbeitenden umzugehen.

»Dominante« Mitarbeitende

Teammitglieder mit einem dominanten Verhaltensstil arbeiten gerne schnell und nehmen neue Herausforderungen an. Sie sind energiegeladen und zielorientiert, bevorzugen Unabhängigkeit und Erfolg, mögen aber keine übermäßige Kontrolle.

- Definieren Sie anspruchsvolle Ziele, die diese Mitarbeitenden herausfordern und zu einem hohen Arbeitstempo motivieren.
- Bieten Sie regelmäßig neue Projekte und Aufgaben an, um ihr Interesse zu wecken und ihre Suche nach Abwechslung zu befriedigen.

---

3   Das Persönlichkeitsmodell von Friedbert Gay, auch bekannt als das persolog®-Modell, basiert auf den Arbeiten von William Moulton Marston und wurde in den 1970er Jahren weiterentwickelt. Es zeichnet sich durch seine praktische Anwendbarkeit in verschiedenen Bereichen, wie Führung, Kommunikation und Teamentwicklung, aus. Das Modell hilft dabei, individuelle Verhaltensmuster zu erkennen und zu verstehen, was zu einer effektiveren Zusammenarbeit und einem besseren Verständnis der eigenen Persönlichkeit führt. Dies macht das persolog®-Modell zu einem wertvollen Werkzeug für persönliche und berufliche Entwicklung.

- Geben Sie diesen Mitarbeitenden genügend Freiheit und Selbstbestimmung, damit sie ihre Aufgaben auf ihre eigene Weise erledigen und die Kontrolle über die Arbeitssituation behalten können.

»Initiative« Mitarbeitende
Ein Teammitglied mit einem initiativen Verhaltensstil ist kontaktfreudig und zeigt offen seine Gefühle. Dieser Typ knüpft schnell informelle Beziehungen und interagiert gerne mit anderen. Er bevorzugt eine entspannte Arbeitsumgebung und braucht klare Anerkennung und die Möglichkeit, sich auszudrücken, um motiviert zu bleiben.

- Loben Sie das Teammitglied regelmäßig für seine spontane Initiative und seine Fähigkeit, eine entspannte und unterhaltsame Arbeitsumgebung zu schaffen. Geben Sie diesen auch die Freiheit, neue Aufgaben spontan in Angriff zu nehmen und einen eigenen Arbeitsstil zu entwickeln.
- Ermutigen Sie das Teammitglied, seine sozialen Fähigkeiten zu nutzen und positive Beziehungen zu seinen Kollegen aufzubauen. Erlauben Sie diesem, Gedanken und Gefühle offen mitzuteilen, und unterstützen Sie dabei, auch in schwierigen Situationen positive Kontakte zu pflegen.
- Vermeiden Sie Situationen, die das Teammitglied frustrieren könnten, beispielsweise bei einem unfreundlichen Kollegen oder einem Umfeld, das zu sehr auf Details und Zeitpläne besteht. Geben Sie ihm Raum, sich zu äußern und vermeiden Sie es, ihn öffentlich zu demütigen oder zurückzuweisen, um das Engagement und die Motivation zu erhalten.

»Stetige« Mitarbeitende
Der Mitarbeitende mit einem stetigen Verhaltensstil neigt dazu, ruhig und gelassen zu sein, bevorzugt bewährte Methoden und strebt nach Stabilität und Sicherheit. Er arbeitet gut im Team und ist bestrebt, eine angenehme Arbeitsatmosphäre zu schaffen. Seine Motivation ist es, konstruktiv mit anderen zusammenzuarbeiten und einen sicheren Arbeitsplatz zu haben. Er ist frustriert von schnellen Veränderungen,

mangelnder Unterstützung und unklaren Erwartungen. Hierbei sollten Sie die folgenden Punkte beachten:

- Da diese Mitarbeitende sorgfältig über ihre Handlungen nachdenken, kann es hilfreich sein, ihnen bei der Entscheidungsfindung zu helfen, indem Sie sie mit den nötigen Informationen versorgen und sie gegebenenfalls beraten.
- Loben Sie ihre beständige Leistung und zeigen Sie Ihre Anerkennung für ihre Zuverlässigkeit und Genauigkeit. Eine positive Bestätigung ihrer Arbeit wird ihr Selbstvertrauen stärken und sie weiter motivieren.
- Vermeiden Sie unnötige Konflikte und sorgen Sie für ein stabiles Arbeitsumfeld. Klare Strukturen und Routinen geben diesen Mitarbeitenden Sicherheit und ermöglichen es ihnen, effektiv zu arbeiten.

»Gewissenhafte« Mitarbeitende
Diese Mitarbeitenden bevorzugen klare Richtlinien und arbeiten mit großer Sorgfalt und Genauigkeit. Indem Sie ihnen klare Anweisungen und Strukturen geben und ihre Liebe zum Detail würdigen, können sie motiviert und unterstützt werden.

- Motivieren Sie sie durch Anerkennung und Belohnung für ihre sorgfältige Arbeit.
- Respektieren Sie ihre hohen Qualitätsstandards und ermutigen Sie sie, diese beizubehalten. Vermeiden Sie ungerechtfertigte Kritik, da dies ihr Selbstvertrauen beeinträchtigen kann.
- Geben Sie diesen Mitarbeitenden Zeit und Raum für Analyse und Bewertung. Sie schätzen die Möglichkeit, ihren logischen und systematischen Ansatz anzuwenden und brauchen manchmal Zeit, um Informationen gründlich zu verarbeiten, bevor sie Entscheidungen treffen.

Fazit

»Jeder Jeck ist anders.«

Mein Herz schlägt für den Vertrieb. Der Vertrieb ist das Herz eines Unternehmens. Und Vertriebsmitarbeitende brauchen Erfolgserlebnisse wie die Menschen die Luft zum Atmen. Jedes Vertriebsteam hat das Recht auf eine gute Führung. Führen Sie Ihr Vertriebsteam mit Spaß und Struktur zu Höchstleistungen. Ich wünsche Ihnen viel Erfolg dabei!

Simone Allard

Sandra Karner
Team-Performance-Coach und Teambuilding-Enthusiastin

© *Andreas Herz*

Sandra Karner formt leidenschaftlich gerne leistungsstarke und motivierte Teams. Denn sie weiß: Erfolgreiche Unternehmen haben starke Teams. Als Team-Performance-Coach hat sie das große Ziel, Führungskräfte und deren Teams nachhaltig erfolgreicher zu machen. Sie liebt es, Prozesse der Zusammenarbeit zu optimieren und eine Kultur der Zusammenarbeit zum Leben zu erwecken. Ellenbogenmentalität hat bei Sandra nichts verloren. Sie setzt auf Miteinander. Für sie gilt: Eine Führungskraft ist immer nur so stark wie ihr Team. Das ist nicht nur wissenschaftlich belegt, es entspricht auch ihrer Erfahrung als Führungskraft und Coach.

Vor ihrer Selbstständigkeit war Sandra über zehn Jahre bei der Mercedes Benz AG in Stuttgart und Berlin als Führungskraft und Projektleiterin tätig. Dort hat sie leistungsstarke Teams geformt und Projekte zum Erfolg geführt. Sie weiß, wie Führungskräfte und Teams herausragende Leistung erbringen können und was es braucht, damit die Team-Performance stimmt.

Ihr Faible für Leistung und Teamplay stammt nicht nur aus ihrer Konzern- und Führungserfahrung. Sandra ist seit Kindestagen begeisterte Tennisspielerin und -trainerin. Tennis ist für sie die Schule des Lebens. Viele Jahre hat sie den Sport auf professioneller Ebene ausgeübt. Auch die Erfahrungen aus diesem Bereich prägen ihre Haltung und Arbeit. Tennisanalogien sind der besondere Wiedererkennungseffekt und das Alleinstellungsmerkmal von Sandras Karners Arbeit.

Weitere Informationen findest du auf: *www.sandrakarner.de*

TEAM. Set. Match!

Leistungsstarke und motivierte Teams für dein Unternehmen

In diesem Kapitel erfährst du, wie du dein Wissen über die Fähigkeiten deiner Mitarbeitenden vertiefen und sie nutzen kannst, um ein Dreamteam aufzubauen, das dir hilft, noch erfolgreicher zu sein. Wir werfen zunächst einen Blick auf ein renommiertes Persönlichkeitsmodell und analysieren dann die acht Persönlichkeitstypen, die du in deinem Team vereint haben solltest. Auch erwarten dich konkrete Werkzeuge und Reflexionsaufgaben. Ich arbeite mit den Analogien des Tennissports, um dir dieses Thema auf eine ganz besondere Art und Weise zu präsentieren.

Tschüss, eierlegende Wollmilchsau!

Hast du manchmal das Gefühl, dass von dir erwartet wird, dass du ein:e Alleskönner:in bist? Als Führungskraft musst du Entscheidungen treffen. Auch wenn die Anforderungen oft unklar und die Rahmenbedingungen unbekannt sind. Du musst die Richtung vorgeben, auch wenn der Nebel deine Sicht trübt. Du musst deine Mitarbeitenden lenken, obwohl du selbst kaum etwas sehen kannst. Allerdings darfst du dir nichts davon anmerken lassen. »Bloß keine Schwäche zeigen«, lautet die Devise.[1] Das ist unmenschlich. Nicht mehr zeitgemäß. Und nicht zweckmäßig.

Die gute Nachricht ist, dass du die Herausforderungen nicht allein bewältigen musst. Du hast ein Team um dich herum, das dir den Rücken stärkt. Ein Team, das mit dir durch dick und dünn gehen wird. Ich würde sogar so weit gehen und sagen, dass du als Führungskraft nur mit einem starken Team hinter dir erfolgreich sein kannst. Ein starkes Team – genau darum soll es in meinem Beitrag *Team. Set. Match! – Leistungsstarke und motivierte Teams für dein Unternehmen* gehen.

Team. Set. Match ... das kommt dir wahrscheinlich aus einer Sportart bekannt vor, die du auf den ersten Blick eher mit Einzelkämpfer:innen als mit Teamplayer:innen assoziierst. Wenn du dich jetzt fragst: »Was hat Tennis mit Team und Führung zu tun?«, dann habe ich die Antwort für dich: eine ganze Menge! Tennis ist ein hervorragender Ratgeber für Teams und Führungskräfte. Die Facetten, die im Zusammenhang mit Persönlichkeits-, Führungskräfte- und Teamentwicklung ins Spiel kommen, sind vielfältig. Ich werde die Beispiele so auswählen, dass auch Nicht-Tennisspieler:innen sich gut aufgehoben fühlen. Das verspreche ich!

Dieser Beitrag ist keine wissenschaftliche Abhandlung, sondern ein Leitfaden für Praktiker:innen. Ich möchte dieses Thema mit dir durch die Linse der spielerischen Leichtigkeit betrachten. Wir werden einen sportlichen Blick auf die Entwicklung eines leistungsstarken und motivierten Teams mit Hilfe von Tennisanalogien werfen. Es erwarten dich Impulse und Werkzeuge, wie du als Führungskraft gemeinsam mit deinem Team jedes Match gewinnen kannst. Außerdem wirst du in diesem Beitrag zahlreiche »Coaching Winner« finden. Impulse und Reflexionsfragen, die du sofort ausprobieren und umsetzen kannst.

---

1   https://www.personalwirtschaft.de/news/hr-organisation/studie-von-meinestadt-untersucht-erwartungen-von-fachkraeften-an-fuehrung-99027/; besucht am 10.04.2024.

Coaching Winner #1

Betrachte Tennis beim Lesen als ein Vehikel, das dir hilft, die Herausforderungen gemeinsam mit deinem Team aus einer anderen, spielerischen Perspektive zu betrachten und sie so zu meistern. Die Wahl des Vehikels ist individuell. Tennis ist mein Vehikel, mit dem ich gerne arbeite. Welches ist dein Vehikel?

Tennis und die Erfolgsfaktoren deines Teams

Tennis ist ein wunderbarer Sport. Mental äußerst anspruchsvoll. Technisch kompliziert. Körperlich herausfordernd. Der Anspruch von Tennispieler:innen ist, sich selbst stetig zu verbessern, zu reflektieren und die Technik zu verfeinern. Jeder gespielte Punkt erfordert eine flexible Anpassung an die aktuellen Bedingungen. Das Match ist erst dann verloren, wenn der letzte Punkt gespielt ist. »Aufgeben tut man einen Brief«, wie Thomas Muster, ein sehr erfolgreicher österreichischer Tennisspieler, zu sagen pflegte.[2]

Im Zusammenhang mit Führung und Teams möchte ich dir drei konkrete Analogien aus dem Tennissport zeigen, die auch als Erfolgsfaktoren für dein Team dienen:

1. *Die Persönlichkeit von Tennispieler:innen:* Dein Team besteht aus Individuen. Je besser deine Mitarbeitenden sich selbst kennen, desto besser können sie im Team auftreten. Die eigenen Stärken und Schwächen zu kennen, mit den eigenen Emotionen und mentalen Triggern umzugehen, ist nicht nur im Spiel wichtig, sondern auch im Team.
2. *Entscheidungen treffen:* Beim Tennisspielen triffst du bei jedem Ballwechsel unzählige Entscheidungen. Du hast nur den Bruchteil

---

[2] https://kurier.at/sport/muessen-froh-sein-dass-wir-noch-leben/400452058; besucht am 08.07.2024.

einer Sekunde, um zu entscheiden, wohin du den Ball spielen willst. Deine Entscheidungsfähigkeit und die deiner Teammitglieder sind ein Erfolgsfaktor im Geschäftsleben. Im Sport ist es oft die Intuition, die dir hilft, Entscheidungen zu treffen. Im Geschäftsleben wird die Intuition oft vernachlässigt.
3. *Umgang mit Erfolg und Niederlage:* »If you can meet with Triumph and Disaster, and treat those two imposters just the same ….« Dieses Zitat aus dem Gedicht *If* [3] von Rudyard Kipling aus dem Jahr 1895 ist etwas, an das sich alle Spieler:innen erinnern müssen, wenn sie den Center Court in Wimbledon betreten. Siege (Erfolge) zu feiern und aus Niederlagen (Fehlern) zu lernen und Kritik (Feedback) als Geschenk zu betrachten. Das alles sind Tugenden im Geschäftsleben.

Stimmst du mir zu, dass Tennis ein hervorragendes Mittel ist, um über herausragendes Teamplay nachzudenken? Im Hauptteil dieses Beitrags befassen wir uns speziell mit dem Erfolgsfaktor *Persönlichkeiten im Team*.

Erfolgsfaktor: Persönlichkeiten im Team

In einem Team kommen unterschiedliche Persönlichkeiten zusammen. Es wird oft gesagt, dass Teams so heterogen wie möglich sein sollten, um möglichst viele Facetten abzudecken. Da ist etwas Wahres dran. Die McKinsey-Studie *Diversity wins: How inclusion matters* aus dem Jahr 2020 hat sogar wissenschaftlich bewiesen, dass Unternehmen mit einem hohen Maß an Vielfalt mit 25 Prozent höherer Wahrscheinlichkeit profitabel sind als der Durchschnitt. Gleichzeitig macht Vielfalt es aber auch nicht einfacher.[4] Hand aufs Herz. Hast du dich

---

3   https://www.poetryfoundation.org/poems/46473/if---; besucht am 08.07.2024.
4   Vgl. https://www.mckinsey.de/news/presse/2020-05-19-diversity-wins; besucht am 14.04.2024.

schon einmal dabei ertappt, dass du gedacht hast: »Muss Person X immer das Haar in der Suppe suchen? Könnte sie nicht ein bisschen mehr wie ich sein?«. Wir neigen dazu, Menschen zu bevorzugen, die uns ähnlich sind. Das nennt man den Ähnlichkeitseffekt.[5] Im Privatleben macht uns dieser Effekt oft das Leben leichter. Im Geschäftsleben zahlt es sich in vielerlei Hinsicht aus, den Ähnlichkeitseffekt zu unterdrücken und ein vielfältiges Team um sich herum zu haben:

- *Sich ergänzende Fähigkeiten und Perspektiven:* Die unterschiedlichen Stärken und Vorlieben deiner Teammitglieder können manchmal zu Diskussionen führen, auf jeden Fall aber zu nachhaltigeren und besseren Ergebnissen.
- *Ausgewogene Entscheidungsfindung:* Dein vielfältiges Team trifft ausgewogenere und besser durchdachte Entscheidungen. Deine Herausforderungen werden auf eine komplexere Weise betrachtet. Das wiederum ermöglicht es dir, fundiertere Entscheidungen zu treffen.
- *Flexibilität und Anpassungsfähigkeit:* Dank der Vielfalt der Persönlichkeiten reagiert dein Team flexibler auf sich verändernde Umstände und wird gleichzeitig belastbarer.
- *Verbesserung der Teamdynamik und Motivation:* Die einzigartigen Stärken deiner Teammitglieder werden gewürdigt. Diese Wertschätzung wirkt sich auf die Dynamik deines Teams aus und steigert deine Gesamtleistung.
- *Steigerung der Kreativität und Innovation:* Dein vielfältiges Team hat das Potenzial, kreativere und innovativere Lösungen zu entwickeln. Unterschiedliche Denkweisen führen zu einem breiteren Spektrum an Ideen und Lösungen.

---

5   Vgl. https://www.haufe.de/personal/hr-management/kolumne-aehnlichkeitseffekte-in-der-personalauswahl_80_517512.html; besucht am 14.04.2024.

Zum Aufwärmen: Reflektiere über dich selbst
Als Führungskraft bist du ein integraler Bestandteil des Teams und deine Handlungen, Entscheidungen sowie dein Verhalten haben einen direkten Einfluss auf das Klima und die Leistung aller. Indem du dich selbst und deine Rolle im Team kritisch reflektierst, kannst du erkennen, wie deine eigenen Persönlichkeitseigenschaften und dein Führungsstil das Team beeinflussen. Diese Art der Selbstreflexion ermöglicht es dir, bewusster zu handeln, dich auf deine Stärken zu konzentrieren und an Bereichen zu arbeiten, die eine Herausforderung darstellen könnten. Sie hilft dir auch zu verstehen, wie du die Teamdynamik und Interaktion förderst oder hemmst. Wenn du dir deiner eigenen Rolle und ihrer Auswirkungen bewusst bist, kannst du nicht nur deine Führungsqualitäten verbessern, sondern auch ein Umfeld schaffen, das deine Teammitglieder dazu ermutigt, sich selbst zu reflektieren und weiterzuentwickeln. Dies fördert eine Kultur der Offenheit, des Vertrauens und der kontinuierlichen Verbesserung, die für den langfristigen Erfolg deines Teams entscheidend ist.[6]

Coaching Winner #2
Mache eine kurze Standortanalyse. Wie würdest du die folgenden Fragen auf einer Skala von eins bis zehn bewerten?[7]

- Wie gut kennst du dich selbst?
- Wie gut kennst du deine Mitarbeitenden?
- Wie gut kennen sich deine Mitarbeitenden untereinander?
- Inwieweit neigst du dazu, Leute einzustellen, die dir ähnlich sind?
- Inwieweit sind die Aufgaben auf die Fähigkeiten deiner Mitarbeitenden zugeschnitten?

---

6   Vgl. https://www.thinkwithgoogle.com/intl/en-emea/consumer-insights/consumer-trends/five-dynamics-effective-team/; besucht am 19.04.2024.
7   1 = sehr niedrig/schlecht/unwichtig/selten, 10 = sehr hoch/gut/wichtig/häufig

- Wie sehr achtest du auf die persönliche Eignung, wenn du ein Team verstärkst?
- Wie wichtig sind Soft Skills für dich?
- Wie oft kommt es zu Kommunikationsfehlern oder Missverständnissen? Und was ist ihre Ursache?

Unabhängig davon, wie deine Antworten auf die Fragen ausgefallen sind. Mein Ziel ist es, dass du am Ende des Kapitels mindestens einen Punkt näher an zehn kommst. Lass uns also tiefer in das Thema *Persönlichkeiten im Team* einsteigen und anschauen, warum es sich lohnt, sich damit zu beschäftigen.

Das vielfältige Match der Persönlichkeiten

Wir nähern uns der Frage, wie du herausfinden kannst, wie deine Mitarbeitenden ticken. Persönlichkeitsmerkmale können mit einer Vielzahl von Tests und Fragebögen ermittelt werden. Eines der bekanntesten und am besten erforschten Persönlichkeitsmodelle ist das Big-Five-Modell, auch bekannt als OCEAN-Modell. Es geht auf die amerikanischen Psychologen Paul Costa und Robert McCrae zurück. Sie konnten nachweisen, dass sich die Eigenschaften von Menschen mit diesen fünf Merkmalen zusammenfassen lassen – überall auf der Welt:

1. Offenheit
2. Gewissenhaftigkeit
3. Extraversion
4. Kompatibilität
5. Neurotizismus

Die Big-Five-Persönlichkeitsmerkmale geben Aufschluss über deine eigene Persönlichkeit und helfen dir, dich selbst besser kennenzulernen. Ein Persönlichkeitsprofil wie das der Big Five gibt dir Klarheit über deine Stärken und Schwächen, deine Vorlieben und

Abneigungen. Es ist auch wichtig zu wissen, wo du derzeit stehst, um dich persönlich weiterzuentwickeln. Nicht nur du profitierst davon, etwas über dich zu wissen, sondern auch dein Team. Du kannst deine Bedürfnisse innerhalb des Teams besser kommunizieren und deine Kolleg:innen besser verstehen.[8]

Stell dein Dreamteam zusammen
Lass uns einen Blick auf den Tennisplatz werfen. Im Tennis gibt es wie im Geschäftsleben eine ganze Reihe völlig unterschiedlicher Charaktere und Spielertypen. In kaum einer anderen Sportart hat die Persönlichkeit der Sportler:innen einen so großen Einfluss auf das Spiel wie im Tennis.

Darko Jekauc, Leiter der Abteilung für Gesundheitspädagogik und Sportpsychologie, und Janina Krell, Sportwissenschaftlerin, die beide am Karlsruher Institut für Technologie (KIT) arbeiten, haben das Big-Five-Modell auf Tennisspieler:innen angewandt.[9] Das Ergebnis sind acht Spielertypen, die sich in ihren psycho-emotionalen und spielerisch-taktischen Eigenschaften unterscheiden:

---

[8] Vgl. https://www.geo.de/magazine/geo-kompakt/15836-rtkl-big-five-modell-fuenf-charakterzuege-die-jeder-hat-so-entschluesseln; besucht am 12.04.2024.

[9] Vgl. https://www.researchgate.net/publication/278037166_Zeige_mir_wie_Du_Tennis_spielst_-_ich_sage_Dir_wer_Du_bist; besucht am 05.04.2024.

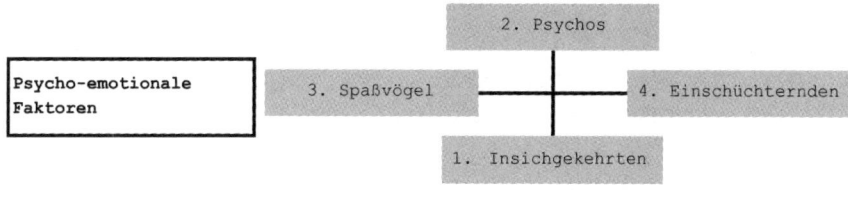

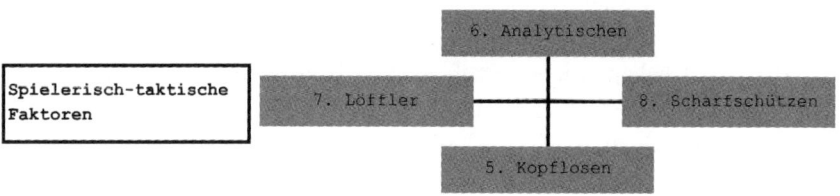

*Abbildung 1: Tennisspielertypen auf der Grundlage der Big Five
(in Anlehnung an Jekauc und Krell)*

Auf den folgenden Seiten findest du ein Profil aller Persönlichkeitstypen mit folgendem Aufbau:

- Kurze Beschreibung der Eigenschaften der Spieler:innen auf dem Tennisplatz
- Direkte Übertragung der Eigenschaften auf die Mitarbeitenden in der Geschäftswelt
- Die Superpower jedes einzelnen Typs
- Zwei bekannte Persönlichkeiten aus der Tennis- und Geschäftswelt, die dem jeweiligen Typus entsprechen

Coaching Winner #3
Lies dir die Beschreibung durch und achte darauf, welche Gedanken dir durch den Kopf gehen. Wo du dich selbst, deine Mitarbeitenden oder Kolleg:innen wiederfindest. Du kannst dir gerne Notizen machen. Es ist mir wichtig zu erwähnen, dass es nicht darum geht,

den verschiedenen Persönlichkeitstypen einen Wert zuzuordnen. Sie haben alle ihre Stärken und Schwächen. Alle sind gleich wertvoll. Die Kunst für dich als Führungskraft besteht darin, diese Stärken zu erkennen und sie gezielt im Team einzusetzen.

Die »Insichgekehrten« – in der Ruhe liegt die Kraft
Charakteristisch für diese Persönlichkeitstypen ist, dass sie auf dem Platz keine Emotionen zeigen und sowohl für die Gegner:innen als auch für die Zuschauer:innen unantastbar zu sein scheinen. Sie sind stets unbeeindruckt vom Spielverlauf und dem Geschehen auf dem Platz und haben offensichtlich keinen Spaß am Spiel. Die Insichgekehrten wollen unter keinen Umständen ihre Persönlichkeit auf dem Platz zeigen, da ein solches Verhalten für sie unangenehm und peinlich wäre. Sie ziehen es vor, gegen Gegner:innen zu spielen, die ebenfalls keine Emotionen zeigen. Die Schwächen dieses Spielertyps liegen in der geringen Intensität des Spiels, die durch das Ausblenden aller Emotionen, auch der positiven, verursacht wird.

In einem Team bringen »Insichgekehrte« eine ruhige Basis und Zuverlässigkeit ein. Ihre Fähigkeit, unter Druck einen kühlen Kopf zu bewahren, kann in entscheidenden Momenten den Unterschied ausmachen.

Superpower

Die Superpower der »Insichgekehrten« liegt in der Stille, die als Quelle unbeirrbarer Stärke dient.

Bekannte »Insichgekehrte« aus der Tennis- und Geschäftswelt

Björn Borg, der schwedische Tennisstar, wurde oft als »Eisbär« beschrieben, weil er unter Druck stoisch ruhig und unerschütterlich blieb. Borgs Fähigkeit, seine Emotionen zu kontrollieren und sich weder von seinen Gegnern noch vom Spielverlauf aus der Ruhe bringen zu lassen, trug maßgeblich zu seinem Erfolg bei. Er spielte überlegt, mit einer Präzision und Konzentration, die seine Gegner oft unter psychologischen Druck setzte, ohne dass er seine Überlegenheit jemals lautstark demonstrieren musste.

Satya Nadella, CEO von Microsoft, ist für seinen ruhigen und überlegten Führungsstil bekannt. Er vermeidet große öffentliche Auftritte oder emotionale Ausbrüche und konzentriert sich stattdessen auf die kontinuierliche Weiterentwicklung seines Unternehmens und seiner Mitarbeitenden.

Wie würden Björn Borg und Satya Nadella als Teamkollegen sein?

- In hitzigen Diskussionen und unter Termindruck bleiben sie immer ruhig.
- Sie lassen sich von Meinungsverschiedenheiten innerhalb des Teams nicht beeindrucken.
- Sie nutzen ihre emotionale Stabilität, um analytisch und strategisch zu denken, Lösungen zu finden und das Team leise, aber effektiv zum Erfolg zu führen.
- In Sitzungen sind ihre Beiträge immer gut durchdacht und zielgerichtet.

Die »Psychos« – ein Ausdruck purer Emotionen

Die »Psychos« erleben und zeigen ihre Gefühle in voller Intensität. Von triumphaler Freude bis zu sichtbarer Frustration – ihre emotionale Bandbreite ist für jede:n auf dem Platz sichtbar. Diese Offenheit kann sowohl eine Stärke als auch eine Schwäche sein, da sie Gegner:innen einschüchtern oder unerwartete Wendungen im Spielverlauf verursachen können.

Ähnlich wie beim Tennis kann diese offene Ausdrucksweise in der Arbeitswelt sowohl zu intensiven als auch zu inspirierenden Momenten führen. Teammitglieder, die keine Scheu vor Emotionen haben, fördern eine Kultur der Offenheit und Authentizität. Es ist jedoch wichtig, dass diese Emotionen konstruktiv genutzt werden, um das Team voranzubringen und es nicht zu spalten.

Superpower

Die Superpower der »Psychos« liegt darin, emotionale Authentizität als Antrieb für ihr Engagement und ihre Kreativität zu nutzen.

Bekannte »Psychos« aus der Tennis- und Geschäftswelt

John McEnroe, der für seine emotionalen Ausbrüche berüchtigt ist, zeigte auf dem Platz eine Leidenschaft und Intensität, die ihn zu einer der unvergesslichsten Persönlichkeiten im Tennis machte.

Elon Musk, der visionäre Kopf hinter SpaceX und Tesla, ist bekannt für seine ehrgeizigen Ziele und seine manchmal polarisierenden öffentlichen Äußerungen. Sein Motto »Wenn etwas wichtig genug ist, tust du es, auch wenn die Chancen nicht zu deinen Gunsten stehen«[10] zeigt seine Risikobereitschaft und seinen Antrieb.

Wie würden John McEnroe und Elon Musk als Teamkollegen sein?

- Ihre Energie und Leidenschaft spornen das Team zu neuen Höchstleistungen an.
- Ihre Impulsivität macht sie dynamisch, bringt aber auch die Herausforderung mit sich, das Gleichgewicht zu halten.
- Mit ihrer visionären Art treiben sie Innovationen voran und fordern das Team ständig heraus, über den Tellerrand zu schauen.

Die »Spaßvögel« – der Charme des Lächelns

»Spaßvögel« sind für ihre leichte, unbeschwerte Art bekannt. Sie kommunizieren gerne mit ihren Gegner:innen, lachen über ihre eigenen Fehler und sehen den Sport eher als Quelle der Freude denn als Wettkampf. Diese Einstellung kann das Eis brechen und die Spannung in

---

10 https://www.impulse.de/selbstmanagement/elon-musk-zitate/3512561.html; besucht am 08.07.2024.

Matches verringern, aber sie könnte auch als mangelnder Wettkampfgeist ausgelegt werden.

Im Büro bringen »Spaßvögel« eine willkommene Erleichterung in den Arbeitsalltag. Ihr Humor und ihre positive Einstellung können das Team in stressigen Zeiten aufheitern und die allgemeine Moral steigern. Wie beim Tennis ist es wichtig, ein Gleichgewicht zu wahren und sicherzustellen, dass der Spaß nicht die Produktivität beeinträchtigt.

Superpower

Die Superpower der »Spaßvögel« liegt darin, ihre Positivität und ihren Humor als Mittel zur Stressbewältigung und zur Förderung eines harmonischen Teamgeistes einzusetzen.

Bekannte »Spaßvögel« aus der Tennis- und Geschäftswelt

Novak Djokovic, der serbische Tennisstar, ist nicht nur für sein unglaubliches Talent bekannt, sondern auch für seinen Sinn für Humor und seine Fähigkeit, das Spiel und das Leben zu genießen.

Richard Branson, der charismatische Gründer der Virgin Group, lebt sein Geschäftsleben nach dem Grundsatz, dass Arbeit Spaß machen sollte. Sein Abenteuergeist und seine positive Einstellung haben die Kultur seiner Unternehmen geprägt.

Wie würden Novak Djokovic und Richard Branson als Teamkollegen sein?

- Sie schaffen eine Atmosphäre, in der Spaß und Professionalität Hand in Hand gehen.
- Ihr Optimismus trägt das Team auch durch schwierige Zeiten.
- Ihre Kreativität und Offenheit für neue Ideen inspirieren zu unkonventionellen Lösungen und Einfällen.

Die »Einschüchternden« – Kraft durch Konfrontation

Die »Einschüchternden« betrachten jeden Punkt als eine Schlacht und ihre Gegner:innen als ihre Nemesis. Diese unerbittliche Haltung kann zu beeindruckenden Leistungen führen, birgt aber auch das Risiko, dass Aggression und Konfrontation die Oberhand gewinnen.

Ähnlich agieren die »Einschüchternden« in der Arbeitswelt. Ihre Entschlossenheit und ihr Durchsetzungsvermögen können ein Team vorantreiben, aber es ist entscheidend, diese Energie richtig zu kanalisieren. Ein harmonisches Arbeitsumfeld erfordert ein Gleichgewicht aus Entschlossenheit und Zusammenarbeit.

Superpower

Die Superpower der »Einschüchternden« ist ihre unerschütterliche Entschlossenheit und ihr Kampfgeist, den sie als Motor für Durchbrüche und Erfolge nutzen.

Bekannte »Einschüchternde« aus der Tennis- und Geschäftswelt

Serena Williams, die Tennis-Ikone, ist eine Kraft, mit der man rechnen muss. Ihre körperliche Präsenz und ihr mentaler Fokus auf dem Platz haben sie zu einer der größten Athletinnen aller Zeiten gemacht.

Steve Jobs, der visionäre Mitbegründer von Apple, war bekannt für seine Fähigkeit, Innovationen zu fordern und Produkte zu schaffen, die die Welt veränderten. Seine Intensität und sein Perfektionismus prägten den Erfolg von Apple.

Wie würden Serena Williams und Steve Jobs als Teamkolleg:innen sein?

- Ihre unerbittliche Entschlossenheit treibt das Team zu Höchstleistungen an.
- Ihre Fähigkeit, unter Druck zu glänzen, stärkt das Team in kritischen Momenten.
- Ihre visionäre Führung ebnet den Weg für bahnbrechende Ideen und Lösungen.

Die »Kopflosen« – Instinkt vor Strategie

Die »Kopflosen« verlassen sich auf ihr Bauchgefühl und spielen spontan und unvorhersehbar. Das kann zu spektakulären Punkten, aber auch zu unerwarteten Fehlern führen.

Im beruflichen Kontext bringen die »Kopflosen« frischen Wind und Innovation in das Team, da sie nicht durch übermäßige Analysen zurückgehalten werden. Die Herausforderung besteht darin, diese Kreativität zu lenken, ohne den kreativen Geist zu ersticken.

Superpower

Ihre Superpower sind intuitive Entscheidungen, die sie als Quelle für Kreativität und Innovation nutzen.

Bekannte »Kopflose« aus der Tennis- und Geschäftswelt

Gaël Monfils, der für seine atemberaubende Athletik und seinen unkonventionellen Spielstil bekannt ist, spielt Tennis mit einem Instinkt und einer Kreativität, die es ihm ermöglichen, spektakuläre Schläge zu machen und Matches zu gewinnen.

Mark Zuckerberg, der Gründer von Facebook, gründete das soziale Netzwerk in seiner Studentenbude, geleitet von einem guten Gespür dafür, was Menschen online miteinander verbinden könnte. Seine intuitive Herangehensweise an Geschäft und Technologie hat die Art und Weise, wie wir kommunizieren, revolutioniert.

Wie würden Gaël Monfils und Mark Zuckerberg als Teamkollegen sein?

- Ihre instinktive Herangehensweise bietet frische Perspektiven und innovative Lösungen.
- Ihre Fähigkeit, auf ihre Intuition zu vertrauen, könnte das Team dazu ermutigen, Risiken einzugehen und neue Wege zu beschreiten.
- Ihre spontane und flexible Art macht das Team anpassungsfähig und offen für Veränderungen.

Die »Analytischen« – Denken als Weg zum Erfolg

Die »Analytischen« nutzen ihre Intelligenz und strategische Planung, um sich Vorteile zu verschaffen. Diese methodische Herangehensweise kann sie berechenbar machen, ermöglicht aber auch einen tiefen Einblick in ihr Spiel.

Diese analytischen Fähigkeiten äußern sich in einer gründlichen und gut durchdachten Arbeitsweise. Die »Analytischen« im Team sorgen für datenbasierte Entscheidungen und langfristige Strategien.

Superpower

Die Superpower der »Analytischen« ist es, ihre strategischen Analysen als Grundlage für fundierte Entscheidungen und langfristigen Erfolg zu nutzen.

Bekannte »Analytische« aus der Tennis- und Geschäftswelt

Andy Murray, der britische Tennisstar, ist für sein taktisches Genie auf dem Platz bekannt. Seine Fähigkeit, Spiele zu lesen und strategisch zu denken, hat ihm zahlreiche Titel eingebracht.

Warren Buffett, der legendäre Investor, ist berühmt für seine disziplinierte und strategische Anlagephilosophie. »Es ist viel besser, ein wunderbares Unternehmen zu einem fairen Preis zu kaufen, als ein faires Unternehmen zu einem wunderbaren Preis«[11] – ein Ansatz, der ihn zu einem der erfolgreichsten Investoren aller Zeiten gemacht hat.

Wie würden Andy Murray und Warren Buffet als Teamkollegen sein?

- Ihre strategische Planung und ihr Weitblick rüsten das Team für einen langfristigen Erfolg.

---

11 https://www.morningstar.de/de/news/246637/warren-buffett-%C3%BCber-charlie-munger-bargeld-und-aktien-f%C3%BCrs-leben.aspx; besucht am 08.07.2024.

- Ihre analytischen Fähigkeiten helfen ihnen, Probleme schnell zu erkennen und sie effektiv zu lösen.
- Ihre Geduld und Beharrlichkeit bei der Verfolgung von Zielen dient als Vorbild für Ausdauer und Konsequenz.

Die »Löffler« – Ausdauer als Schlüssel zum Erfolg

Die »Löffler« spielen defensiv, bringen jeden Ball zurück und zermürben so ihre Gegner:innen. Diese beständige, risikoarme Spielweise erfordert große körperliche und mentale Ausdauer.

Ähnliche Eigenschaften machen »Löffler« auch im Berufsleben wertvoll. Ihre Beständigkeit und Zuverlässigkeit sind unersetzlich, besonders bei langwierigen Projekten.

Superpower

Geduld und Ausdauer sind ihre Superpower als Eckpfeiler für langfristigen Erfolg und Zuverlässigkeit.

Bekannte »Löffler« aus der Tennis- und Geschäftswelt

Caroline Wozniacki, die ehemalige Weltranglistenerste im Tennis, ist bekannt für ihren defensiven Spielstil und ihre unglaubliche Fähigkeit, Bälle aus scheinbar aussichtslosen Positionen zurückzubringen. Ihre Ausdauer auf dem Platz machte sie zu einer der konstantesten Spielerinnen ihrer Zeit.

Tim Cook hat als CEO von Apple die Kunst der Ausdauer und Geduld perfektioniert. Seit er das Ruder nach Steve Jobs übernommen hat, führt er das Unternehmen mit ruhiger Hand und langfristiger Perspektive. Seine Fähigkeit, in einem sich schnell verändernden Technologiemarkt ruhig und konzentriert zu bleiben, hat dazu beigetragen, dass Apple an der Spitze der Branche bleibt.

Wie würden Caroline Wozniacki und Tim Cook als Teamkolleg:innen sein?

- Ihre konsequente und ausdauernde Herangehensweise bildet eine starke Grundlage für jedes Projekt oder Spiel.
- Beide haben eine kühle, berechnende Art, die in stressigen oder entscheidenden Momenten von unschätzbarem Wert ist.
- Ihre Erfahrung und ihr Talent für Beharrlichkeit und Konsequenz inspiriert das Team, geduldig zu bleiben und auf einen nachhaltigen Erfolg hinzuarbeiten.

Die »Scharfschützen« – Aggression als Taktik

»Scharfschützen« setzen auf Angriff als beste Verteidigung, mit kraftvollen Schlägen, die das Tempo vorgeben. Diese Risikobereitschaft führt oft zu schnellen Entscheidungen – zum Guten oder zum Schlechten.

Im Büro kann diese Direktheit zu schnellen Erfolgen führen, birgt aber auch die Gefahr von übereilten Entscheidungen. Die Kunst besteht darin, diese Energie zu nutzen, ohne voreilig zu handeln.

Superpower

Die Superpower der »Scharfschützen« liegt darin, dass sie ihre Entschlossenheit und ihren Mut als Antrieb für Innovation und schnellen Erfolg nutzen.

Bekannte »Scharfschützen« aus der Tennis- und Geschäftswelt

Marija Jurjewna Sharapova, die ehemalige Nummer 1 der Welt, war bekannt für ihre Fähigkeit, mit kraftvollen und präzisen Schlägen den Ton auf dem Platz anzugeben. Unabhängig vom Spielstand behielt sie diesen aggressiven Spielstil bei.

Larry Ellison, der Gründer von Oracle, ist für seinen aggressiven Geschäftsstil und seine Innovationskraft bekannt. Sein Durchsetzungsvermögen und seine Visionen haben Oracle zu einem der führenden Unternehmen im Technologiesektor gemacht.

Wie würden Marija Jurjewna Sharapova und Larry Ellison als Teamkolleg:innen sein?

- Ihre Kombination aus Durchsetzungsvermögen und innovativem Denken treibt das Team ständig voran.
- Ihre Entschlossenheit und ihr Engagement für Spitzenleistungen dient als Inspiration für hohe Leistungsstandards.
- Ihre Fähigkeit, schnell und kraftvoll zu handeln, stärkt das Team in einem dynamischen und wettbewerbsorientierten Umfeld.

Es ist faszinierend, die Parallelen zwischen den Verhaltensweisen von Tennisspieler:innen und Geschäftsleuten zu sehen, nicht wahr? Wenn du schon mal auf dem Tennisplatz warst, hast du bestimmt schon den einen oder anderen Gegner:in vor dir gesehen. Aber selbst wenn du nicht viel über Tennis weißt, bin ich mir sicher, dass dir die Beispiele aus der Geschäftswelt ein klares Bild vermittelt haben und du plötzlich Kolleg:innen vor dir gesehen hast. Oder sogar dich selbst. Was du mit diesem Wissen anfangen kannst, erfährst du im nächsten Abschnitt.

Coaching Winner #4:
Wie sieht dein derzeitiges Team aus? Bist du von einem vielfältigen Team umgeben? Habt ihr viele Marks im Team? Oder eher Elons? Serenas? Andys? Fehlt dir jemand für die perfekte Aufstellung?

Dein Dreamteam in Aktion

Die Kenntnis der Persönlichkeitstypen in deinem Team wird dich und deine Mitarbeitenden in einer Vielzahl von Situationen unterstützen, von Konfliktsituationen bis hin zu Personalfragen. Alles Punkte, die nachweislich zur Leistung eines erfolgreichen Teams beitragen.[12]

Reflexion und Kommunikation

- Sie dient als Anker für dich und deine Mitarbeitenden, um sich gegenseitig besser einschätzen und Reaktionen sowie Interaktionen besser vorhersagen und verstehen zu können. Das wiederum führt zu einer effektiveren Kommunikation und weniger Missverständnissen.
- Sie liefert dir wertvolle Hintergrundinformationen im Fall von Konflikten oder Unstimmigkeiten: Die Erkenntnisse, die du über mögliche Konfliktursachen gewinnst, ermöglichen dir und deinem Team, maßgeschneiderte Lösungen zu entwickeln, die deinen individuellen Bedürfnissen Rechnung tragen.
- Sie ist deine Helferin bei der Vorbereitung auf schwierige Gespräche: Du kannst dich strategisch auf schwierige Gespräche vorbereiten, indem du deine Argumente so anpasst, dass sie bei deinem Gegenüber am besten ankommen.

Personalfragen

- Sie unterstützt dich bei der Auswahl neuer Mitarbeitenden: Du stellst damit sicher, dass die Kandidaten nicht nur fachlich geeignet, sondern auch die beste kulturelle und persönliche Ergänzung zu deinem bestehenden Team sind.

---

12 Vgl. https://www.gallup.com/de/472028/bericht-zum-engagement-index-deutschland.aspx; besucht am 22.04.2024.

- Sie bietet dir Support bei der Besetzung eines Projektteams: Gestalte die Auswahl von Projektteams so, dass die Stärken von jeder oder jedem optimal genutzt werden und das Team belastbar, anpassungsfähig und effektiv ist.
- Sie hilft bei der Zuweisung neuer Aufgaben: Wenn du darauf achtest, dass die Aufgaben gut zu den Stärken deiner Mitarbeitenden passen, maximierst du nicht nur die Leistung, sondern förderst auch die Zufriedenheit und Motivation deiner Mitarbeitenden.

Um das gesamte Wissen über die Persönlichkeiten in deinem Team nutzen zu können, ist es wichtig, dass du dafür sorgst, dass auch deine Teammitglieder dieses Wissen erlangen. Im nächsten Abschnitt findest du eine konkrete Anleitung, wie du das machen kannst.

Die gemeinsame Reise zum Dreamteam

Ich möchte dir drei einfache Schritte mit auf den Weg geben, die dich und dein Team auf dem Weg zum Dreamteam begleiten. Wenn du diese drei Schritte gemeinsam mit deinem Team durchführst, wirst du dem Match-Erfolg ein ganzes Stück näher sein:

Rahmen: Lade dein Team zu einer erweiterten Teambesprechung ein.

Dauer: zwei bis drei Stunden (oder länger, je nach gewünschter Tiefe)

Ziel: Lerne dich und deine Teammitglieder besser kennen und eröffne den Raum für Reflexion, Austausch und Diskussion.

Schritte:
- Spielzug #1: Big-Five-Safari – Persönlichkeitstypen
- Spielzug #2: Big-Five-Speeddating – Feedback
- Spielzug #3: Big-Five-Stimmungsrunde

Spielzug #1: Big-Five-Safari – Persönlichkeitstypen (75 Minuten)
Nutze den Big-Five-Test, um gemeinsam die Persönlichkeiten in deinem Team herauszufinden. Ich empfehle dieses Tool: https://bigfive-test.com/de[13]. Es ist völlig kostenlos, werbefrei und Open Source. Das heißt, es fallen keine Kosten an und du bekommst keine lästigen E-Mails. Natürlich liefert das Tool nicht die absolute Wahrheit! Aber es bietet eine gute Grundlage. Und du kannst darauf aufbauen. Die Tennisspieler-Typologie ist hier nicht enthalten. Sie ist nur bei mir erhältlich. Also melde dich gerne für eine Zusammenarbeit!

- 10 Minuten: Stelle das Modell kurz vor und erkläre den Hintergrund, warum das Wissen über Persönlichkeitsmerkmale wichtig ist.
- 15 Minuten: Lass deine Teammitglieder den Test machen. Er dauert etwa fünf bis sieben Minuten. Am Ende hat jede Person eine Test-ID.
- 15 Minuten: Gib deinem Team 15 Minuten Zeit zur Selbstreflexion
- 15 Minuten: Gib die Profile aller deiner Mitarbeitenden über die Funktion »Vergleichen« in das Tool ein. Dafür brauchst du die Test-ID jedes Teammitglieds.
- 30 Minuten: Vergleicht eure Profile miteinander und tauscht euch aus. Was fällt dir auf? Was findest du überraschend? Welche Merkmale findest du besonders häufig?

Spielzug #2: Big-Five-Speeddating – Feedback (60 Minuten)[14]
Um den Austausch zu vertiefen, lass deine Teammitglieder in einem intimeren Rahmen über ihre Erkenntnisse sprechen. Dabei ist es wichtig, dass du für mindestens drei bis vier Runden sorgst, damit so viele Teammitglieder wie möglich miteinander reden.

Der Meetingraum, in dem du und dein Team sich befinden, ist das Basislager. Hier kommt ihr immer wieder zusammen. Lass dein Team

---

13 https://bigfive-test.com/de; besucht am 19.04.2024.
14 Vgl. https://9spaces.de/tools/feedback-speeddating; besucht am 20.4.2024.

in Zweiergruppen zusammengehen. Jedes Paar sucht sich einen gemütlichen, ungestörten Platz. Die Session dauert zehn Minuten und läuft folgendermaßen ab:

- Jede Person stellt ihr Big-Five-Profil vor und teilt ihre Gedanken mit den anderen für zwei bis drei Minuten.
- Dann ist die andere Person an der Reihe.
- Danach gibt es ein paar Minuten Zeit, um gemeinsam zu reflektieren.
- Nachdem die Zeit verstrichen ist, kommen alle Paare wieder im Basislager zusammen. Nun werden die Paare wieder gemischt.

Mache so viele Runden, wie es sich für dich und dein Team gut anfühlt. Doch wie bereits erwähnt, empfehle ich mindestens drei bis vier Runden.

Spielzug #3: Big-Five-Stimmungsrunde (15 Minuten)
Nachdem du und dein Team nun Transparenz über die Persönlichkeitstypen und ihre Eigenschaften haben und ihr sie ausführlich diskutiert habt, ist es an der Zeit, einen passenden Abschluss zu finden. Nach der letzten Runde des Big-Five-Speeddatings empfehle ich daher, die Teamsitzung mit einer kurzen Stimmungsrunde abzuschließen. Der Ablauf ist einfach: Lass jedes Teammitglied ein paar Gedanken zu den folgenden Fragen äußern:

- Wie geht es dir?
- Was war dein Highlight des Team-Meetings?
- Welches Feedback ist dir besonders im Gedächtnis geblieben?
- Was würdest du sonst noch gerne teilen?

Ich verspreche dir – investiere diese zwei bis drei Stunden mit deinem Team und ihr werdet euch auf einer neuen Ebene begegnen. Du kannst diese Form des Team-Meetings regelmäßig abhalten. Konzentriere dich mehr auf die Schritte #2 und #3. Tausche dich häufiger mit deinem Team aus und schaffe Raum, um einander besser kennen und verstehen zu lernen. Das hat einen enormen Einfluss auf die Teamdynamik und damit auf die Leistung deines Teams.[15] Und genau das ist es, was du brauchst – ein leistungsstarkes Team.

Matchball – du!

Ich hoffe, ich konnte dir zeigen, was für eine tolle Analogie Tennis bietet. Und welche große Hebelwirkung das Wissen um die Persönlichkeiten in deinem Team hat. Mein Appell ist folgender:

- Gehe bei der Entwicklung deines Teams spielerisch vor.
- Wage es, tief in dein eigenes Spiegelbild einzutauchen.
- Nimm dein Team mit auf die Big-Five-Safari.
- Und am besten fängst du gleich heute damit an.

Was würdest du sagen? Konnte ich dich auf deiner Reflexionsskala ein bisschen näher an die Zehn bringen? Konnte ich dich von dem Gedanken befreien, dass du ein:e Alleskönner:in sein musst? Nutze die Marks, Serenas, Andys, Warrens, Tims und Co. in deinem Team, um gemeinsam unschlagbar zu werden.

Ich wünsche dir und deinem Team viel Erfolg und Spaß auf eurem Weg zum Dreamteam! In diesem Sinne – TEAM. Set. Match!

Du bist dran,
Sandra

---

15 Vgl. https://hbr.org/2023/02/what-is-psychological-safety; besucht am 21.04.2024.

Lisa Boje
Expertin für Potenzialentwicklung, Leadership und Change

Shift happens!

© *Martin Frick*

Lisa Boje, Vize-Präsidentin der German Speakers Association Schweiz und Top-100-Excellence-Trainerin, leitet als Expertin für Change Management und Employer Branding Unternehmen durch transformative Prozesse und Krisen. Sie hat für Bayer, BBDO, die Fachhochschule Nordwestschweiz und die Hotelindustrie gearbeitet. Mit dem Master in Kommunikation und Marketing sowie Ausbildungen in NLP und Change unterstützt die Beraterin und Mentorin heute den Mittelstand.

Für ihre Fähigkeit, verborgene persönliche Potenziale als Highlights für Unternehmen und für die Mitarbeiterbindung zu nutzen, wird sie geschätzt und spricht darüber in ihrem Podcast und als Speakerin. Zudem schöpft sie aus ihren intensiven Erfahrungen als Langzeitseglerin in einer inkongruenten Crew, in der sie für Sicherheit und Gesundheit verantwortlich war und Notlagen bewältigte.

Mit packenden Impulsen, verblüffenden Workshops und fundiertem Business-Knowhow bietet Lisa Boje Unternehmen eine wirkungsvolle Erfahrung, den Wandel anzustoßen und sich nachhaltig zu entwickeln.

Weitere Informationen finden Sie auf: *www.lisaboje.com*

Der schleichende Verlust

Wie Mikromanagement Ihre Mitarbeitenden und Ihren Erfolg untergräbt

In diesem Kapitel werde ich die zerstörerischen Folgen des Mikromanagements für die Mitarbeitenden, die Mikromanager selbst und die Möglichkeiten, diese aufzuspüren, durchleuchten. Mikromanagement kann in jedem Unternehmen vorkommen und betrifft unerfahrene Führungskräfte und erfahrene Manager gleichermaßen. Es äußert sich in übermäßiger Kontrolle, die das Team demotivieren und zu Burnout führen kann. Diejenigen, die es ausüben, haben jedoch nur die besten Absichten für sich und ihr Team. Der Ursprung liegt oft in tief sitzender Unzufriedenheit und Angst. Die Lösung erfordert Selbstreflexion, den Aufbau von Vertrauen und die Schaffung einer positiven Unternehmenskultur mit klaren Verantwortlichkeiten und viel gutem Willen. Selbstfürsorge und der Schulterschluss aller sind dabei entscheidend.

In unserer schnelllebigen, zunehmend unsicheren und intransparenten Geschäftswelt, die durch Wandel, Komplexität und Mehrdeutigkeit gekennzeichnet ist und in der den Unternehmen ein Arbeitskräftemangel droht, stehen Manager vor einem Dilemma. Einerseits stehen sie vor der Herausforderung, ihre Teams gekonnt zu motivieren, zu führen und zu inspirieren und ihnen gleichzeitig Freiraum, Kreativität und persönliches Wachstum zu bieten. Auf der anderen Seite erwarten ihre Teammitglieder klare Kommunikation, präzise Anweisungen, die Übernahme von Verantwortung, wohlwollendes

Interesse an ihrer Person sowie die ständige Verfügbarkeit und Verlässlichkeit in der Entscheidung ihres Managers.

Genug oder zu viel?

Insbesondere Teamleiter, die sich zum ersten Mal in einer Führungsrolle zurechtfinden müssen, finden es schwierig, nicht mehr selbst alle Fäden in der Hand zu haben und die Prozesse im Auge zu behalten, sondern Kontrolle und Verantwortung abzugeben. In der Anfangsphase einer Karriere können Detailarbeit, Überprüfung und operative Exzellenz entscheidend sein und vielleicht auch zur Beförderung des Mitarbeitenden beigetragen haben. Aber sobald er in eine Führungsrolle aufsteigt, muss er lernen, die Zügel loszulassen und anderen zu vertrauen. Als Führungskraft in einer Sandwichposition steht er unter großem Druck, denn er muss sowohl die Erwartungen seiner Vorgesetzten erfüllen als auch sicherstellen, dass die Leistung seines Teams seinen eigenen Qualitätsstandards entspricht. Er kann Aufgaben nicht mehr allein und mit alleiniger Verantwortung bewältigen, sondern muss sich auf seine Belegschaft verlassen und Aufgaben delegieren können.

Wenn dies nicht gelingt, wenn Kontrolle über jede Entscheidung und Handlung der Mitarbeitenden ausgeübt wird, wenn der Vorgesetzte sich weiterhin operativ einmischt, Verbesserungen nach seinen Vorstellungen fordert und das Team das Gefühl hat, überwacht zu werden, ist Mikromanagement am Werk.

Der üble Mitspieler im Arbeitsleben

Mikromanagement zeigt sich zum Beispiel darin, dass der Teamleiter bei jeder E-Mail-Korrespondenz in Kopie stehen muss. Oder wenn alle Bürotüren immer offen bleiben müssen und der Manager immer seine Meinung über den Flur hinweg zu einem Gespräch von anderen, das unter vier Augen stattfindet, ungefragt kundtun muss. Weitere Folgen des Mikromanagements sind das Festhalten an Prozessen und die Verwendung von Checklisten, die den Arbeitsprozess nicht verbessern, sondern ihn verlangsamen und die Ergebnisse sogar verschlechtern. Der Teamleiter merkt dabei jedoch nicht, dass er das Gegenteil erreicht. Denn er hat im Sinn, dass die Ergebnisse stimmen, damit sich alle gut fühlen.

Vor allem Letzteres ist eine Krux bei diesem über- und unterfordernden, toxischen Führungsstil. Denn die Mitarbeitenden fühlen sich nicht umsorgt und wissen die gut gemeinte Unterstützung der Führungsperson, die ihr Team schützen und bestmöglich leiten will, nicht zu schätzen. Im Gegenteil: Sie haben das Gefühl, dass ihnen nicht vertraut wird, nehmen das ständige Korrigieren und Kontrollieren persönlich, glauben, dass ihre Leistung und ihr Know-how nicht ausreichen und sie nicht als Person und als Experte gesehen werden. Früher oder später verfallen sie in Resignation, dann in innere Kündigung und im schlimmsten Fall in ein Burnout.

Das Gefährliche am Mikromanagement ist, dass es nicht nur das Berufsleben der Teammitglieder dominiert, sondern auch Auswirkungen auf ihr Privatleben hat. Insbesondere Leistungsträger, wie aufstrebende Talente und selbstständig arbeitende Spitzenkräfte, können unter dem Mikromanagement-Stil stark leiden und psychisch krank werden, da ihr Selbstwertgefühl tief erschüttert wird. Leistungsträger schöpfen ihre Kraft aus der Bewunderung anderer, weil sie etwas Neues geschaffen, etwas Komplexes gelöst oder eine schnellere, bessere Lösung für etwas gefunden haben, das feststeckte. Aber wo sie von anderen Managern geschätzt wurden, findet der Mikromanager ständig Fehler. Wo Kreativität und mutiges, unabhängiges Vorwärtsdenken gefördert wurden, erlegt der Mikromanager Beschränkungen, Korrekturen und Zurückhaltung auf. Das zerstört das Ego des Spitzenmitarbeitenden. Das kann dazu führen, dass der Mitarbeitende sein Problem mit nach Hause nimmt, sich zurückzieht und immer mehr in depressive Stimmungen verfällt, weil sein Werteverständnis und sein persönliches Sicherheitsgefühl aus dem Gleichgewicht geraten sind. Das wirkt sich auf sein Familienleben und seine Stellung im Freundeskreis aus. Es ist nicht ungewöhnlich, dass einst fröhliche Optimisten in eine Depression oder ein Burnout geraten, was zu finanziellen Belastungen und einer Beeinträchtigung des Familienlebens führen kann.

Selbstsabotage
Es ist auffällig und kaum verwunderlich, dass auch Mikromanager einem hohen Burnout-Risiko ausgesetzt sind. Wenn sie bereits in der Vergangenheit viele Aufgaben professionell und exquisit erledigt haben und sich nun in ihrer neuen Rolle zusätzliche Aufgaben des Teams und Verantwortungen auferlegen, dann häufen sich nun Überstunden, Überforderung und Frustration über viele Korrekturschleifen. Es droht ein Zusammenbruch. Auch das kann Auswirkungen auf ihr Privatleben haben, denn der Mikromanager nimmt seine neuen Ängste mit nach Hause und fühlt sich geschwächt. Je mehr er dagegen unternimmt, zum Beispiel indem er noch strengere Kontrollen einführt, desto schlechter wird die Qualität der vom Team gelieferten Arbeit. Durch die Resignation und das Arbeiten nach Vorschrift, ohne selbst denken zu müssen, schleichen sich immer mehr Flüchtigkeitsfehler und Ineffizienzen ins Arbeitsleben ein, auf die der Mikromanager mit Vorwürfen und weiteren Korrekturschleifen reagiert. Dadurch wird eine Abwärtsspirale in Gang gesetzt, die alle mit nach unten zieht. Zumindest bedeutet dies, dass Mikromanager, die zuvor aufgrund ihres akribischen Scharfsinns und ihres großen Verständnisses als herausragende Fachkraft wahrgenommen wurden, in der Regel in ihrer neuen Führungsrolle nicht befördert werden und auf der Stelle treten. Es ist auch denkbar, dass sie aufgrund ihres negativen Managementstils ihre Position verlieren. Mikromanagement kann daher keine Lösung sein.

Überverantwortung
Die Psychologie sieht den Ursprung des Mikromanagements in einer tief sitzenden Unzufriedenheit, die auf ein Gefühl der Machtlosigkeit oder Angst zurückgeführt werden kann. Dies resultiert oft aus einer Überforderung in der frühen Kindheit, als ein hohes Maß an Verantwortung übernommen wurde, das als belastend empfunden wurde.

Daraus entstehen Glaubenssätze wie »Vertrauen ist gut, Kontrolle ist besser« oder »Man kann sich nur auf sich selbst verlassen«, die darauf abzielen, das innere Gefühl der Unsicherheit zu kompensieren.[1] Mangelndes Vertrauen und Angst führen dann dazu, dass die Person äußere Umstände unter ihre Kontrolle bringen will, um ein Gefühl der Sicherheit zu erzeugen. Dies äußert sich in übermäßigen Kontrollversuchen, strengen Regeln und detaillierten Anweisungen, die die Eigenverantwortung des Mitarbeitenden einschränken. Ironischerweise wecken diese Kontrollversuche oft Misstrauen und führen dazu, dass sich Mitarbeitende angegriffen fühlen, was wiederum die Motivation und die Arbeitsleistung beeinträchtigen kann. Das Ergebnis ist ein Teufelskreis aus Mikromanagement und sinkender Mitarbeitendenmotivation, der letztlich die Effizienz und Leistung des Teams beeinträchtigt und ein ganzes Unternehmen ins Wanken bringen kann.

Verpasste Gelegenheiten
In einer Non-Profit-Organisation wurde das Kontrollverhalten der Führung so ausgeprägt, dass sogar finanzielle Chancen auf der Straße liegen gelassen wurden. Einem engagierten Teammitglied gelang es, die junge und international weniger bekannte Organisation als offizielle gemeinnützige Organisation bei einer der weltweit führenden Suchmaschinen akkreditieren zu lassen – eine bemerkenswerte Leistung. Durch diese Akkreditierung erhielt die Organisation von dem Suchmaschinengiganten ein monatliches Werbebudget von 10.000 Dollar, kostenlos und zeitlich unbegrenzt, um ihre gute Arbeit online zu präsentieren. Dies bedeutete ein zusätzliches Werbebudget von 120.000 Dollar pro Jahr. Um dieses Potenzial auszuschöpfen, wäre eine Anfangsinvestition von rund 3.200 Dollar erforderlich gewesen, die der Stiftung einen deutlichen Zuwachs an Spenden, Bekanntheit und Image gebracht hätte. Damit hätte man die Website,

---

1 Vgl. zum Beispiel: Struss, R. und Claussen, J. (2023): Von innen nach außen – Struss & Claussen, Podcast, #52 Micromanagement: Weniger kontrollieren, mehr vertrauen.

die Analysetools und die Hosting-Plattformen für die Werbung professionell einrichten und die Mitarbeitenden entsprechend schulen können.

Die Umsetzung dieses Projekts wurde aus drei Gründen nicht weiterverfolgt:

1. *Mangelndes Vertrauen:* Die Geschäftsleitung bezweifelte, dass die Werbung überhaupt wirksam sein würde, da sie wenig Erfahrung mit sozialen Medien und Online-Werbung hatte.
2. *Zeitmangel:* Die Zeit des Top-Managements war begrenzt und es gab nicht genügend Raum, um die Vorschläge des engagierten Mitarbeitenden zu diskutieren und zu bewerten.
3. *Personalmangel:* Das frustrierte Teammitglied, das das Projekt vorangetrieben hatte, ging in die innere Resignation und kündigte in der Folge. Das Projekt blieb ungenutzt.

Der Mikromanager verlor beides: einen entscheidenden Vorsprung für sein Unternehmen sowie eine top engagierte Kraft.

Entscheidung über Potenzial und persönliche Entwicklung
Unternehmer wie Bodo Janssen, Geschäftsführer von Upstalsboom, einem Familienunternehmen im Hotel- und Gaststättengewerbe, leben eine Welt ohne Mikromanagement vor. Janssen ist für seinen unkonventionellen Managementstil bekannt. Er stützt sich auf Prinzipien wie Vertrauen, Wertschätzung und Achtsamkeit. Sein Führungsansatz basiert stark auf Selbstreflexion und dem Streben nach einem Gleichgewicht zwischen Arbeit und persönlicher Entwicklung. Janssen ist ein Verfechter der Mitarbeitendenbeteiligung und einer offenen Kommunikationskultur, die den individuellen Beitrag eines jeden Teammitglieds anerkennt. Sein Ansatz betont nicht nur den wirtschaftlichen Erfolg, sondern auch das Wohlbefinden und die Zufriedenheit der Mitarbeitenden als Schlüssel zum langfristigen Unternehmenserfolg.

Die Mitarbeitenden sind das größte Kapital eines Unternehmens und sollten nicht verachtet werden. Sie sind die Hand, der Kopf, der Held in einer Krise. Sie sind es, die das Unternehmen aktiv schützen, bewahren und den Karren aus dem Dreck ziehen können, wenn man ihnen Chancen, Vertrauen und persönliches Wachstum ermöglicht. Unter ihrer Expertise liegen weitere verborgene Schätze, die als Expertenwissen, Highlights oder besondere Leistungen im Unternehmen genutzt werden können.

Wertvolle Schwarmintelligenz kann durch Mitarbeitendenbeurteilungen und -befragungen erschlossen werden. Diese Gespräche sollten zum Wohle des Mitarbeitenden geführt werden und nicht, um Fehler der Vergangenheit aufzulisten und strengere Qualitätskontrollen und Prozesse zu vereinbaren. So wird sichergestellt, dass das Teammitglied aus eigener Überzeugung zum Wohle des Unternehmens handelt.

Gut gemeint ist nicht gut gemacht
Eine Unternehmenskultur, die von Mikromanagement geprägt ist, hat einige spezifische Merkmale.

Überbetonung von Details

Chefs, die Mikromanagement anwenden, neigen dazu, sich stark auf Details zu konzentrieren und jede Nuance der Arbeit ihrer Mitarbeitenden zu überprüfen. Aufgaben-, Prozess- und Ergebnislisten sind ein wichtiges Arbeits- und Beurteilungsdokument und sowohl für den Jour fixe als auch für die jährliche Beurteilung unverzichtbar. Infolgedessen können Leistungsbeurteilungen durch eine Überbetonung kleiner Details gekennzeichnet sein und viel Zeit in Anspruch nehmen, anstatt sich auf übergreifende Ziele und Leistungen zu konzentrieren.

Engmaschige Kontrolle

Die Arbeitsatmosphäre ist durch eine enge Überwachung gekennzeichnet, bei der der Chef die Arbeit des Mitarbeitenden überwacht und jeden Schritt genau kontrolliert. In Gesprächen wird er auf jeden Fehler hinweisen. Der Mitarbeitende wird sich während des Gesprächs immer in der Defensive fühlen. Seine Antworten werden meist defensiv und negativ ausfallen. Dies führt zu einem Gefühl der Unsicherheit, Einschränkung und Minderwertigkeit. Der Mitarbeitende wird das Gespräch mit Sicherheit eher unmotiviert als motiviert verlassen.

Einseitige Kommunikation

Der Mikromanager dominiert oft das Gespräch und lässt wenig Raum für die Meinungen, Ideen oder Fragen anderer. Stattdessen spricht er über sich selbst, seine Ansichten und die Dringlichkeit, sie zum Wohle des Unternehmens zu berücksichtigen. Das führt oft dazu, dass der Mitarbeitende rebelliert und sich weniger engagiert.

Mangelnde Entwicklung

Da leitende Mikromanager dazu neigen, sich auf aktuelle Aufgaben und Details zu konzentrieren, wird das langfristige Wachstum und die Entwicklung des Teams vernachlässigt. Es fehlt oft an Diskussionen über Karriereziele, Schulungen oder Entwicklungsperspektiven. Selbst wenn sie stattfinden und festgelegt werden, werden sie nicht eingehalten. Nicht selten werden dafür Zeit-, Personal- oder im schlimmsten Fall Kostenengpässe verantwortlich gemacht, die es unmöglich machen, die einzelnen Persönlichkeiten im Unternehmen entsprechend zu fördern. Das ist fatal für die Bindung von Teammitgliedern.

Die Mitarbeitenden sollten ihre eigenen Entwicklungswege und Weiterbildungen wählen, anstatt sich Schulungen vorschreiben zu lassen. Der Schwerpunkt sollte auf den individuellen Bedürfnissen liegen, nicht auf den Annahmen des Managements. Selbstbestimmte Weiterbildung ist effektiver, vor allem dann, wenn sie persönliche und berufliche Entwicklung miteinander verbindet.

Mangel an Autonomie

Mikromanagende Chefs neigen dazu, ihren Mitarbeitenden wenig Autonomie zu gewähren und greifen stattdessen stark in ihre Arbeitsabläufe ein. Infolgedessen liegt der Schwerpunkt eher auf dem Befolgen von Anweisungen und präzisen Schritt-für-Schritt-Erklärungen als auf der Eigeninitiative oder Kreativität des Mitarbeitenden. Dies kann anfangs ein Vorteil für denjenigen sein, der noch neu in der Branche ist oder wenig Berufserfahrung hat. Wenn es sich jedoch um Spezialisten handelt, die Köpfchen und Erfahrung mitbringen und selbst mehr erreichen wollen, bekommen sie schnell das Gefühl, dass ihnen die Flügel gestutzt wurden. Sie fühlen sich ungenutzt und sogar beleidigt. Innere Resignation macht sich breit.

Die Macht der klaren Verantwortung

Dem Vorstand eines Versicherungsunternehmens fiel auf, dass die Schadensregulierung großzügiger ausfiel als bei der Konkurrenz, was sie mehr Geld kostete als nötig. Um die Ausgaben zu senken, beschloss der Vorstand, die Schadenskontrollen zu verschärfen und die Zahl der Personen, die über die Auszahlung von Entschädigungen entscheiden, auf acht Köpfe zu erhöhen. Mit unerwarteten Ergebnissen: Die Schadenregulierungsquoten stiegen weiter an und damit auch die Kosten. Die hinzugezogenen Unternehmensberater entdeckten das Problem: Die erhöhte Zahl der Genehmigungen führte nicht zu einer besseren Kontrolle, sondern zu einer diffusen Verteilung der Verantwortung. Jeder der acht Entscheidungsträger verließ sich bei der Überprüfung der Arbeit auf die anderen, was letztlich zu einem Mangel an Rechenschaftspflicht und Effektivität führte.

Die Lösung war sowohl radikal als auch effektiv: Von nun an entschied nur noch ein Mitarbeitender über die Auszahlung der Entschädigung. Die Verantwortung wurde somit klarer definiert und an die Person delegiert, die direkt mit dem Fall befasst war, das heißt an die Person, die die größte Kompetenz zur Beurteilung des Falles hatte. Das Management und die anderen Gutachter wurden entlastet. Und der einzelne Schadenregulierer erhielt durch seine individuelle Unterschrift Anerkennung und Gewichtung seiner Arbeit, was ihm zusätzliche Motivation gab. Logischerweise sank die Schadenregulierungsquote deutlich, die Mitarbeitendenzufriedenheit nahm zu, die Unternehmensleistung verbesserte sich und die Gewinnmarge stieg.

Vertrauensbonus gegen Frustration
Ein Mikromanagement, das jeden Schritt seiner Mitarbeitenden oder den Prozess mehrfach überwacht, wird zwangsläufig zu frustrierenden Ergebnissen führen, wenn es auf Dauer praktiziert wird. Stattdessen sollten Unternehmen den Ball im Team am Rollen halten und die Verantwortung an diejenigen übertragen, die direkt an den Prozessen beteiligt sind. Das schafft nicht nur bessere Entscheidungen, sondern auch eine klare Struktur, wer wofür verantwortlich ist.

Entscheidend ist, dass das Management in der Lage ist, seinen Teammitgliedern das Vertrauen auszusprechen und sich konsequent zurückzunehmen. Es greift nur dann ein, wenn die für den Prozess verantwortliche Person Hilfe braucht und dies signalisiert – oder wenn sich die Situation im Unternehmen drastisch ändert.

»Seien Sie ganz nah bei Ihren Mitarbeitenden und ihrer Arbeit, wenn sie Sie brauchen – das heißt, wenn Ihre Hilfe wichtig ist – und ziehen Sie sich zurück, wenn Sie überflüssig sind. ... Letztlich kommt es darauf an, wie und wann Sie Mikromanagement betreiben«, erklärt Jack Welch, ehemaliger CEO von General Electric und gefeierter

Management-Papst.[2] Dieser Prozess lässt sich nicht einfach aus der Hand schütteln und in wenigen Tagen umsetzen, sondern braucht – je nach Festgefahrenheit und Situation – Monate oder sogar Jahre, um sich optimal zu entwickeln. Aber das ist es wert.

Mikrokommunikation
Mikromanagement erkennt man nicht nur an dem gestörten Verhältnis von Vertrauen und übermäßiger Kontrolle, sondern auch an der Kommunikation.

Wenn jedes Wort zählt

Mikromanipulative Kommunikation ist wie eine unsichtbare Hand, die lenkt und beeinflusst, ohne dass die andere Person es merkt. Es sind die subtilen Botschaften und Gesten, die die andere Person kontrollieren und ihre Handlungen beeinflussen. Es gibt einen schmalen Grat zwischen positiver mikromanipulativer Kommunikation, wie sie zum Beispiel von Motivationscoaches und Sporttrainern eingesetzt wird, um ihren Schützlingen zu Höchstleistungen zu verhelfen, und restriktiver, negativer Mikromanipulation, die vor allem im Mikromanagement eingesetzt wird.

Der Unterschied zwischen den beiden liegt in der Haltung der Person, die sie einsetzt. Ob sie sie für ihre eigenen Zwecke einsetzt, um ihre eigene Position zu sichern, oder für die Zwecke der anderen Person, damit diese über sich selbst hinauswachsen kann.

Welche Wirkung hat der folgende Satz von Vertriebsleiter Schiller, den er mit großer Geste vorträgt, wohl auf seine Mitarbeitenden? »Meine Damen und Herren, ich möchte Ihnen mitteilen, dass wir ein neues Produkt entwickelt haben, das sich als äußerst vielversprechend erweist. Das Umsatzpotenzial ist enorm und wir sollten alles tun,

---

2 Welch, J. (2016): Why I Love Micromanaging and You Should Too. Blog-Posting, in: LinkedIn. https://www.linkedin.com/pulse/why-i-love-micromanaging-you-should-too-jack-welch/; besucht am 08.07.2024.

um es zu fördern.« In Unternehmen, die ihren Mitarbeitenden vertrauen, ihnen erlauben, unabhängig zu handeln und ihre Fähigkeiten einzusetzen, wird diese Ansprache als motivierend und inspirierend empfunden. Das Team beginnt bereits damit, kreative Ideen zu entwickeln. Die Rede von Herrn Schiller wirkt begeisternd.

In Unternehmen, in denen Mikromanagement üblich ist, reagieren die Mitarbeitenden jedoch eher skeptisch. Laura aus dem Team runzelt die Stirn: »Ist das nicht das gleiche Produkt, das vor ein paar Monaten nicht erfolgreich war?« Ihr Kollege nickt zustimmend: »Ja, genau das.« »Das könnte schwierig werden. Eine angekündigte Totgeburt«, kommentiert Laura. Und Herr Schiller fügt hinzu: »Ich erwarte von jedem von Ihnen, dass Sie Ihr Bestes geben, um dieses Produkt zu verkaufen.« Dies zeigt deutlich die Absicht Schillers, das Team nicht zu motivieren und es nicht eigenverantwortlich handeln zu lassen, sondern es zu verunsichern und zu zwingen, sich anzustrengen, auch wenn sie nicht von dem Produkt überzeugt sind. Diese Art von Ansatz ist nicht sehr förderlich und führt zu innerer Resignation bei den Mitarbeitenden.

Nonverbale Signale

Auch nonverbale Signale wie Stirnrunzeln, Augenrollen und vermehrtes Ausatmen lassen ein Team wissen, dass es keinen wohlwollenden Leiter sieht, der es ernst nimmt und schätzt, sondern einen Mikromanager, der ihm gegenüber sitzt. Ein solches Verhalten ist zutiefst demotivierend.

Wenn er auch noch sozialen Druck ausübt, indem er Gruppenzwang oder die Erwartungen anderer ins Spiel bringt, sind die Anzeichen für destruktives Mikromanagement offensichtlich. Zum Beispiel der berüchtigte Satz, wenn ein Kollege seine Arbeit pünktlich beendet und ein anderer bemerkt: »Halbtagsjob, oder was?«

Übertriebenes Lob

Gezieltes Loben und Anerkennen einzelner Verhaltensweisen oder Meinungen, um eine Person dazu zu bringen, sich auf eine konkrete Weise zu verhalten oder bestimmte Entscheidungen zu treffen, ist das nächste Anzeichen für mikromanipulative Kommunikation. Dies dient dazu, dass sich eine Person geschmeichelt fühlt, sodass sie anschließend beeinflusst werden kann und ihre angepasste Zustimmung gibt.

Wie Daniel. Er präsentiert eine innovative Idee zur Verbesserung eines Arbeitsprozesses. Sein Vorgesetzter Christian lobt die Idee etwas überschwänglich und betont ihre Brillanz, was für Christians Verhalten ungewöhnlich ist. Indem er darauf besteht, dass die Idee sofort umgesetzt wird, übt der Vorgesetzte auf subtile Weise Druck auf Daniel aus. Das Lob dient hier als Manipulationsinstrument, um ihn dazu zu bringen, die Idee ohne weitere Diskussion umzusetzen. Daniel fühlt sich geschmeichelt, merkt aber auch, dass seine Entscheidungsfreiheit eingeschränkt wird.

Informationskontrolle

Das selektive Zurückhalten oder Weitergeben von Informationen, die das Denken oder Handeln anderer steuern sollen, ist eine Form des Verhaltens, die an bösartiges, krankhaftes Mikromanagement grenzt. Es geht darum, wichtige Informationen zurückzuhalten oder sie durch falsche oder irreführende Informationen zu ersetzen. Das Ziel ist es, Menschen dazu zu bringen, Fehlannahmen oder Entscheidungen zu treffen, die nicht in ihrem Interesse liegen, sondern im Interesse des Manipulators sind.

Besonders problematisch wird es, wenn das Management beginnt, verschiedene Personengruppen gegeneinander auszuspielen, meist um eigene Unzulänglichkeiten oder Betrug zu vertuschen. Sätze wie »Lassen Sie uns die anderen nicht verunsichern« oder »Das muss unter uns bleiben, sonst bringen wir das Unternehmen in Schwierigkeiten« geben den Hinweis.

Die Kunst der Freiheit
Mikromanagement ist wie eine schlechte Angewohnheit – es kann überall auftauchen, von Werbeagenturen über internationale Pharmaunternehmen bis hin zu IT-Start-ups. Selbst der beste Arbeitsplatz ist nicht immun dagegen.

Es gibt aber auch Unternehmen, in denen ein Manager sein Team nicht wie Schulkinder behandelt, sondern als gleichberechtigte Partner. Denn sie sehen ihr Team als Gruppe von Experten, die für das Unternehmen Wunder vollbringen, zu denen sie alleine nicht in der Lage wären. Ein solcher Führungsstil bringt Energie, sorgt für Inspiration und spornt das Team zu Höchstleistungen an, und zwar auf Dauer.

Umdenken für den Wandel
Auf diese Weise ist es möglich, vom Mikromanagement wegzukommen und einen Prozess der Veränderung und des kulturellen Wandels einzuleiten, der die Mitarbeitenden motiviert und dem Unternehmen Spitzenleistungen beschert:

Wandel der Grundeinstellung

Das Wichtigste und Schwierigste zuerst: Mikromanager müssen lernen, zu vertrauen – in ihr Team, das Unternehmen, die Arbeitswelt und nicht zuletzt in sich selbst. Es ist nicht ungewöhnlich, dass Mikromanager narzisstische Tendenzen haben. Das macht es für sie besonders schwierig.

Mikromanager haben ein sehr begrenztes Grundvertrauen. Sie kompensieren ihre eigene Unsicherheit mit Perfektionismus, Cleverness und Fleiß, was im Grunde gute Tugenden sind. Sie glauben, wenn sie und ihr Team keine Fehler machen, wenn ihre Leistung stimmt, dann – und nur dann – können sie sich sicher fühlen. Dann werden sie gefeiert, gelobt und geliebt. Und genau hier liegt der Trugschluss. Denn Fehler dürfen passieren und können Gutes bewirken. Angst davor zu haben, selbst Fehler zu machen und anderen Angst zu machen, Fehler zu machen, ist der Untergang eines Unternehmens. Denn Angst hemmt, anstatt zum Erfolg zu führen.

Wandel der Fehlerkultur

Nach dem Dieselskandal im Jahr 2015 geriet Audi in Schwierigkeiten. Imageverlust und finanzielle Belastungen führten zu großer Verunsicherung in der Mannschaft, die von Negativität und Ängsten geprägt war. Wie maßgeblich bekannt ist, wurde dann unter der Leitung von CEO Rupert Stadler eine ungewöhnliche Maßnahme ergriffen. Die Idee war, dass die Belegschaft Fehler in einem positiven Licht sehen und dazu sechs Monate lang jedes Versehen mit Applaus begrüßen sollte. Diese unkonventionelle Strategie führte zu einer bemerkenswerten Veränderung. Die negative Stimmung wich einer positiven Dynamik. Die Belegschaft hatte weniger Ängste und konnte sogar über Fehler lächeln. Die anfängliche Absurdität veränderte sich und brach mit Paradigmen. Sie öffnete die Menschen in ihrer Konstruktivität, Kreativität, in ihrer Verbundenheit und positiven Erfahrung miteinander. Die Veränderung war erfolgreich, Audi stabilisierte sich.

Wandel der Werte

Wenn Perfektionismus, Cleverness, Fleiß und Überverantwortung notwendig sind, um Vertrauen in andere und in sich selbst aufzubauen, wenn Fehler entsetzlich zu ertragen sind und Ängste Selbstzweifel hervorrufen, wenn Mikromanager um ihre eigene Sicherheit fürchten … dann liegt die Krux in ihrem Selbstwert. Denn wenn all die schrecklichen Dinge passieren würden, würden wir uns klein, allein, ungeliebt und in unserer Existenz bedroht fühlen. Doch fast alle Sorgen, die wir uns machen, treten gar nicht erst ein. Wir sind auch nicht auf uns allein gestellt. Als Führungskraft und Angestellter haben wir ein Team um uns herum, das uns helfen und beistehen sollte.

Das Gegenmittel, das Coaches, Psychologen und Psychiater haben, ist Selbstfürsorge. Wir können lernen, uns selbst wieder zu vertrauen. Wir können lernen, auf uns selbst aufzupassen. Wir können dafür sorgen, dass unsere Work-Life-Balance im Gleichgewicht ist. Wir sollten unser Ego nicht so ernst nehmen und uns stattdessen mehr auf unsere Gefühlsbereitschaft konzentrieren und so unserer Seele und unseren eigenen Kraftressourcen näher kommen. Wenn wir unseren Selbstwert erkannt haben, verstanden haben, was uns liebenswert macht, was uns stärkt und dass wir gerade in unserer Unvollkommenheit menschlich sind und gemocht werden, dann kann das Vertrauen in uns selbst und in andere entstehen, das wir dringend brauchen, um uns vom Mikromanagement zu verabschieden.

Für Menschen, die unter Mikromanagement leiden, bedeutet dies, dass sie herausfinden müssen, wo ihre Grenzen liegen, was ihnen wichtig ist und welche Werte sie verteidigen wollen. Dann sollten sie dies dem Mikromanager klar mitteilen und es selbstbewusst durch ihr Handeln umsetzen. Wenn Betroffene glauben, dass sie das nicht können, sollten sie sich mit anderen darüber austauschen. Sie können Hilfe suchen, um gestärkt und bestärkt zu werden. Im Extremfall bedeutet dies, die Abteilung oder das Unternehmen zu verlassen, bevor sie selbst untergehen. Selbstfürsorge ist hier das Schlüsselwort, ohne das eine gesunde Unternehmensführung überhaupt nicht möglich ist.

Vom Mikromanagement zur Mitarbeitendenbindung

Wenn es einer Führungskraft oder einem Manager gelungen ist, sich in seiner Rolle sicher und selbstbewusst zu fühlen, ohne übermäßige Kontrolle auszuüben, wenn er sein Ego durch Selbstfürsorge ersetzt hat, ist der letzte und effektivste Schritt möglich, um eine freie, überzeugende, produktive und nachhaltige Unternehmenskultur mit starker Mitarbeitendenbindung zu schaffen und Mikromanagement zu eliminieren.

Führungskräfte und Manager sollten sich nicht als Stars in der Manege sehen, die beklatscht werden, sondern sollten ihren Teammitgliedern diese Ehre zukommen lassen. Wenn sie ihrem Team helfen, größer, klüger, besser zu werden und in der Lage zu sein, eigene

Entscheidungen zu treffen, können sie sicher sein: Die Mitarbeitenden werden deutlich produktiver und aktiver sein als zuvor. Sie werden der Führungskraft und dem Unternehmen gegenüber loyal sein, was den Krankenstand und die Personalfluktuation um ein Vielfaches senken und das Image des Arbeitgebers stärken wird. Die gesteigerte Leistung des Teams und die daraus resultierende Sicherheit und Perspektive werden von der Teamleitung als Erfolg wahrgenommen, was zu einem stärkeren Gefühl der Anerkennung führt.

Der folgende 3-Punkte-Plan hilft, der Mikromanagementfalle zu entkommen:

1. Die Führungskraft sollte sich selbst und ihre Kollegen in Coaching, Selbstfürsorge und Resilienz schulen und lernen, einen Schritt zurückzutreten und zu delegieren, um ein charismatischer und inspirierender Leuchtturm zu werden, der andere dazu ermutigt, Verantwortung für das Unternehmen zu übernehmen.
2. In Seminaren zur Persönlichkeitsentwicklung sollte nach den besonderen Perlen der Teammitglieder gesucht werden, um Wachstumschancen für den Einzelnen, das Team und das Unternehmen zu schaffen.
3. Es ist wichtig, die Fähigkeiten, Anliegen und Wünsche der Mitarbeitenden zu kennen, um sie zu überraschen, sie zu unterstützen, zu stärken und Vertrauen aufzubauen. Es sollten Lösungen geschaffen werden, damit sie ihre Arbeit mit weniger Sorgen erledigen und sich mit ihren Ideen und Leidenschaften einbringen können.

Übereltern

Es ist nicht ungewöhnlich, dass Menschen, die zum Mikromanagement neigen, im privaten Familienkontext als Helikopter-Eltern bezeichnet werden. Eine Vollzeit arbeitende Mutter und Mikromanagerin schreibt für ihren Partner akribische Listen, wie er den Alltag mit ihrem Kleinkind am besten bewältigen soll. Aufgrund all der Regeln und aus Angst vor dem kritischen Blick seiner Partnerin sieht der

Vater kaum Möglichkeiten, seine eigene väterliche Erziehung zu entwickeln und leistet Betreuungsdienst nach Plan. Dies führt zu einer gestörten Bindung zu dem Kind, das ständig nach der Übermutter schreit, anstatt eine gesunde, unabhängige Beziehung zum Vater aufzubauen. Darüber hinaus empfindet der Vater das vorschreibende Verhalten seiner Frau als zutiefst demütigend. Es scheint, als könne sie ihm nicht zutrauen, ihrem Kind ein guter Vater und der Familie eine starke Stütze zu sein. Diese Demotivation kann zu einer Krise in der Partnerschaft führen. Die Familie droht auseinander zu brechen.

Die Veränderung
Dieses traurige Ergebnis kann unterbrochen werden, wenn die Partnerin zunächst erkennt und sich eingesteht, dass sie zu viel Verantwortung, auch Fremdverantwortung, auf sich nimmt und zu viele Vorschriften aufstellt. Mit den Fragen »Was brauchst du, um dich wie eine gute Mutter zu fühlen?« und »Was brauchst du, damit du deinen Mann ein guter Vater sein lassen kannst?« können Vertrauenspersonen herausfinden, wie sie das Selbstwertgefühl der Übermutter stärken können. Gleichzeitig ist es wichtig, den Auslösern der Ängste auf den Grund zu gehen, damit sie langfristig angegangen und gelöst werden können.

Dazu sind drei Dinge erforderlich: Erstens therapeutische Hilfe für die Mutter und bestenfalls auch für den Ehemann und das Kind. Zweitens Zeit. Und drittens viel Verständnis von den Menschen in ihrem Umfeld. In diesem Fall: der Familie.

Im Fall des Mikromanagements im Büro bedeutet dies, dass ein mittel- bis langfristiger Veränderungsprozess in Gang gesetzt wird. Die Mitarbeitenden unterstützen und schützen den Mikromanager, weil sie verstanden haben, dass es nicht gegen sie persönlich geht, wenn der Chef wieder einmal auf seine Listen und Regeln zurückgreift. Im Alltag werden zunächst kleine Dinge ausprobiert, um dem Mikromanager ein Gefühl der Sicherheit zurückzugeben, indem bewusst geringfügige Aufgaben vollständig delegiert werden, die dann vom Team zu einem positiven Abschluss gebracht werden. Auf diese

Weise lernt der Manager allmählich, seinem Team zu vertrauen und Aufgaben und Kontrolle abzugeben.

Mit viel Verständnis, offener, wertschätzender und direkter Kommunikation und einem eingespielten Team kann so eine starke Teamkultur entstehen, in der die Entwicklung und Entspannung des Mikromanagers möglich ist.

Wenn dieser Weg beschritten wird, kann eine starke Teamkultur entstehen, die auf Selbstfürsorge und einer gesunden Beziehung zwischen der Führungskraft und den Teammitgliedern beruht und so den Erfolg des Unternehmens nachhaltig unterstützt, zum Nutzen und mit dem Wohlwollen aller.

Dierdre Messerli
Unternehmensberaterin für Beziehungsmanagement, Autorin und Speakerin

© *Dominik Pfau*

Dierdre Messerli beobachtet wiederholt kleine bis überdimensionale zwischenmenschliche Dramen wie Machtkämpfe, Silodenken und verdeckte Konflikte. Die negativen Auswirkungen auf Effizienz, Produktivität, Kommunikation und Zusammenarbeit in Unternehmen sind immens.

Seit 16 Jahren erforscht sie die Ursachen für diese unnötigen Reibungsverluste und entwickelt mit und für ihre Firmenkunden Lösungen, die eine Kultur der vertrauensvollen Zusammenarbeit fördern. Dies bildet die Grundlage für eine reibungslose und erfolgreiche Wertschöpfung im Unternehmen. Das kann in verschiedenen Formaten geschehen, wie Unternehmenskultur- und Teamentwicklung, Mediation, Executive Coaching oder Leadership Development.

Außerdem gibt sie ihr Wissen als Autorin, Hochschuldozentin und Speaker weiter. Dierdre Messerli ist überzeugt: *Menschlichkeit macht Unternehmen erfolgreich!*

Weitere Informationen findest du auf: *www.step-on.ch*

Der Konflikt ist nicht dein Feind

Wusstest du, dass du laut einer Studie[1] als Führungskraft 30 bis 50 Prozent deiner Arbeitszeit damit verbringst, dich mit Reibungsverlusten, Konflikten und den Folgen von Konflikten zu beschäftigen? In einem Unternehmen mit bis zu 1.000 Mitarbeitenden führt dies zu Konfliktkosten von bis zu 500.000 Euro. Pro Jahr. Zeit und Geld, die du in Innovation, Projekte und euren Kundenstamm investieren könntest. Aber warum werden Konflikte unter den Teppich gekehrt und schwelen oft jahrelang?

Streitereien ohne Gefühlsduselei lösen

Viele Unternehmer erzählen mir unter vier Augen, dass ihre größte Sorge darin besteht, dass es emotional werden könnte. Zum Beispiel, dass Mitarbeitende laut werden, sich persönlich angegriffen fühlen, weglaufen oder sogar weinen. Oder die Befürchtung, dass sie plötzlich die Kontrolle über ihre eigenen Emotionen verlieren, laut oder ausfallend werden. Deshalb schieben sie längst notwendige Klärungsgespräche oft wochen- oder gar monatelang vor sich her. Manche Arbeitgeber sind besorgt, dass sie ihre Beschäftigten nur noch mit Samthandschuhen anfassen dürfen und jedes Wort auf die Goldwaage legen müssen.

---

[1] Insam, A., Achterholt, U. und A. Reimann (2009). Konfliktkostenstudie, KPMG AG Wirtschaftsprüfungsgesellschaft.

In diesem Beitrag erkläre ich, wie Konflikte überhaupt entstehen, wie du sie löst und wie du sie von vornherein verhinderst.

Nachfolgend eine wahre Geschichte aus meinem Beratungsalltag: David kontaktiert mich aufgrund eines Konflikts. Er ist der neue Leiter der IT-Entwicklungsabteilung eines mittelständischen Unternehmens, nennen wir es mal Unison. In einem seiner Teams herrscht eine schlechte Stimmung und er nimmt Konflikte wahr, die sich negativ auf die Performance des Teams auswirken. Er berichtet, dass er zusammen mit der Personalabteilung bereits Gespräche mit den Mitarbeitenden geführt hat. Aber die Ergebnisse dieser Gespräche waren sehr vage. Die Mitarbeitenden eierten rum und es gab keine klaren Aussagen darüber, wo das Problem wirklich liegt.

Ungeachtet dessen kam David zu dem Schluss, dass Philipp, der derzeitige Teamleiter, gehen muss. Er hatte offenbar nicht nur viel Unruhe ins Team, sondern in das ganze Unternehmen gebracht. Denn Philipp hatte sich oft bei Anfragen aus dem Projekt Gira quergestellt. Eigentlich sollte er seine Entwickler für das Projekt zur Verfügung stellen. Das Projekt hat für das Unternehmen höchste Priorität, denn es soll den Eintritt in den US-amerikanischen Markt ermöglichen.

Doch die Entscheidung, Philipp zu entlassen, kommt beim Team nicht gut an. Die meisten von ihnen arbeiteten gerne für ihn. Er hat viel Fachwissen und unterstützte sie bei ihrer individuellen Weiterentwicklung.

David will jetzt mit meiner Hilfe »aufräumen«, wie er es nennt, bevor er einen neuen Leiter für das Team ernennt. Aufgrund seiner Ausführungen komme ich zu dem Schluss, dass ein Teamworkshop in dieser Situation nicht erfolgreich sein wird. Wir vereinbaren, dass ich vertrauliche Einzelgespräche mit den Beschäftigten führen werde, um den Konflikt besser zu verstehen und dann geeignete Maßnahmen zu empfehlen.

Das Team ging vor zwei Jahren aus einer Reorganisation hervor. Philipp leitete damals ein größeres Team, das aufgrund von neuen Aufgaben aufgesplittet wurde. Ein Teil blieb bei Philipp und der Rest wurde mit einem kleinen Team im Ausland zusammengelegt.

Oliver, der jetzt Teil des internationalen Teams ist, war auch in diesem ehemaligen Team. Oliver hat sehr hohe Ambitionen und wurde von Philipp entsprechend gefördert. Er legte ein gutes Wort für ihn ein, damit Oliver das Auslandsteam fachlich führen kann.

Wer hat hier das Sagen?

Die beiden Teams haben nur sporadisch Kontakt zueinander, wenn es um das große Projekt Gira geht. Aber irgendwann während Philipps Urlaub hatte sich Oliver selbst in das Teammeeting der Entwickler eingeladen. Während des Teammeetings und darüber hinaus begann er, Daniela, Sarah und Matthias Aufträge zuzuweisen. Sie waren ein wenig irritiert, nahmen die Aufgaben aber zugunsten des Projekts an. Nach Philipps Rückkehr fragte Daniela ihn, ob es richtig sei, dass sie Olivers Aufträge übernimmt.

Philipp wusste von nichts und ist jetzt wütend auf Oliver. Er hatte ihm bereits die Chance gegeben, sich zu entwickeln, obwohl er noch nicht ganz so weit war, und jetzt will ausgerechnet er an seinem Stuhl sägen?! Der Ärger beginnt.

Natascha vertritt das Entwicklerteam im Projekt Gira, ebenso wie Oliver für das internationale Team. Laut Natascha hat Oliver sie beim Projektleiter schlecht gemacht und gesagt, dass sie und der Rest des Teams unzureichende Arbeit leisten würden.

In Einzelgesprächen mit den Teammitgliedern höre ich immer wieder Aussagen, dass Oliver schlecht über Natascha zu sprechen scheint und offen seine Ambitionen auf Philipps Position äußert. Natascha ist Philipps Stellvertreterin und hat eine starke Position im Team. Damit Oliver seine Absichten für Philipps Position durchsetzen kann, muss er Natascha aus dem Weg räumen. Denn sie traut ihm nicht und es entsteht ein verdeckter Konflikt zwischen Oliver und Natascha. Je länger das Ganze andauert, desto mehr weigert sie sich, überhaupt mit Oliver zusammenzuarbeiten. Er sei herrisch, praktiziere Mikromanagement und habe keinerlei Einfühlungsvermögen.

Unter vier Augen erzählen mir auch Daniela und Michael, dass sie nicht gerne mit Oliver zusammenarbeiten, aber sie wollen lieber nichts sagen. Sie wollen keinen Ärger in der Firma und schlucken ihren Frust herunter.

Es gibt auch einen eskalierenden Konflikt zwischen Matthias und Oliver. Oliver greift Matthias an und behauptet, er mache einen schlechten Job. Matthias fühlt sich massiv angegriffen, da er für das Projekt Gira sogar regelmäßig zusätzliche Nachtschichten einlegt.

Im Folgenden findest du einen Überblick darüber, wie sich das Team zusammensetzt und welche Konflikte entstanden sind:

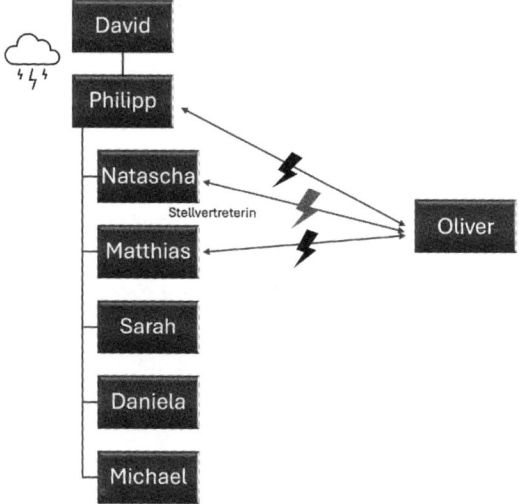

Abbildung 1: Organigramm des Unison-Entwicklungsteams

Zusätzlich zu dem verdeckten Konflikt mit Natascha haben wir hier also zwei offensichtliche Konflikte; einen zwischen Oliver und Philipp und einen zwischen Oliver und Matthias.

Manche denken jetzt vielleicht so etwas wie »Die sollen sich zusammenreißen und ihr Alpha-Verhalten zu Hause lassen«. Das kann ich durchaus verstehen. Denn es scheint offensichtlich, dass Oliver Konflikte mit den anderen beiden Männern hat. Es scheint etwas Persönliches zwischen ihnen zu geben. Und auch der verdeckte Konflikt mit Natascha löst unangenehme Gefühle aus. Denn Natascha verfügt über enormes Wissen, das für das Projekt Gira unerlässlich ist.

Das Naheliegendste ist jetzt, zwischen Oliver und Matthias sowie zwischen Oliver und Natascha zu vermitteln. Aufgrund der Informationen aus den einzelnen Gesprächen denke ich, dass es gute Chancen gibt, dass die beteiligten Parteien in Zukunft wieder konstruktiv zusammenarbeiten können. Die Mediation zwischen Oliver und Philipp ist ausgeschlossen, da David ihm inzwischen gekündigt hat.

Aber wie konnte es überhaupt so weit kommen? Aus den Gesprächen erfahre ich, dass diese schwierige Situation schon seit über einem Jahr andauert.

Warum so spät?

Als Mediatorin werde ich meist erst zu einem Konflikt dazu gezogen, wenn er schon sehr lange andauert. Wenn ich zwischen den Streitparteien vermittle, stelle ich oft fest, dass sie schon viel zu lange gewartet haben. Manchmal ist der Konflikt schon mehrere Jahre alt. Nur weil die beteiligten Parteien den Konflikt ignoriert, unter den Teppich gekehrt und gehofft haben, dass er sich von selbst lösen würde. Leider ist das fast nie der Fall.

Konflikte, oder zumindest Missverständnisse, sind unvermeidlich. Das liegt daran, dass unsere individuelle Wahrnehmung eine enorme Bandbreite hat. Die Forschung hat wiederholt gezeigt, dass das Unterbewusstsein rund 95 Prozent unserer Gedanken, Gefühle, Entscheidungen und Handlungen beeinflusst.

Die meisten psychischen Prozesse laufen für uns unbewusst ab und gelangen nie in unser Bewusstsein. Unser Gehirn kann JEDE

Sekunde etwa zwölf Millionen Bits an Informationen aufnehmen. Die schlechte Nachricht ist, dass wir nur etwa 40 bis 60 Bits dieser Informationen bewusst verarbeiten können. Die Hirnforschung schätzt, dass wir uns weniger als 0,1 Prozent dessen bewusst sind, was das Gehirn tut. Der enorme Rest wird unbewusst erledigt.[2] Das Unbewusste kann also eine große Menge an Informationen gleichzeitig verarbeiten. Wenn wir uns das Unterbewusstsein als eine riesige dunkle Lagerhalle vorstellen, ist das Bewusstsein der Schein einer winzigen Taschenlampe auf einen kleinen Bereich. Der Rest bleibt dunkel und verborgen.

Erinnere dich daran, wie du gelernt hast, Auto zu fahren. Am Anfang war es purer Stress. Kuppeln, schalten, beschleunigen, bremsen, in der Spur bleiben, Schilder richtig deuten und den restlichen Verkehr im Auge behalten. All das hast du mit deinem Bewusstsein, das heißt mit deinen circa 60 Bits pro Sekunde, gesteuert. Durch regelmäßiges Üben hat sich nach und nach ein automatisches Programm aus einem neuronalen Netzwerk in deinem Gehirn entwickelt. Heute steigst du in dein Auto, startest den Motor und fährst los, ohne darüber nachdenken zu müssen. Dieses Wissen ist in der großen Lagerhalle deines Unterbewusstseins gespeichert. Und du hast jetzt Zeit, während des Fahrens an andere Dinge zu denken.

Die Wahrscheinlichkeit, dass sich zwei oder mehr Menschen in derselben Situation auf dieselben 60 Bits konzentrieren und vor allem die Erfahrung auf dieselbe Weise interpretieren, ist folglich gering. Daher gibt es viele Möglichkeiten für Missverständnisse. Wenn diese Missverständnisse nicht ausgeräumt werden können, kommt es schnell zu Konflikten. In den meisten Fällen ist dann nicht einmal

---

2 Siehe für mehr Informationen zum Beispiel: Greenwald, A. G., McGhee, D. E. und J. L. K.Schwartz (1998). Measuring individual differences in implicit cognition. The implicit association test, Vol. 74, No. 6, Journal of Personality and Social Psychology; Solms, M. (2018). Reward Prediction Errors, Defence Mechanisms and Learning, Neuropsychoanalysis; Marini, M. (2018). The Automatic Mind, Psychology Today; usw.

mehr klar, wie der Konflikt entstanden ist oder worum es genau ging, weil so viele verschiedene Momente der Zusammenarbeit zum Konflikt geführt haben. Diese Konflikte sind oft sehr verdeckt. Wir Menschen sind auch unterschiedlich darin, wie und ob wir schwierige Situationen angehen.

Du hast sicher schon von kalten und heißen Konflikten gehört. Die heißen Konflikte sind offensichtlich. Die beteiligten Personen sind aufbrausend, laut und sagen ihre Meinung. Wie in unserer Fallstudie Oliver. Solche Konflikte können dich als Führungskraft manchmal einschüchtern, aber eigentlich sind sie einfacher als gedacht, denn es ist offensichtlich, dass es eine Meinungsverschiedenheit gibt, und die Beteiligten machen deutlich, was sie stört.

Schwieriger ist es bei kalten Konflikten, wie bei Natascha und Oliver. Die Beteiligten sagen nichts, aber du kannst spüren, dass etwas nicht stimmt, aber wenn du sie darauf ansprichst, streiten sie meist ab, dass es einen Konflikt gibt. Vielleicht denkst du dir: »Die sind erwachsen. Wenn sie nicht wollen, sei's drum, ich habe es versucht.«

Solche verdeckten Konflikte haben jedoch oft die Tendenz zu wachsen. Manchmal verhalten sie sich wie ein Geysir. An der Oberfläche ist es ruhig, kühl und eisig, und plötzlich schießt kurz und heftig eine Fontäne heraus. Jemandem platzt kurz der Kragen und zischt etwas in die Runde. Danach ist es sofort wieder still. Alle Umstehenden sind völlig überrascht und perplex. Zum einen, weil sie es nicht kommen gesehen haben, und zum anderen, weil sie nicht wissen, woher es kommt. Das kann zu großer Verunsicherung im Team führen. Oder schlimmer noch, diese Menschen werden als unberechenbar angesehen und manche fürchten sich davor, etwas Kritisches anzusprechen.

Das bedeutet, dass der Konflikt nicht erst da ist, wenn es Geschrei oder eine eisige Stille gibt. Der Konflikt beginnt schon viel früher. Deshalb möchte ich dir im Folgenden einige der ersten Anzeichen für einen Konflikt zeigen, um dich zu sensibilisieren, Augen und Ohren offen zu halten, damit du frühzeitig reagieren kannst.

Konflikte fallen nicht vom Himmel

Ein Anzeichen für einen aufkommenden Konflikt kann sein, wenn bei einem bestimmten Thema oder beim Gespräch mit einer bestimmten Person ständig Nebenkriegsschauplätze eröffnet werden und vom Thema ablenkt wird. Das liegt daran, dass sich die betreffende Person mit dem Thema unwohl fühlt oder sich nicht auf eine Diskussion mit dem Gegenüber einlassen will. Also suchen sie überall nach Auswegen, um zu vermeiden, dass sie mit dieser Person oder über dieses Thema sprechen müssen.

Trivialisieren, sich lustig oder lächerlich machen ist ein ähnliches Thema. Natürlich haben manche Menschen grundsätzlich die Tendenz, Dinge häufiger sarkastisch zu kommentieren als andere. Wenn sie das normalerweise tun, hat das andere persönliche Gründe. Aber vor allem, wenn es plötzlich häufiger oder speziell bei einer Person oder einem Thema auftritt, ist es an der Zeit, aktiv hinzuschauen.

Das Zeichen schlechthin, das oft ignoriert wird, sind Killerphrasen: »Das haben wir schon immer so gemacht!«, »Das funktioniert sowieso nicht!«, »Du hast ja keine Ahnung!«. Mit solchen Aussagen soll die andere Person zum Schweigen gebracht werden. Sie sind sozusagen der verbale Faustschlag.

Ein subtiler Hinweis auf Unmut sind abschätzige und abwertende Gestik, Mimik und Körperhaltung. Zum Beispiel das Rollen der Augen oder ein tiefer Seufzer, wenn eine bestimmte Person spricht. Oder auch der Tonfall, in dem etwas gesagt wird, kann ganz unterschiedliche Botschaften vermitteln.

Schließlich kann auch Schweigen ein Zeichen für einen schwelenden Konflikt sein. Im übertragenen Sinne ist es das kindische »Mit dir rede ich nicht mehr!«.

Das alles sind Anzeichen, die du bei deinen Mitarbeitenden und Führungskräften beobachten kannst.

Achte neben diesen persönlich wahrnehmbaren Anzeichen auch auf erhöhte Fluktuation, die brodelnde Gerüchteküche, hohe Fehlzeiten,

Leistungsabfall, Anstieg der Fehlerquote, Projektverzögerungen und miserable Bewertungen auf Arbeitgebervergleichsportalen.

Ein erhöhter Krankenstand fällt in dieselbe Kategorie. Wenn Beschäftigte plötzlich häufiger krank sind, kann es sein, dass sie sozialen Stress erleben, bei dem sie »unbewusst« befürchten, wieder mit einer bestimmten Person in Kontakt zu kommen und dieses lästige Thema erneut besprechen zu müssen. Das setzt ihren Körper unter Stress. Und das kann dazu führen, dass ihr Körper sie tatsächlich krank macht, damit sie sich diesem Stressor nicht mehr aussetzen müssen.

Laut einer neuen Studie[3] sind Konflikte am Arbeitsplatz für 57 Prozent aller psychisch bedingten Arbeitsunfähigkeiten verantwortlich. Mehr als die Hälfte aller psychisch bedingten Krankschreibungen – inzwischen mehr als aus körperlichen Gründen – ist darauf zurückzuführen, dass Konflikte am Arbeitsplatz nicht oder ungenügend geklärt werden. Die oben erwähnte Studie ergab auch, dass Arbeitsunfähigkeit aus psychischen Gründen durchschnittlich 218 Tage dauert. Das sind 31 Wochen oder mehr als sieben Monate, in denen eine Fachkraft am Arbeitsplatz fehlt. Außerdem handelt es sich bei rund 80 Prozent der Fälle um eine »arbeitsplatzbezogene« Arbeitsunfähigkeit. Das bedeutet, dass die Betroffenen nicht generell arbeitsunfähig sind, sondern nur an diesem bestimmten Arbeitsplatz. Das sollte uns zu denken geben.

Wann sollte man reagieren?

Natürlich solltest du nicht aus jeder Mücke einen Elefanten machen, aber manchmal ist es wichtig, deine Beobachtungen anzusprechen. Erstens, wenn eines oder mehrere der Zeichen mehrmals und mit zunehmender Häufigkeit auftreten. Dann kannst du ziemlich sicher

---

3   WorkMed AG (2022). Krankschreibungen aus psychischen Gründen in der Schweiz. Hintergründe, Verläufe und Verfahren, Binningen, Köln, Winterthur, Wädenswil.

sein, dass im Untergrund ein Konflikt schwelt. Denn ein solcher Brand kann unerwartete Ausmaße annehmen. Zweitens, wenn das Verhalten einer Person einen negativen Einfluss auf den Rest des Teams oder des Unternehmens hat. Wenn, wie auf den vorherigen Seiten erwähnt, andere Mitarbeiter nicht mehr mit dieser Person zusammenarbeiten wollen. Wenn sich die schlechte Stimmung auf das Team überträgt oder sich sogar Gruppen bilden nach dem Motto: Wir gegen die! Und drittens: Verlass dich auf deine Intuition. Du hast feine Sensoren und merkst, wenn es zu viel wird, wenn es so nicht mehr weitergehen kann. Dann sprich es an. Je länger du wartest, desto größer können die negativen Auswirkungen sein. Und irgendwann wird es keine Flächenbrände mehr zu retten geben.

Redet doch miteinander!

Zurück zu Unison. Ich führe die Mediationen zwischen Matthias und Oliver sowie Natascha und Oliver nicht durch, da ich realisiere, dass noch viel mehr dahintersteckt. Denn in diesem Fall hätte dieser Ansatz nur einen kleinen Teil des Problems gelöst.

Wir neigen dazu, in Konflikten den Schuldigen zu suchen und sie zur Rechenschaft zu ziehen. Aber in diesem Fall ist die Situation viel komplexer. Solche Verhaltensweisen sind oft nicht nur eine Geschichte der Persönlichkeit, sondern haben weitere Zusammenhänge im ganzen System.

Bei den Gesprächen stellt sich heraus, dass Oliver durchaus eine Art Berechtigung hatte, Natascha, Matthias, Daniela und Sarah Arbeit zuzuweisen. Der Projektleiter wollte, dass die Arbeit so schnell wie möglich abgeschlossen wird. Da er mit Philipp, dem damaligen Teamleiter, nicht weiterkam, ernannte er Oliver in Absprache mit David, der zu diesem Zeitpunkt noch nicht Philipps Vorgesetzter war, zum Verantwortlichen für die Entwicklung. Leider wurden jedoch weder Philipp noch das Team über diese Entscheidung informiert. Oliver seinerseits ging davon aus, dass er in Bezug auf das Projekt die

Verantwortung für die Entwickler hat und ihnen natürlich Aufträge geben kann.

Erst während unseres Gesprächs über die Planung der nächsten Schritte wird David klar, dass es tatsächlich ein großes Kommunikationsproblem gegeben hatte. Er war davon ausgegangen, dass der Projektleiter beziehungsweise Philipps damaliger Vorgesetzter Philipp und das Team über diese Entscheidung informieren würde. Allerdings war dieser Vorgänger zu diesem Zeitpunkt bereits auf dem Absprung und wollte das Unternehmen verlassen.

Und so fehlten den Betroffenen die entscheidenden Informationen. Das Wissen um diese wichtige Entscheidung hätte allen Beteiligten eine Menge Ärger ersparen können. Stattdessen führte das Informationsdefizit zu mehreren unnötigen Konflikten. Der Konflikt zwischen Oliver und Matthias wäre wahrscheinlich nie entstanden. Denn Matthias hatte die Einstellung »Ich nehme nur Aufträge von meinem direkten Vorgesetzten an« und Oliver verstand die Welt nicht mehr. Er war beauftragt worden, das Projekt voranzutreiben, und nun boykottierte ihn einer der wichtigsten Entwickler.

Der Konflikt zwischen ihm und Natascha wäre aus denselben Gründen nicht in dieser Gänze nötig gewesen. Der Konflikt zwischen Philipp und Oliver wäre wahrscheinlich sowieso entstanden. Philipp fühlte sich von Oliver verraten und Oliver wollte unbedingt Philipps Position übernehmen. Er sprach dies unter vier Augen mit einigen Teammitgliedern an.

Deshalb empfehle ich, dass David einen Klarheitsworkshop mit dem Team durchführt. Wir können das zerbrochene Geschirr vielleicht nicht vollständig reparieren, aber wir können zumindest klarstellen, wie es überhaupt so weit kommen konnte.

Ich habe den Workshop mit ihm vorbereitet. Ziel war es, die folgenden Fragen zu beantworten, die sich aus den Einzelgesprächen ergeben hatten:

- Wer hat entschieden, dass Oliver den Lead bei der Entwicklung übernehmen soll?

- Warum wurde das beschlossen?
- Was war das Ziel dieser Entscheidung?
- Wie war die Verbindung ihrer Arbeiten mit dem Projekt neu geplant?
- Wer war nun wofür die Führungskraft? Philipp oder Oliver? Und für was genau?
- Warum wurde Philipp entlassen?

Die letzte Frage war die heikelste. Denn als David die Leitung der Abteilung antrat, übernahm er einfach die Vorurteile über Philipp, von denen er als früherer Programmverantwortlicher am Rande mitbekommen hatte, ohne sie zu überprüfen. Dazu später mehr.

Wie erwartet, ist das Team im Workshop zunächst sehr zurückhaltend. David geht die Fragen Schritt für Schritt durch und beantwortet jede davon ausführlich und sehr ehrlich. Ich kann beobachten, wie sich die Teammitglieder nach und nach immer mehr entspannen, während Klarheit in ihre Gedankenwelt kommt.

Ich koordiniere die Frage-und-Antwort-Runde und freue mich sehr, dass Oliver versteht, dass der Groll, den er gegen sich gespürt hatte, nicht persönlich war, sondern einem großen Missverständnis entsprang, das niemand aufgedeckt hatte. Er war immer davon ausgegangen, dass das Team offiziell über die Entscheidung informiert worden war. Deshalb nahm er alle Widerstände sehr persönlich und wertete sie gegen sich und seine Fähigkeiten; was ihn wütend und noch fordernder gegenüber dem Team machte, da er sich im Recht fühlte.

Natürlich konnten wir damit nicht alle Probleme lösen. Aber alle haben jetzt verstanden, warum die Dinge so gelaufen sind, wie sie gelaufen sind. Und alle Beteiligten konnten die Aussagen viel besser einordnen und sie von sich selbst als Person lösen.

Matthias hat inzwischen eine andere Funktion im Unternehmen gefunden und David will den Konflikt zwischen Matthias und Oliver damit auf sich beruhen lassen. Das finde ich als Mediatorin ungünstig. Denn es ist schon jetzt klar, dass die beiden früher oder später wieder zusammenarbeiten müssen. Und in diesem konkreten Fall gibt es auch eine persönliche Ebene im Konflikt.

Konflikte haben ihre Wurzeln meist woanders

Neben persönlichen Themen und Kommunikationsproblemen gibt es jedoch oft noch eine dritte wichtige Ebene zu berücksichtigen, nämlich die kulturelle Ebene. Die Art und Weise, wie die Menschen miteinander reden, was gesagt werden darf und was nicht, sind stark beeinflussende Elemente in Unternehmen. Kultur wird oft als Wohlfühlthema abgetan und höchstens am Rande diskutiert. Aber bedenke, dass Menschen soziale Wesen sind und wir verhalten uns nicht in einem luftleeren Raum. Das Umfeld hat einen enormen Einfluss auf die Performance, die Fähigkeit zur Zusammenarbeit und das gegenseitige Vertrauen.

Ich möchte dir im Folgenden zwei Betrachtungsweisen anbieten. Wir können ein Problem auf lineare Weise betrachten. Es gibt irgendwo eine Ursache, die zu einer Wirkung führt. Wir sehen die Wirkung und suchen direkt nach der Ursache, die zu ihr geführt hat. In unserem Fall könnte zum Beispiel das Alpha-Verhalten von Oliver und Matthias die Ursache für ihren Konflikt sein. Neben diesem Ursache-Wirkungsansatz können wir eine Situation auch aus einer systemischen Perspektive betrachten. Systemisch bedeutet, dass wir uns nicht nur auf die einzelnen Elemente, sondern mehr auf die Beziehungen zwischen den Elementen konzentrieren.

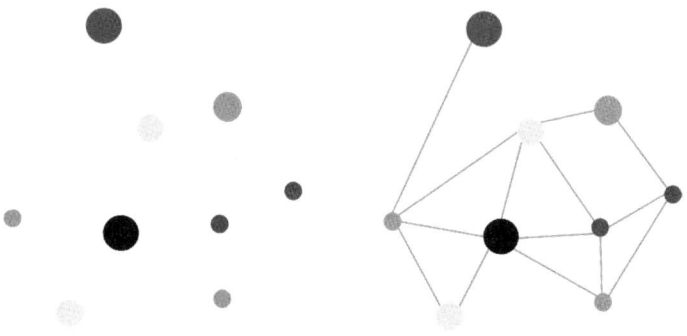

Abbildung 2: Interdependenzen Systemisches Denken

Nehmen wir an, du willst in deinem Garten ein Hochbeet anlegen. Du sammelst Informationen, kaufst die Bretter, die Innenfolie, die passende Erde und Pflanzen. Baue alles zusammen, fülle die Erde ein und setze die Pflanzen. Die Freude ist riesengroß.

Doch die Freude wird schnell getrübt, denn die Blätter deiner Kirschtomaten sehen verwelkt aus, obwohl du sie ausreichend gegossen hast. Du gehst zurück zum Gartencenter und der Angestellte vermutet, dass deine Tomaten Echten Mehltau haben. Er gibt dir das entsprechende Mittel. Ein paar Tage später sehen die Blätter der Tomaten schon viel besser aus. Aber du bemerkst, dass sich Schnecken an deinem Salat gütlich tun. Was kannst du jetzt dagegen machen? Schneckenkorn ist die naheliegende Wahl. Aber wenn du dieses ausstreust, tötest du die Schnecken. Willst du ein solches Vorbild für deine Kinder sein? Warum also nicht jeden Tag die Schnecken mit der Hand herauspflücken? Das führt aber wiederum zu Rückenschmerzen.

Ich könnte ewig so weitermachen. Was anfangs so vergnüglich wirkt, entpuppt sich als eine Kettenreaktion, die die nächste auslöst. Wenn wir systemisch denken, betrachten wir nicht nur die einzelnen Elemente, wie Boden, Pflanzen, Wasser und Dünger, sondern sind genauso an den Wechselwirkungen zwischen den Elementen interessiert. Wie interagieren die verschiedenen Elemente miteinander, wie beeinflussen sie sich gegenseitig und welche Muster können wir erkennen?

Bei Unison habe ich die einzelnen Konflikte nicht als Unzulänglichkeiten im Verhalten einzelner Menschen betrachtet. Stattdessen habe ich ihr Verhalten als Symptom für etwas Grundlegendes gedeutet. Das ist so ähnlich, als würdest du mit undefinierbaren Symptomen zum Arzt gehen. Wenn er dir nicht sagen kann, was du wahrscheinlich hast oder was es sein könnte, sondern dir einfach ein Medikament verschreibt, ohne zu wissen, ob es deine Symptome wirklich lindern wird, dann fühlst du dich nicht wirklich ernst genommen. Du fühlst dich wohler bei einer Ärztin, die verschiedene Untersuchungen durchführt und die Zusammenhänge in deinem Körper versteht, um dir eine geeignete Behandlung zu verschreiben.

Im Fall von Unison wird mir schnell klar, dass da noch viel mehr dahintersteckt. Ich finde heraus, dass es in der Firma eine Gruppe gibt, die hinter vorgehaltener Hand die »drei Amigos« genannt wird. Diese drei Männer steuern neben dem offiziellen Organigramm den Laden. Niemand kommt an ihnen vorbei. Schon gar nicht bei diesem enorm wichtigen Projekt. Dieses Projekt hat für den CEO oberste Priorität und die drei Amigos tun alles, um sich eine gute Position in Bezug auf dieses Projekt zu sichern. Sie scheinen alle das Ziel zu haben, Mitglied des Vorstands zu werden. Sie haben sich im Hintergrund eine enorme Macht und Anhängerschaft aufgebaut.

In diesem Zusammenhang spreche ich gerne von ungeschriebenen Gesetzen oder heimlichen Spielregeln. Wir erkennen diese am besten, wenn wir neu in einem Unternehmen sind, und begreifen diese unbewussten Verhaltensregeln meist intuitiv: »Oh, so muss man sich hier verhalten«, »Ah, man muss um 9.30 Uhr mit den anderen zur Kaffeepause gehen«, »Ah, wenn man dem Chef etwas sagt, muss man das genau so und nicht anders formulieren, sonst kommt es nicht gut an« und Ähnliches.

Wenn wir an einem neuen Ort ankommen, fühlen wir: Das ist hier in Ordnung. Und: So besser nicht. Wir passen uns mehr oder weniger bewusst an und lernen die Verhaltensregeln, die hier gelten, anhand der Reaktion der anderen Personen. Normalerweise versuchen wir, Verhaltensweisen, die wir nicht verstehen, durch die Analyse einzelner Elemente zu erklären. Leider hilft uns das bei menschlichen Interaktionen oft nicht weiter. Denn wir verhalten uns nicht in einem Vakuum, sondern in sozialen Systemen.

Soziale Systeme sind komplexe Systeme, wie zum Beispiel ein Vogelschwarm. Es reicht nicht aus, die einzelnen Vögel zu analysieren, um das Verhalten des Schwarms zu verstehen. Stattdessen müssen wir die Regeln der Interaktion verstehen, um das Verhalten innerhalb des Ganzen zu erklären.

Und genau so ist es auch in Unternehmen. Nur wenn wir die Regeln des Zusammenspiels verstehen, das heißt nicht nur die offiziellen Prozesse und Strukturen, sondern auch die ungeschriebenen Gesetze und Entscheidungsprozesse, können wir die Kultur des Unternehmens verstehen. Die Kultur wird erst dann zu einer Herausforderung, wenn sie mit den offiziellen Zielen, Prozessen und Strukturen kollidiert.

Unison hat einen Verhaltenskodex, der unter anderem Offenheit, Vertrauen und respektvollen Umgang miteinander vorschreibt. Allerdings erfahre ich in fast allen Einzelgesprächen, dass dieser Verhaltenskodex mit Füßen getreten wird. Es herrscht das Recht des Stärkeren vor. Es sind nicht die besten Argumente, die zählen, wenn es darum geht, eine Lösung zu finden. Bestimmte »graue Eminenzen« haben das Sagen. Dazu gehören auch die drei Amigos. Und ein Problem, das sich aus den Gesprächen ergibt, ist, dass Philipp versucht hat, gegen die grauen Eminenzen zu kämpfen. Er hat aus früheren Unternehmen viel Erfahrung mit dem US-amerikanischen Markt. Er wollte auf die Risiken und Missstände hinweisen, die zum Scheitern des Projekts führen könnten. Aber er ist mit seinen Bedenken und Ratschlägen nicht durchgekommen. Stattdessen wurde er als der ewig Gestrige und Quertreiber dargestellt. Er gab nicht auf und blieb hartnäckig, wobei er vielen grauen Eminenzen auf die Zehen trat. Wir kennen das Ergebnis.

Wie bereits zuvor erwähnt, erkennt David erst durch meine Beschreibungen, dass er die Anschuldigungen und Vorurteile gegen Philipp einfach übernommen hat, ohne sich eine eigene Meinung zu bilden.

In diesem Zusammenhang hatte der Einfluss ungeschriebener Gesetze eine toxische Wirkung auf die Kultur und die Art und Weise, wie die Menschen miteinander umgehen. Viele der Beteiligten fühlen sich unsicher und ziehen es vor, zu schweigen, anstatt auf wichtige Themen hinzuweisen. Zwei der Mitarbeiter in diesem Team sind Ausländer und ihre Aufenthaltsgenehmigung ist an diese Stelle gebunden. Sie kennen ihre Rechte hier nicht und fürchten negative Konsequenzen, wenn sie etwas sagen. Sie kommen aus einer Kultur, in der man nicht widerspricht, wenn jemand Höheres etwas sagt.

Den Einheimischen geht es auch nicht viel besser: Sie fürchten um ihren Ruf und die meisten von ihnen sind heimlich auf der Suche nach einem neuen Job.

Wenn du also feststellst, dass viele Mitarbeitende in einer Abteilung eine Stelle in einer anderen Abteilung suchen oder dass es generell eine hohe Fluktuation gibt, ist es wichtig, genau hinzuschauen, was wirklich passiert; und zwar nicht die offiziellen Vorgänge, sondern sprich mit den Leuten und höre vor allem auf das, was zwischen den Zeilen gesagt wird.

Ich habe für diesen Buchbeitrag bewusst den realen Fall von Unison gewählt, um dir zu zeigen, wie komplex vermeintliche Teamkonflikte oder Konflikte zwischen zwei Personen sein können und wie sie eine viel größere Auswirkung haben können. Und dass das unangemessene Verhalten einzelner Mitarbeiter:innen oft nur ein Symptom für tiefer liegende Ursachen ist.

Im Fall von Unison haben wir das Ziel noch nicht erreicht. Eigentlich wäre es sinnvoll, gemeinsam mit der Geschäftsleitung an den wirklichen Einflussfaktoren zu arbeiten, nämlich den grauen

Eminenzen und den ungeschriebenen Gesetzen. Leider ist es David noch nicht gelungen, den CEO davon zu überzeugen, sich das genauer anzusehen. Dies ist nicht mein erster Einsatz bei Unison und ich sehe diese Zusammenhänge in verschiedenen Formen immer wieder. Leider ist der CEO taub für den Einfluss der Kultur auf die Wertschöpfung in seinem Unternehmen. Solange das der Fall ist, werden solche komplexen Fälle aus diesem Unternehmen wahrscheinlich weiterhin auf meinem Schreibtisch landen. Das finde ich sehr schade, denn ich sehe, wie die Führungskräfte und die Mitarbeitenden darunter leiden. Und ich habe schon viel zu viele Spitzenkräfte gesehen, die das Unternehmen aus Frustration verlassen haben.

Zusammenfassend lässt sich sagen: Wenn Konflikte auftreten, lass dich nicht von der naheliegendsten Ursache blenden. Erkundige dich ein wenig weiter. Sprich mit den Leuten und stelle Fragen.

Abhängig von der Kultur in deinem Unternehmen wirst du als Geschäftsleiter oder Führungskraft vielleicht nicht viel davon mitbekommen, außer abweisenden Aussagen. Wenn das der Fall ist, hast du hoffentlich Menschen in deinem Unternehmen, die gut zuhören können und die Sorgen sowie Nöte der Beschäftigten hören. Menschen, die ein Gespür für die wahre Stimmung im Unternehmen haben.

In solchen Fällen kann es sinnvoll sein, ein Sounding Board einzurichten. Das ist ein Gremium, das sich regelmäßig in moderierten Sitzungen trifft und den verschiedenen Projekten und Prozessen beratend zur Seite steht. Ein Sounding Board ist dazu da, die Stimmung, Meinungen und das allgemeine Feedback der gesamten Belegschaft eines Unternehmens einzufangen.

Das Wichtigste ist: Kehre Konflikte nicht unter den Teppich. Sie können unterirdisch großen Schaden anrichten, zum Beispiel durch Krankheit deiner besten Mitarbeitenden, hohe Personalfluktuation oder Dienst nach Vorschrift. Mittelfristig wirkt sich das sehr negativ auf die Wertschöpfung deines Unternehmens aus. Schau also nicht weg!

Und die zweite wichtige Botschaft: Konflikte können gelöst werden und sind kein Fluch, der dich und dein Unternehmen böswillig befällt. Sie weisen auf mögliche Missstände und Ungereimtheiten hin. Bitte ignoriere diese Zeichen nicht.

Teresa Adler
Mentaltrainerin, Kommunikationswissenschaftlerin und Autorin

»Eine Krise ist die Chance, auf die wir gehofft haben, in einer Verpackung, mit der wir nicht gerechnet haben.«

© *Alisa Van-Zaam*

Teresa Adler, Mentaltrainerin, Kommunikationswissenschaftlerin und Autorin, bringt das Thema *Krise* auf erfrischende Art und Weise auf den Punkt. In einer Zeit, in der künstliche Intelligenz damit befasst ist, gute *Antworten* zu produzieren, erachtet sie es als zunehmend wichtig, dass wir in der Lage sind, die richtigen *Fragen* zu stellen.

Sie ist als Keynote-Speakerin auf die Gebiete mentale Stärke, Leadership und persönliche Entwicklung spezialisiert und inspiriert mit ihren Vorträgen ein breites internationales Publikum. Ihre Leidenschaft gilt den Fragen, weil diese oft mehr Richtung, Innovation und Klarheit liefern, als es eine Antwort je könnte. Das macht sie in vielen Situationen zu einem viel besseren Instrumentarium, um voranzukommen, als auf alles eine Antwort zu kennen. Und weil Krisen genau das tun, nämlich Dinge infrage stellen, misst Teresa Adler ihnen einen so großen Wert bei.

Aus ihrem reichen Erfahrungsschatz als Leiterin der Unternehmenskommunikation eines internationalen Konzerns und ihrer Tätigkeit als Trainerin, vom C-Level-Management bis hin zu NGOs und politischen Funktionsträgern, bringt sie das Spannungsfeld von Führungspersönlichkeiten – zwischen Stillstand und Innovation, zwischen Routine, Komfortzone und Krise – auf humorvolle und unverblümte Weise auf den Punkt. Teresa Adler ist Mutter von drei Teenagern und wohnt mit ihrer Familie in Wien.

Weitere Informationen finden Sie auf: *www.teresa-adler.com*

GÖNNEN SIE SICH EINE KRISE!
Gold und Schutt kommen im selben Fluss. Aussieben müssen Sie selbst.

Krisen erschüttern unser Leben auf eine Art und Weise, mit der wir nicht gerechnet haben. Sie rütteln an Dingen, von denen wir bis dahin dachten, sie seien grundsolide, und stellen unsere Beziehungen, unsere Geschäftsmodelle, unsere Arbeitsprozesse sowie unsere persönlichen Routinen und Herangehensweisen auf eine intensive Weise infrage. Auch wenn wir in einer von Umbrüchen geprägten Zeit leben, gehen Krisen über bloße Veränderungen und das damit verbundene Unbehagen hinaus. Sie sind ein Angriff auf die vertrauten Routinen unseres Lebens. Was bis dahin funktioniert hat, funktioniert plötzlich nicht mehr.

Der Unterschied zwischen einer temporären Herausforderung und einer Krise liegt nicht vorrangig im Grad der Unannehmlichkeiten, sondern in den Auswirkungen auf unsere geistige und emotionale Landschaft. Vorübergehende Herausforderungen sind wie eine Schlechtwetterperiode. Sie kommen und gehen, doch wir selbst bleiben im Wesentlichen unverändert. Eine Krise hingegen bewirkt – mitunter sogar tiefgreifende – Veränderungen, erzwingt eine Auseinandersetzung mit uns selbst sowie unserer Umwelt und legt keinen großen Wert auf die Beibehaltung unserer Komfortzone.

Warum sollten wir uns also freiwillig einer Krise stellen? Ganz einfach, weil inmitten der Unberechenbarkeit und des Chaos einer Krise das Gold des persönlichen Wachstums, der neuen Wege und des Gewinns mentaler Stärke vergraben liegt. Inmitten unserer schwierigsten

Zeiten verbirgt sich die ungeschliffene Schönheit menschlicher Kreativität und der Zauber nie dagewesener Neuanfänge und zukunftsweisender Innovationskraft.

In diesem Kapitel geht es nicht darum, wie Sie erfolgreich aus einer Krise rauskommen. Es geht darum, wie Sie sich bewusst in eine Krise hineinbegeben, die Sie voraussichtlich ohnehin einholen wird, wenn Sie ihr nicht zuvorkommen und sich ihr aktiv stellen.

Wie oft im Leben haben Sie bereits in den Rückspiegel geschaut und mussten anerkennen, dass in den Trümmern und der Verzweiflung einer Krise sehr viel Wertvolles für Ihre Zukunft zu finden war? Denken Sie darüber nach:

- Ohne Krisen wären Sie manche Veränderungen nie angegangen.
- Sie hätten einige Geschäftsfelder nie erschlossen.
- Sie hätten sich von bestimmten Dingen oder Personen nicht getrennt.
- Sie hätten entscheidende Fähigkeiten nicht erlernt oder entdeckt.
- Sie hätten sich von alten Gewohnheiten nie verabschiedet.
- Sie hätten den wertvollen Neubeginn nie gewagt.

Vieles davon haben Sie getan, weil eine Krise Sie aus Ihrer Komfortzone herausgeholt hat. Wenn Krisen im Rückspiegel so viel Wertvolles abzugewinnen ist, warum sollten Sie sie dann in erster Linie als etwas betrachten, das es zu vermeiden gilt? Warum sollten Sie sie dann nur bewältigen, überleben oder bestenfalls managen? Wäre es nicht viel spannender, von Anfang an die Entschlossenheit eines Goldgräbers an den Tag zu legen, der sich von Trümmern und Schutt nicht irritieren lässt, weil er weiß, dass *genau dort* auch Gold zu entdecken ist?

Die Herangehensweise, sich aktiv auf Krisen einzulassen, sie zu provozieren, um sie schließlich zu plündern, wird Ihr gewohntes Bild von Krisen auf den Kopf stellen. Sie wird Sie dazu ermutigen, Ihre Perspektive zu verändern, damit Sie in einer Krise nicht einfach in den Überlebens- oder Managementmodus wechseln, sondern sich von vornherein bewusst und aktiv auf die Suche nach Goldspuren begeben. Darüber hinaus finden Sie praktische Anregungen und Reflexionsfragen, die Ihnen als Person, als Team oder als Unternehmerin oder Unternehmer helfen werden, das Beste aus einer Krisenzeit herauszuholen.

Alles steht und fällt mit der Perspektive, aus der wir die Dinge betrachten. Wenn Sie diese Zeilen lesen, sind Sie bereits auf dem Weg, sich mit dem Paradoxon des »Gönnens« einer Krise auseinanderzusetzen und zu lernen, Krisen auf eine Art und Weise zu schätzen und zu nutzen, die Sie vielleicht nie für möglich gehalten hätten. Auf den folgenden Seiten werden Sie zahlreiche Schätze für sich entdecken. Genießen Sie es![1]

Warum Sie das Unvermeidliche aktiv angehen sollten

Wie oft nehmen Sie das Glück in dem Moment, in dem es Ihnen widerfährt, eigentlich bewusst wahr? Ist es nicht oft so, dass unser Leben mit seinen vielen besonderen Momenten in der Hektik unseres Alltags verschwimmt? Während wir den Moment an sich oft »nur« erleben, *genießen* wir ihn erst im Blick zurück. Wir messen Familienzusammenkünften im Nachhinein einen hohen Wert zu, während wir im Moment des Erlebenisses nur halb anwesend waren. Wir stufen manche Begegnungen im Nachhinein als etwas Besonderes ein, obwohl wir im Moment des Treffens eigentlich keine Zeit dafür hatten. Wir leben am Leben vorbei, nehmen es durch unsere Handykamera wahr und entdecken erst rückblickend zahlreiche Erinnerungen, die unser Leben bereichert haben. Wir scrollen durch alte Bilder und stellen im Nachhinein fest, wie glücklich wir darauf aussehen, während wir den Moment damals für völlig selbstverständlich hielten.

---

[1] Dieser Beitrag beruht auf dem Buch der Autorin *Gönnen Sie sich eine Krise! Auf unerwarteten Wegen zum Erfolg*, das 2024 im Goldegg Verlag erschienen ist.

Ist es nicht paradox, wie wir im Nachhinein die Unvollkommenheit des Lebens schätzen, die wir im Moment selbst achtlos übersehen? Und wie sich oft erst durch unseren Blick in den Rückspiegel eine tiefe Wertschätzung für die tatsächliche Schönheit unseres Lebens offenbart?

Scheinbar gewöhnliche Momente haben das Potenzial, unsere größten Schätze zu werden, wenn wir sie bewusst als solche wahrnehmen. Die Kunst besteht darin, das Gold unseres Lebens als solches zu entdecken. Und das nicht nur in schönen Augenblicken, sondern auch in Krisen. Mit ihnen verhält es sich nämlich ähnlich: Wir schätzen eine Krise im Nachhinein, während wir im Moment ausschließlich damit beschäftigt sind, sie zu überwinden. Rückblickend betrachtet, beinhalten die Zeiten unserer Krisen, ja, sogar die Phasen unseres Unglücks oft so viel Wertvolles.

Warum also, wenn wir einer Krise im Nachhinein oftmals so viel Gutes abgewinnen können, sie nicht bereits durch die Windschutzscheibe des Lebens ansteuern, um das Beste aus ihr rauszuholen? Wenn wir ohnehin bereits spüren, dass der Status quo auf Dauer nicht funktionieren wird, warum sollten wir dann nicht bewusst daran rütteln und die Dinge aktiv infrage stellen?

Die meisten Menschen sehen Krisen als etwas, das es zu bewältigen gilt. Als Unterbrechungen ihrer scheinbar geordneten Wege. Doch was wäre, wenn Sie entdecken würden, dass Krisen nicht immer unvorhergesehene Überraschungen sein müssen, von denen Sie überrollt werden? Was wäre, wenn Sie sie als eine bewusst provozierte Schatztruhe erleben könnten, um daraus das Beste für Ihre nächste Saison zu gewinnen?

Lassen Sie sich von der Verpackung nicht irritieren
In den letzten Jahren wurde so viel über Krisen gesprochen, dass Sie die Aussage, dass Krisen zugleich auch Chancen sind, denen wir »nur« den Charakter der Katastrophe nehmen müssen, bestimmt schon gehört haben. Diese Tatsache macht das zweischneidige Schwert von Chance und Krise jedoch noch nicht unbedingt positiv. Es liegt nun

mal in der Natur einer Veränderung, dass sie beides gleichermaßen enthält: das Potenzial für Hoffnung und das für Angst.

Oft versteckt sich in einer Krise die Chance, auf die Sie gewartet haben, in einer Verpackung, mit der Sie nicht gerechnet haben. Desto mehr Sie sich von ihrer Aufmachung irritieren lassen, desto weniger werden Sie in der Lage sein, die sich vor Ihnen auftuende Krise als das zu erkennen, was sie ist: die Goldmine für die nächste Saison Ihres Lebens.

Wir lieben die Geschichten von Menschen, deren größte Erfolge auf der Überwindung ihrer Krise beruhen:

Michael Jordan, einer der erfolgreichsten Basketballspieler aller Zeiten, wurde während seiner Highschool-Zeit aufgrund seiner schwachen Leistungen aus seinem Team ausgeschlossen. Diese prägende Krise spornte ihn an, noch härter zu arbeiten, bis er schließlich sechsfacher NBA-Champion und eine Ikone des Sports wurde.

Walt Disney stürzte in eine finanzielle Krise, als er die Rechte an seiner ersten Figur, Oswald the Lucky Rabbit, verlor. Diese Krise führte zur Erfindung von Mickey Mouse und schließlich zum Erfolg eines der berühmtesten Unterhaltungsunternehmen der Welt.

J. K. Rowling, die Autorin von Harry Potter, ging durch eine schwierige Zeit als arbeitslose, alleinerziehende Mutter, die mit Depressionen zu kämpfen hatte. Mitten in dieser Krise begann sie mit dem Schreiben der Harry-Potter-Romane, die sich zu einem der erfolgreichsten Buchprojekte der Geschichte entwickelten.

Es gibt unzählige Geschichten von Menschen, die nicht nur erfolgreich durch eine Krise navigiert haben, sondern darüber hinaus den Auslöser ihrer Krise als Grundlage für ihr nächstes Kapitel verwendet haben.

Freuen Sie sich auf die Zuversicht, die Sie beim Lesen dieser Zeilen erleben werden, um sich Krisen zu stellen, die Sie bis heute lieber vermieden hätten. Zunehmend werden Sie zu der Überzeugung gelangen, dass es keine Krise gibt, aus der Sie nicht auch etwas gewinnen können. Wenn Sie der Typ »Play it safe« sind, sind provozierte

Krisen vermutlich nichts für Sie. Dann ist es bestimmt besser, sich damit zu beschäftigen, wie Sie Krisen vermeiden oder diese bewältigen können. Aber wenn Sie ein Leben führen wollen, in dem Sie alles auskosten möchten, was es auszukosten gibt, dann bleiben Sie nicht länger in Ihrer Komfortzone, sondern gönnen Sie sich eine Krise!

Gold und Schutt kommen im selben Fluss

Haben Sie sich jemals gefragt, warum der Preis für Gold eigentlich so hoch ist? Es gibt natürlich den offensichtlichen Grund, nämlich dass Gold als Rohstoff in der Natur nur selten zu finden ist. Das macht ihn wertvoll. Knappheit macht sexy und auch teuer. Doch es gibt noch eine zweite Komponente, die Gold so wertvoll macht, nämlich den aufwendigen Prozess der Goldgewinnung. Wussten Sie, dass es notwendig ist, tonnenweise Erz aus dem Erdinneren abzutragen, um daraus ein Gramm Gold zu gewinnen? Noch aufwendiger verhält es sich mit der Prozedur des Goldwaschens. Es erfordert viel Geduld und noch mehr Erfahrung, das Gold auszusieben, das auf den ersten Blick von den anderen Materialien, die der Fluss anspült, überhaupt nicht zu unterscheiden ist. Erst nach mehreren sehr kostspieligen und anspruchsvollen Reinigungsprozessen wird das extrahierte Edelmetall sichtbar.

Jede Phase unseres Lebens enthält beides: Gold und Schutt. Verabschieden Sie sich daher getrost vom Narrativ der viel zitierten »guten und schlechten Zeiten«. Im Fluss unseres Lebens schwimmt immer beides.

Wo viel Licht ist, ist auch viel Schatten, und wo viel Schutt ist, ist auch viel Gold. Die Herausforderung besteht darin, selbst Krisenzeiten mit einer gewissen Souveränität zu begegnen und sich auch dann nicht irritieren zu lassen, wenn Sie auf den ersten Blick im Fluss nur den Schutt einer anstrengenden Herausforderung, eines schmerzhaften Verlusts oder den Ihres selbstverschuldeten Scheiterns entdecken können. Die Goldnuggets befinden sich ebenso darunter. Das bedeutet übrigens nicht, dass Sie jeder Phase Ihres Lebens ausschließlich *im*

Nachhinein etwas Gutes abgewinnen werden können. Vielmehr zeichnet sich eine Goldgräbermentalität durch die Entschlossenheit aus, konstant und beharrlich das Gold im Leben entdecken zu wollen, es vom Schutt herauszusieben und es bewusst abzuschöpfen. Gold und Schutt kommen im selben Fluss. Aussieben müssen Sie selbst.

Goldschürfen – ganz praktisch

- Der Schutt des Misserfolgs und das Gold der neuen Möglichkeiten kommen im selben Fluss. Den Misserfolg nehmen Sie zur Kenntnis, die neuen Möglichkeiten ergreifen Sie.
- Ihre größten Ängste und Ihre kühnsten Visionen kommen im selben Fluss. Die Ängste lassen Sie ziehen. Die Visionen konkretisieren Sie.
- Ihre größten Fehler und Ihre innovativsten Ideen kommen im selben Fluss. Die Fehler vergessen Sie. Die Ideen verfolgen Sie weiter.
- Ihr schmerzlichster Zerbruch und Ihre größten Chancen auf einen Neubeginn kommen im selben Fluss. Den bitteren Geschmack des negativen Erlebnisses lassen Sie ziehen. Die Chancen nutzen Sie.
- Ihre dramatischsten Niederlagen und Ihre tiefgreifendsten Charaktertrainings kommen im selben Fluss. Das Gefühl des Versagens verabschieden Sie. Die Goldnuggets Ihres Charakters kultivieren Sie.

Die traurigsten Momente und die größte Wertschätzung, der tiefste Punkt und der unerwartetste Höhenflug, die überraschendste Erkenntnis und die daraus resultierende mutige Entscheidung – alles steht zur Auswahl. Was davon behalten Sie?

Ein reiches Leben entsteht nicht durch die Aneinanderreihung goldener Saisonen, in denen uns alles leicht zu fallen scheint. Es wartet auch nicht automatisch als Belohnung am Ende einer Krise auf uns. Die wertvollsten, schönsten, profitabelsten und lehrreichsten Dinge im Leben sind auf den ersten Blick nicht immer als solche zu erkennen, genauso wenig wie es möglich ist, den begehrtesten Rohstoff des Planeten im unraffinierten Zustand von wertlosem Gestein zu unterscheiden.

Einer der wichtigsten Schlüssel, um Krisen etwas Gutes oder gar Lustvolles abgewinnen zu können, liegt in der festen Entschlossenheit, jede Phase des Lebens nach Goldspuren abzusuchen, die Sie als wertvoll abschöpfen könnten. Machen Sie nicht den Fehler, andere zu beneiden, deren Leben eine vermeintliche Goldgrube darstellt. Das wäre in etwa so kurzsichtig, wie Menschen um den Erfolg zu beneiden, den sie »über Nacht« erlangt haben. Goldgruben gibt es nicht. Dahinter stecken immer Arbeit, Schweiß und Tränen. Es gibt weder Goldgruben noch Goldbarren, die zufällig angespült werden. Sie bestehen aus Spuren von Gold, die erkannt werden müssen. Reich ist demnach nicht der, der Goldbarren findet. Reich ist der, der gelernt hat, die Goldspuren vom Schutt auszusieben und ihnen Wert beizumessen, egal wie klein sie wirken.

Dabei ist nichts wichtiger, als sich darauf zu konzentrieren, was wir loslassen und woran wir festhalten. Wenn Sie in Ihrem Leben Gold gewinnen wollen, müssen Sie sich weder abrackern noch darauf warten, dass sich die Zeiten ändern. Der Schlüssel liegt darin, Ihren Fokus zu schärfen.

Lassen Sie sich herausfordern, nicht ganze Kapitel Ihres Lebens als wertlos abzutun und nur darauf zu hoffen, dass diese irgendwann zu Ende gehen werden. Gehen Sie stattdessen fest davon aus, dass es inmitten Ihrer Sorgen, Anforderungen und Schwierigkeiten mehr zu entdecken gibt, als Ihnen heute bewusst ist. Nur weil Sie Phasen nicht auf den ersten Blick als wertvoll einstufen können, dürfen Sie nicht den Fehler machen, sie umgehend zur Gänze zu verteufeln. Werfen Sie stattdessen einen Blick in Ihr Sieb und verabschieden Sie sich bewusst von den Trümmern der Enttäuschung, vom Frust des persönlichen Versagens, vom Schutt des Scheiterns und der Selbstzweifel sowie vom unmittelbaren Zerbruch, den Ihr verlorener Job oder Ihre krisengeschüttelte Beziehung mit sich gebracht hat.

Wenn Sie es zu einer Gewohnheit machen, kleine Goldspuren – wie Ihre Teilerfolge, engagierte Mitarbeiterinnen und Mitarbeiter, neue Kontakte, Erkenntnisse oder Begegnungen – als etwas Besonderes anzusehen, sind Sie auf dem besten Weg dazu, Ihre Krisen zu plündern. An dem Punkt beginnen Sie damit, sie so zu handhaben, wie sie für Ihren Weg zum Erfolg hilfreich anstatt hinderlich sind: mit einer Goldgräbermentalität.

Schutt abtragen, Gold behalten – nicht umgekehrt
Manche Menschen befinden sich in einer Krise und alles, was sie davon behalten, ist der Schutt, während sie den kleinen Goldspuren keine Bedeutung beimessen. Sie halten an der Enttäuschung fest, klammern sich an das Selbstmitleid, bleiben in alten Mustern stecken und drehen sich im Kreis ihrer eigenen negativen Aussagen. Nur weil in jeder Saison unseres Lebens auch Gold entdeckt werden kann, bedeutet das nicht, dass es automatisch seinen Weg in unser Leben findet. Auszusieben ist ein bewusster Akt des Loslassens von Dingen, die nicht hilfreich sind.

Krisen haben die großartige Eigenschaft, unseren Blick auf Dinge zu lenken, die wir in der Routine unseres Alltags tendenziell übersehen. Sie zwingen uns, innezuhalten und uns bewusst mit bestimmten Themen, Situationen und Menschen auseinanderzusetzen. Machen Sie sich diesen Effekt zunutze.

Wenn Sie Krisen bisher vorrangig mit negativen Gedanken in Verbindung gebracht haben, verwenden Sie dafür folgende Übung:

1. Machen Sie eine Liste sämtlicher Goldspuren, die Sie derzeit in Ihrem Leben erkennen können. Das kann vom freundlichen Umgang mit Ihren Kolleginnen und Kollegen bis hin zur Wertschätzung Ihres Arbeitsplatzes oder Ihrer Beziehungen alles Mögliche an großen und kleinen Dingen sein, die Ihnen wertvoll erscheinen.
2. Seien Sie so konkret wie möglich und erachten Sie nichts als zu banal. Führen Sie sich die wertvollen Elemente Ihres Lebens vor Augen. Vor allem dann, wenn Unzufriedenheit Ihnen weismachen will, dass erst Ihr nächstes Kapitel wieder besser werden wird und das aktuelle einfach als wertlos eingestuft werden kann.
3. Nehmen Sie sich Zeit. Goldspuren sind nicht immer leicht zu finden. Sie brauchen dafür häufig eine große Portion Entschlossenheit. Ihre Goldbarren wachsen nicht von selbst. Sie vermehren sich durch die bewusste Wertschätzung vermeintlicher Banalitäten.

Ihr Goldbarren namens »Innovationskraft« wächst, indem Sie beiläufige oder unscheinbare Ideen als solche entdecken und bewusst vom allgemeinen Gerede aussieben. Ihr Goldbarren namens »Familie« wächst, indem Sie ihn mit bewusster Wertschätzung nähren und gemeinsame Momente sammeln. Ihr Goldbarren namens »Gesundheit« wächst durch Ihre kleinen, aber konsequenten Schritte. Ihr Goldbarren namens »Zufriedenheit« wächst, indem Sie nie aufhören, Ihre Lebensfreude mit aller Kraft zu verteidigen.

Wie Sie Krisen für Ihre Neuausrichtung nutzen

Wenn Sie das Gefühl haben, das Sie sich bereits mitten in einer Krise befinden, erlauben Sie sich folgenden Gedanken: Ihre derzeitige Phase mag schwierig sein, vielleicht ist sie sogar traurig, schmerzhaft, frustrierend und ungerecht, aber: Sie befinden sich mitten in einer Zeit, die enorm viel Potenzial für Ihr persönliches Wachstum und damit auch für Ihren bevorstehenden Erfolg birgt. Vielleicht entdecken Sie sogar neue Seiten an sich oder erfinden Teile Ihres Berufslebens neu. Anstatt die Krise so schnell wie möglich hinter sich bringen zu wollen und sich an Krisenbewältigungsstrategien aufzureiben, gönnen Sie sich ganz bewusst dieses vielversprechende Momentum einer Krise. Plündern Sie die Krise aktiv, anstatt ausschließlich retrospektive Schlussfolgerungen zu ziehen.

Der Grundcharakter einer Krise ist durch das Infragestellen des Status quo gekennzeichnet. Unser Gehirn assoziiert eine solche Situation automatisch mit Stress. Es bevorzugt vertraute Routinen, weil sie wenig Energie und Aufmerksamkeit erfordern. Zwar weist unser Gehirn die faszinierende Funktion der Neuroplastizität auf, was bedeutet, dass es sich immer wieder neu anpassen und verändern kann, dennoch verbraucht eine Umstellung von Gewohnheiten Energie. Das verlangt nach bewusster Anstrengung. Es zählt jedoch zu einer unserer stärksten Fähigkeiten, Anstrengung zu vermeiden, um dadurch so energieeffizient wie möglich handeln zu können. Das Hinterfragen von Gewohnheiten beunruhigt uns daher.

Viele unserer persönlichen Krisen wiederum werden jedoch durch die Tatsache ausgelöst, dass sich eben *nichts* ändert. Wir langweilen uns, weil alles in seinen festgefahrenen Bahnen läuft. Ja, was denn nun? Genau in diesem Spannungsfeld zwischen dem ungeliebten Stillstand und der Angst, Gewohnheiten möglicherweise revidieren zu müssen, bewegt sich eine Krise.

Letztendlich bedeutet eine Krise immer auch, sich von Vertrautem zu verabschieden. Manchmal sogar von liebgewonnenen Routinen, von denen wir uns eingestehen müssen, dass sie nicht mehr so gewinnbringend sind wie noch vor ein paar Jahren. Unser subjektives

Gefühl von Sicherheit ist eng mit unseren Gewohnheiten verbunden. Unabhängig davon, ob Sie zu den eher abenteuerlustigen oder zu den ruhigeren Persönlichkeitstypen gehören, Gewohnheiten sind die Säulen, auf denen unser tägliches Leben beruht. Jede Erschütterung dieser Gewohnheiten empfinden wir als eine Bedrohung. Der Status quo gerät ins Wanken und unser Alarmsystem geht los: Krise!

Positionieren Sie sich gut
Es gibt verschiedene Arten von Krisen. Einerseits gibt es solche, die uns aus heiterem Himmel treffen – und von einem Moment auf den anderen ist nichts mehr, wie es einmal war. Das kann ein plötzlicher Verlust, eine Enthüllung, eine ungeplante finanzielle Herausforderung oder eine Diagnose sein. Diese Art von Krise erfordert oft schnelle Entscheidungen, um mit der neuen Situation gut zurechtkommen zu können. An dieser Stelle halte ich die Unterscheidung zwischen einer Krise und einem durch eine Katastrophe ausgelösten Trauma oder einem Schicksalsschlag für sehr wichtig. Bei außergewöhnlichen und verheerenden Ereignissen ist es unerlässlich, umgehend psychologische Hilfe in Anspruch zu nehmen, um ein Trauma zu vermeiden oder es so gut wie möglich behandeln zu können. Erst in einem zweiten Schritt ist es sinnvoll, sich mit der damit einhergehenden Krise auseinanderzusetzen.

Wenn Krisen uns unvorbereitet treffen, wie zum Beispiel die Coronakrise, der Finanzkrise oder eine Ehekrise, schalten wir automatisch in einen Krisenmanagement-Modus. In den letzten Jahren sind unzählige großartige Bücher zum Thema *Krisenmanagement und Krisenbewältigung* auf den Markt gekommen. Der Schwerpunkt dieses Kapitels über das bewusste Provozieren von Krisen, um Fortschritte zu erzielen, liegt jedoch auf einer anderen Art von Krise. Und zwar jener, die sich langsam, aber stetig wie eine Welle am Horizont aufbaut. Sie wollen es vielleicht noch nicht wahrhaben, aber Sie wissen, dass sie irgendwann buchstäblich über Sie hereinbrechen wird.

Möglicherweise sind Sie gesundheitlich angeschlagen, weil ein gesunder Lebensstil mit Ihrer derzeitigen Arbeitsbelastung nicht vereinbar ist. Oder Sie bemerken Spannungen innerhalb Ihres Teams, das ausschließlich funktional miteinander auskommt, und ahnen bereits, dass die schwelenden Konflikte bald eskalieren werden. Vielleicht spüren Sie, dass Sie sich im Hinblick auf Ihre mentale oder psychische Verfassung einer Krise stellen müssen, weil der bestehende Druck Sie langsam, aber sicher zermürbt. Oder die Krise betrifft den Bereich Ihrer Partnerschaft, in der Sie ohnehin längst erkannt haben, dass Sie sich der Welle der anstehenden Herausforderungen stellen sollten, bevor sie wie ein Tsunami Ihr ganzes Leben überschwemmt.

Warten Sie nicht darauf, dass sich die Krise immer mehr aufbaut, bis sie schließlich unkontrolliert über Sie hereinbricht. Drehen Sie ihr nicht den Rücken zu, sondern bringen Sie Ihr Surfbrett in Position und steuern Sie sie aktiv an.

Jede Krise ist eine Herausforderung. Ihr mit dem Rücken zugekehrt darauf zu warten, dass sie Ihnen (hoffentlich nicht) das Genick bricht, ist definitiv der schlechteste aller Ansätze. Nehmen Sie sie in Angriff und lassen Sie sich von ihrer aufgetürmten Bedrohlichkeit nicht einschüchtern. Sie werden Ihre persönliche »Time to Shine« nicht *trotz* einer Krise finden, sondern gerade *deswegen*. Weil Sie stark genug sind, diese Welle zu reiten, und weil Sie entschlossen genug sind, das Beste daraus zu machen und gleichzeitig den Ritt zu genießen. Am Ende bricht die Welle. Nicht Sie!

Wenn es nur ein einziges Bild geben sollte, das Sie aus diesem Kapitel in Ihren Alltag mitnehmen, greifen Sie das Bild der Surferin oder des Surfers auf und machen Sie es sich zu eigen. Stellen Sie sich jemanden vor, der auf den Horizont der Möglichkeiten hinausblickt und flexibel sowie wendig genug ist, um sich von der Unberechenbarkeit einer Krise nicht einschüchtern zu lassen. Das geht über einen klassischen Krisenmanagement-Modus hinaus. Es ist das entschlossene, systematische Infragestellen von Dingen, noch bevor Ihnen das Leben das unvorhergesehene Chaos einer Krise serviert. Ob Sie nun von einer Krise überwältigt werden oder sie eher als Katalysator verwenden, ist in erster Linie eine Frage der Positionierung.

Nutzen Sie die Eigenschaften einer Krise für Ihre strategische Ausrichtung

Eine Krise kümmert sich nicht darum, was infrage gestellt werden darf und was nicht. Sie tut es einfach. Nehmen Sie daher jene Position ein, die die Krise normalerweise innehat, nämlich die des Hinterfragens. Das bedeutet, dass Sie initiativ werden und bewusst beginnen, Fragen zu stellen, die Sie normalerweise vermeiden. Geben Sie die heiligen Kühe Ihrer Systeme für die Schlachtbank frei und lassen Sie Fragen zu, die Ihnen Unbehagen bereiten. Stellen Sie sie!

Sie finden hier einige Fragen, die elf verschiedene Bereiche Ihres Lebens abdecken. Nehmen Sie sich die Zeit, sie persönlich und ehrlich zu beantworten und sie nicht nur zu lesen. Lassen Sie sie einige Tage lang Ihre Begleiter sein. Holen Sie sie immer wieder hervor und setzen Sie sich mit ihnen auseinander, denn das ist genau das, was eine Krise tun würde: Fragen stellen und infrage stellen.

1. Berufliche Entwicklung

Bin ich beruflich dort, wo ich sein möchte, und steht meine Arbeit im Einklang mit meinen langfristigen Zielen? Habe ich in den vergangenen Jahren erreicht, was ich erreichen wollte? Arbeite ich derzeit innerhalb meiner Kernkompetenzen oder kämpfe ich mich hauptsächlich in Bereichen ab, in denen ich nicht gut bin?

2. Beziehungen und Familie

Bin ich in meiner derzeitigen Familien- oder Beziehungskonstellation glücklich? Bin ich als Elternteil so, wie ich sein wollte? Halte ich den Kontakt zu meinen Eltern in einem Maß aufrecht, das ich nicht eines Tages bereuen werde?

3. Gesundheit und Wohlbefinden

Führe ich einen Lebensstil, der meine körperliche, mentale und spirituelle Gesundheit fördert?

4. Finanzen

Bin ich mit meiner derzeitigen finanziellen Situation zufrieden und wo liegen meine diesbezüglichen Ziele?

5. Persönliche Entwicklung

Nutze ich alle mir zur Verfügung stehenden Möglichkeiten, um mich persönlich weiterzuentwickeln? Bin ich mit meiner derzeitigen persönlichen Entwicklung zufrieden oder habe ich das Gefühl, dass ich stagniere?

6. Lebensziele

Verfolge ich meine Lebensziele? Wo möchte ich gerne in den nächsten fünf bis zehn Jahren sein?

7. Zeitmanagement

Habe ich das Gefühl, meine Zeit gut sowie effektiv zu nutzen und verwende ich sie für Aktivitäten, die für mich wichtig sind? Oder habe ich das Gefühl, dass mir meine Zeit – und damit auch mein Leben – zwischen den Fingern zerrinnt?

8. Werte

Stehen meine aktuellen Entscheidungen und Handlungen im Einklang mit meinen persönlichen Werten und Überzeugungen?

9. Freunde und soziale Kontakte

Pflege ich gute Beziehungen zu den Menschen, die mir wichtig sind?

10. Berufliches Umfeld

Lebe ich als Mitarbeiterin beziehungsweise als Mitarbeiter oder Führungspersönlichkeit gemäß meinen Werten? Bin ich als Mitarbeiterin beziehungsweise als Mitarbeiter oder als Führungspersönlichkeit mit meinem Verhalten zufrieden? Fühle ich mich in meinem beruflichen Umfeld wohl?

11. Zufriedenheit und Glück

Würde ich mich als glücklich bezeichnen oder muss ich mich »nur« glücklich schätzen?

Wenn Sie die meisten dieser Fragen mit »Nein« beantwortet haben, gehen Sie einen Schritt weiter und beantworten für sich:

- Was könnte der Grund für meine Antwort sein?
- Möchte ich das ändern?
- Welche konkreten Schritte kann ich unternehmen, um eine Veränderung in dem jeweiligen Bereich zu bewirken?

Es geht nie darum, an einem bestimmten Tag X im großen Stil Ihr Leben zu verändern. Es geht darum, heute einen kritischen Blick auf den Kompass Ihres Lebens zu werfen und damit zu beginnen, Schritte in die Richtung zu unternehmen, in die Sie gehen möchten. Wenn Sie den Großteil der gestellten Fragen mit »Ja« beantworten konnten, gehen Sie Ihren Antworten auf den Grund:

- Warum ist das so? Ist es ein Zufall oder trage ich bewusst etwas dazu bei?

- Welche konkreten Schritte kann ich unternehmen, um diesen Bereich in meinem Leben weiterhin bewusst zu kultivieren?

Fragen zu stellen, ist eines der effektivsten Werkzeuge, um den Krisenmodus für Ihren Erfolg zu nutzen. Die Antworten, die Sie heute geben, können in einigen Jahren ganz anders aussehen. Zu reflektieren, ist etwas, mit dem Sie nie fertig sein werden. Ich empfehle Ihnen, es zu einem Teil Ihres Lebensstils zu machen.

Erobern Sie neues Terrain

Sich eine Krise zu gönnen, erfordert Mut. Mut, sich mit Neuem auseinanderzusetzen. Mut, sich einer bevorstehenden Zeit zu stellen, von der Sie nicht wissen, was sie bringen wird. Gleichzeitig nährt sich eine Krise aber auch von einem tiefen Wunsch nach Erfrischung und Veränderung, den Sie vermutlich noch gar nicht konkret beschreiben können. In manchen Krisenzeiten werden Sie das Gefühl haben, die damit verbundenen Herausforderungen richtiggehend meistern, ja, sogar surfen zu können. Andere Phasen einer Krise hingegen werden sich wie das genaue Gegenteil von Surfen anfühlen, und zwar wie nie enden wollende Durststrecken.

Krisenzeiten sind Wüstenzeiten. Auf den ersten Blick zeichnen sie sich durch ihre Trockenheit und die darin erlebte Perspektivlosigkeit aus. Doch die Wüste ist nicht nur ein Ort der Trockenheit, sondern auch ein Ort der inneren Klarheit. Nirgendwo sonst können Sie die Sterne besser sehen, nirgendwo sonst ist Wasser wertvoller, nirgendwo sonst werden Ihre Stärke und Entschlossenheit *durchzugehen*, härter auf die Probe gestellt.

Würden Sie Wüstenzeiten in Ihrem Leben vorrangig vermeiden, würden Sie sich definitiv eine Menge Stress ersparen. Der Weg durch eine Wüstenperiode wird Sie aus Ihrer Komfortzone holen. Diese immer wieder zu verlassen, ist allerdings ein wesentlicher Schritt zum Wachstum. Je länger Sie in Ihren vertrauten Räumen bleiben, desto kleiner wird das Terrain Ihres Lebens. Je früher Sie sich Wüstenzeiten stellen, desto mehr Boden gewinnen Sie.

Es gibt keine Wüste, in der es kein Leben gibt. Jede Wüste lebt! Diese Tatsache als einen fix kalkulierten Faktor mitzudenken, ist die wichtigste Komponente eines erfolgreichen Krisenbewusstseins. Die Prämisse für Ihre Zeit in der Wüste kann und sollte sein, dort alles zu entdecken und nachhaltig zu nutzen, was Sie heute mit bloßem Auge – noch – nicht sehen können: Oasen, saisonale Bäche aufgrund der Regenfälle, Morgentau oder von Menschen gegrabene Brunnen, die bereits vor Ihnen an diesem Ort waren. Wüstenzeiten sehen nur von außen betrachtet ausschließlich dürr aus, doch die Quellen, die Sie darin entdecken werden, werden ein lebenslanger Gewinn für Sie sein.

Warum Ihre Sehnsüchte jenseits Ihrer Komfortzone liegen
Der frustrierende Job, die lähmende Ehe, die ausgetrocknete Geschäftsbeziehung, der totgeglaubte Traum. Manche Menschen stellen sich den brachliegenden Themen ihres Lebens nie. Sie geben sich mit schlechten Beziehungen zufrieden, weil sie die Unannehmlichkeiten einer Konfrontation scheuen. Sie ertragen die körperlichen Beschwerden, weil sie sich den Mühen einer Ernährungsumstellung nicht aussetzen möchten. Sie akzeptieren die unzureichende Performance ihrer Teams, weil sie mit schlechter Laune besser vertraut sind als mit einem klärenden Gewitter. Sie nehmen festgefahrene Situationen für gegeben und tanzen buchstäblich auf dem schmalen Grat zwischen Krise und einer längst nicht mehr komfortablen Komfortzone herum.

Somit bringen sie nie den Mut auf, bewusst eine Krise anzusteuern, um Themen anzugehen, die eine schwierige Auseinandersetzung fordern. Indem Sie bestimmte Bereiche Ihres Lebens als trocken oder verwüstet abgrenzen, erfahren Sie möglicherweise wenig echte Inspiration, Innovation und Durchbrüche, sowohl in Ihrem beruflichen als auch in Ihrem privaten Umfeld. Die schiere Angst vor der Ungewissheit einer Wüstenzeit hemmt Sie, sich Krisen zu gönnen und dadurch langfristig erfolgreich zu sein.

Anhand der folgenden Beispiele, die aus unterschiedlichen Mentaltraining-Settings stammen, erhalten Sie eine praktische Vorstellung davon, was es bedeuten kann, eine Krise aktiv anzusteuern. Die darin beschriebenen Personen hatten den Mut, die eigene Komfortzone zu verlassen, die sich zwar ohnehin nicht mehr komfortabel, aber zumindest vertraut angefühlt hatte. Allerdings war ihr Unwohlsein darüber, dort zu vergammeln, größer, als sich bewusst einer schwierigen, im Ausgang ungewissen Zeit zu stellen.

Jonathans Karriere glich einem bröckelnden Legobauwerk. Eines Tages beschloss er zu kündigen, und provozierte damit eine bevorstehende Wüstenzeit. Seine Reise war geprägt von der Demütigung der Arbeitslosigkeit, finanzieller Engpässe und einer zeitintensiven Umschulung. Mitten in dieser Wüste entdeckte Jonathan jedoch unzählige Quellen. Spannende Kontakte, neu erworbene Fähigkeiten, Erkenntnisse über sich selbst und viele andere Dinge, die ihm unbekannt geblieben wären, wenn er im Verwaltungsmodus seiner Sicherheiten geblieben wäre. Am anderen Ende seiner Wüste befand sich ein neuer Job in einer neuen Branche, der ihm große Freude bereitete.

Susannas Ehe fühlte sich wie eine ihrer vielen Verpflichtungen an. Eine Trennung stand immer wieder im Raum. Vor einer endgültigen Entscheidung beschlossen sie und ihr Mann jedoch, vorerst keinen Schlussstrich zu ziehen, sondern sich bewusst eine gemeinsame Zeit der Ehekrise zu gönnen. Sie rechneten damit, dass die Wüste unangenehm werden würde, sahen darin jedoch die einzig ehrliche Chance, um am anderen Ende etwas Neues zu entdecken. Mit therapeutischer Unterstützung durchschritten sie ein Tal, in dem sie vor allem Enttäuschung, Schmerz und Wut fanden. Damit brachen sie eine Krise vom Zaun, in der das zuvor undefinierte Brachland ihrer Beziehung zu einer Durststrecke wurde. Genau darin jedoch entdeckten sie zahllose unerwartete Quellen. Ehrliche Gespräche, die vorher undenkbar gewesen wären, neue Leidenschaften, das unverblümte Formulieren von Wünschen und vieles andere, das sie ohne diese Krise nie entdeckt hätten. Indem sie im Vorfeld eine erklärte Zeit der Krise definierten, gaben sie sich sozusagen die Erlaubnis, vieles zu hinterfragen, das sie bis dahin nie angesprochen hatten. Am anderen Ende dieser Herausforderung lag eine Neuauflage ihrer Ehe, die an Innigkeit mehr gewonnen hatte, als sie je zu träumen gewagt hätten. Die

Wüste lag hinter ihnen, aber die Quellen, die sie darin entdeckten, machten sie dauerhaft zu ihren eigenen.

Marios Finanzen waren seit Jahren in einem unsauberen Zustand. In einigen Steuerangelegenheiten hatte er über Jahre hinweg absichtlich Unwahrheiten angegeben. Je stärker sein Business wuchs, desto mehr wurde ihm bewusst, dass er sich unangenehmen Wahrheiten würde stellen müssen. Andernfalls würde er von einer Krise überrollt werden, die er definitiv lieber vermieden hätte. Mario durchlebte eine Wüstenzeit mit hohen Nachzahlungen, unangenehmen Schuldeingeständnisse und seiner damit einhergehenden Verantwortung. Doch die Herausforderungen der Wüste waren nicht das Einzige, was Mario entdeckte. Er fand die Quelle eines ruhigen Gewissens und einen neuen Fokus für Innovationen, der aufgrund seiner früheren Unruhe nur schwer greifbar gewesen war. Am anderen Ende der Wüste, die im wahrsten Sinne des Wortes an die Substanz ging, hatte er sein Unternehmen in einen Zustand versetzt, in dem es die Chance hatte, endlich gesund zu wachsen.

Welche Themen in Ihrem Leben ähneln einer Wüste, der Sie sich lieber nicht stellen möchten? Welche Beziehungen haben Sie als Brachland definiert und leben mit ihnen? Welche Träume haben Sie aufgegeben, weil sie mit zu viel Unsicherheit behaftet sind? Welche Vorhaben haben Sie zur Seite gelegt, weil Sie Angst haben, womöglich neuerlich zu scheitern?

Die Wahrheit ist, dass wir uns nicht jeder Krise stellen müssen. Schon gar nicht, wenn wir mit dem bestehenden Terrain unseres Lebens vollkommen zufrieden sind. Wenn Sie in Ihrer beruflichen Situation florieren, besteht vielleicht gar keine Notwendigkeit, etwas zu verändern. Wenn Ihr Geschäftsmodell und Ihre Beziehungen gut laufen, gibt es womöglich keinen offensichtlichen Grund, etwas daran infrage zu stellen.

Krisen zu provozieren, bedeutet, einen Schritt zurückzumachen, um Anlauf zu nehmen. Es ist ein mutiges Privileg, von dem Ihnen drei Dinge in jedem Fall bewusst sein sollten:

- **Es wird anstrengend** und Sie werden sich auf halbem Weg die Frage stellen, warum um alles in der Welt Sie sich das zugemutet haben.
- **Sie werden Quellen entdecken.** Einige davon werden Sie sofort erkennen und nutzen. Einige werden Sie vielleicht erst im Nachhinein entdecken. Einige davon davon sind ausschließlich für Sie bestimmt. Andere widerum werden auch Menschen erfrischen, die *nach* Ihnen eine ähnliche Krise durchmachen.
- **Sie erobern neues Terrain nicht, indem Sie Abkürzungen nehmen**, sondern indem Sie sich den Wüsten Ihres Lebens stellen.

Nicht immer werden Sie in der Lage sein, die dort aufbrechenden Quellen im Vorhinein sehen zu können, aber Sie dürfen mit ihnen rechnen. Ihre größten Siege liegen oftmals *hinter* den Wüsten Ihres Lebens, Ihre größten Entdeckungen mittendrin.

Möglicherweise werden Sie nicht immer das finden, was Sie erwarten. Immer jedoch werden Sie reich aus einer Wüste herausgehen, wenn Sie sie mit der Einstellung durchqueren, dass Sie darin nicht einfach nur überleben, sondern frische Quellen entdecken wollen. Es gibt Zeiten im Leben, da würden Sie alles dafür tun, um bestimmte Herausforderungen noch einmal so richtig anpacken zu können. Tun Sie es gleich. Gönnen Sie sich eine Reise, die nur darauf wartet, von Ihnen erlebt, entdeckt und letztendlich geplündert zu werden. Gönnen Sie sich diesen Blickwinkel. Gönnen Sie sich eine Krise!

Silke Stamme
Female-Leadership-Coach, Trainerin und Speakerin

© Maya Meiners

Silke Stamme coacht und trainiert Frauen in Führungspositionen sowohl in nationalem als auch internationalem Umfeld. Mit ihrer Leidenschaft für das Thema *Female Leadership* und ihrem Credo »Muster brechen – Möglichkeiten schaffen« begeistert sie darüber hinaus ihr Publikum mit Vorträgen sowohl in deutscher als auch in englischer Sprache.

Sie steht für das Prinzip *Wer wagt, gewinnt*, und genau das vermittelt sie in ihrer Arbeit. Silke ist überzeugt, dass erfolgreiche Führung durch mutiges Vorangehen, wertschätzende Kommunikation und Integrität geprägt ist. Grundvoraussetzung ist, mit ganzem Herzen dabeizusein.

Nach ihrem Ingenieurstudium war Silke viele Jahre weltweit in leitender Position bei einem japanischen Konzern in der Medizintechnikbranche tätig. Sie ist Mutter von drei Kindern und lebt heute nach meheren Jahren Auslandsaufenthalt im Raum Hamburg. Seit 2015 ist sie selbstständig in eigener Praxis tätig.

Weitere Informationen finden Sie auf: *www.silkestamme.de*

Empowerment statt Unterrepräsentation
Wie Frauen Unternehmen erfolgreicher machen

Studien legen seit vielen Jahren nahe, dass Unternehmen mit geschlechtergemischten Führungsteams signifikant erfolgreicher sind als ihre Mitbewerber.[1,2] Nun könnte man meinen, dass Unternehmen sich diese Erkenntnis bewusst zunutze machen und für mehr Ausgewogenheit in ihren Führungsteams sorgen. Interessanterweise tun die meisten von ihnen dies jedoch nicht.

Wie kann das sein? Was sind die Gründe dafür, dass Frauen trotz aller positiven Erfahrungen und Studienergebnisse in Bezug auf geschlechtergemischte Führungsteams, von wenigen Ausnahmen abgesehen, weltweit weiterhin deutlich unterrepräsentiert sind? Und vor allem: Wie lassen sich Impulse für Veränderung setzen?

Genau darum geht es mir in diesem Beitrag. Ich werde einige wichtige Herausforderungen aufzeigen, denen Frauen im beruflichen Kontext gegenüberstehen. Wie führen Frauen? Was sind potenzielle

---

1 Vgl. Kraljic, M. (2018). Neue Studie belegt Zusammenhang zwischen Diversität und Geschäftserfolg, www.mckinsey.com/de/news/presse/neue-studie-belegt-zusammenhang-zwischen-diversitat-und-geschaftserfolg; besucht am 26.04.2024.

2 Vgl. Boston Consulting Group (2020). Unternehmen mit Frauen im Topmanagement sind an der Börse überdurchschnittlich erfolgreich, www.bcg.com/press/09maerz2020-gender-diversity-index-2-de; besucht am 29.04.2024.

Hindernisse und Vorurteile? Welche Möglichkeiten gibt es, Frauen auf ihrem Weg in eine Führungsrolle zu unterstützen?

Fakten

In Bezug auf Bildung überholen Frauen Männer seit 1999. 60 Prozent aller Abiturienten sind weiblich und über 50 Prozent aller Hochschulabsolventen sind junge Frauen. In der Erwerbswelt spiegelt sich das so allerdings nicht wider. Nach Angaben des statistischen Bundesamtes waren 2022 in Deutschland 28,9 Prozent der Führungspositionen von Frauen besetzt. Im Vergleich zu anderen EU-Mitgliedstaaten liegt Deutschland damit im unteren Drittel. Je höher die Hierarchiestufe, desto geringer der Frauenanteil.[3]

Aus unternehmerischer Sicht ist das nicht nachvollziehbar. Sowohl nationale als auch internationale Studien kommen seit Jahren wiederholt zu dem Ergebnis, dass Unternehmen mit geschlechtergemischten Führungsteams signifikant erfolgreicher sind als ihre Mitbewerber.

Was gemischte Teams auszeichnet, sind Eigenschaften, die in herausfordernden Zeiten immer wichtiger werden. Allem voran die Fähigkeit »out oft he Box« zu denken und das eigene Handeln konstruktiv zu hinterfragen. Damit einher geht eine frische, offene Unternehmenskultur, die kreative Freiräume eröffnet und wesentlich mehr Platz für Innovation schafft. Geschlechtervielfalt zahlt sich also aus.

In Unternehmen, die weiterhin nach dem Prinzip »Gleich und gleich gesellt sich gern« einstellen und befördern, gestaltet sich Innovation und Wandel schwierig. Zu viel Ähnlichkeit und Konformität unter den Führungskräften wirkt eher kontraproduktiv.

---

3   Vgl. Statistisches Bundesamt (2024). Frauen in Führungspositionen, www.destatis.de/DE/Themen/Arbeit/Arbeitsmarkt/Qualitaet-Arbeit/Dimension-1/frauen-fuehrungspositionen.html; besucht am 26.04.2024.

Eine McKinsey-Studie mit dem Titel *Delivering Growth through Diversity in the Workplace* kommt zu dem Schluss, dass der Zusammenhang zwischen Unternehmenserfolg und Frauenanteil im Topmanagement (Vorstand plus zwei bis drei Ebenen darunter) besonders groß ist.[4]

Demnach haben Unternehmen, die hier gut abschneiden, eine um 21 Prozent höhere Wahrscheinlichkeit, überdurchschnittlich erfolgreich zu sein. In Deutschland zeigt sich dieser Effekt besonders deutlich. Bei deutschen Unternehmen mit einem relevanten Anteil an weiblichen Führungskräften im Topmanagement verdoppelt sich die Wahrscheinlichkeit eines überdurchschnittlichen Geschäftserfolgs sogar. Dazu kommt, dass die Wahrscheinlichkeit, in eine Führungsposition befördert zu werden, für Frauen in genderdiversen Unternehmen deutlich höher ist, was den Vorteil bringt, Geschlechtervielfalt langfristig zu festigen.

Der positive Einfluss der Geschlechtervielfalt scheint sich nicht nur auf die obersten Führungsebenen zu beschränken. Eine kürzlich vom *The International Journal of Human Resource Management* veröffentlichte Studie bestätigt dies auch für das mittlere und untere Management.[5] Trotz alledem sind Führungsteams mit einem relevanten Frauenanteil von mindestens 20 Prozent weltweit immer noch eher die Ausnahme als die Regel. Eine logische Erklärung dafür gibt es nicht. Es sind viele Faktoren, die darauf Einfluss nehmen und die auf komplexe Weise zusammenwirken.

---

4   Vgl. Hunt, D. V. et al. (2018). Delivering Growth through Diversity in the Workplace, www.mckinsey.com/capabilities/people-and-organizational-performance/our-insights/delivering-through-diversity; besucht am 26.04.2024.

5   Vgl. Ferrary, M. and S. Déo (2022). Gender Diversity and Firm Performance. When Diversity at Middle Management and Staff Levels Matter, The International Journal of Human Resource Management, Vol. 34, No. 14, Pp. 1–35, https://doi.org/10.1080/09585192.2022.2093121; besucht am 26.04.2024.

Ein wichtiger Aspekt sind die Unterschiede im Verhalten von Frauen und Männern sowie die unterschiedliche Sozialisierung beider Geschlechter. Hinzu kommen häufig feste, eingefahrene Strukturen, die sich seit Jahrzehnten in Organisationen etabliert haben und die nur schwer aufzubrechen sind.

Besonders schwierig wird es dann, wenn der unmittelbare Leidensdruck fehlt. Und das tut er zunächst. Denn Unternehmen funktionieren bis auf weiteres auch ohne weibliche Impulse im Führungsteam. Nur eben weniger gut.

Inwiefern treten Frauen und Männer unterschiedlich an Führungsaufgaben heran?

Führen Frauen wirklich anders?

Jeder Mensch führt auf seine eigene Weise. Ob jemand beispielsweise andere gezielt durch transformationale Führung fördert oder nichts tut und laissez-faire lebt, hängt von der individuellen Persönlichkeit, von der Unternehmenskultur, den Umständen und von den speziellen Anforderungen an die Tätigkeit ab.

Ein grundsätzlich unterschiedlicher Führungsstil von Männern und Frauen lässt sich bisher nicht belegen. Dennoch lassen sich mehr oder weniger starke Tendenzen erkennen, die männliche und weibliche Führungsstile voneinander unterscheiden. Dabei sind es drei Aspekte, auf die ich hier gerne eingehen möchte: *Sprache und Kommunikation, weibliche Werte* und *Selbsteinschätzung*.

Sprache und Kommunikation
Führungskräfte verbringen einen großen Teil ihrer Arbeitszeit damit, Missverständnisse, Konflikte und deren Folgen zu klären. Genau deswegen ist ihre Art der Kommunikation so wichtig. Die

Sprachwissenschaftlerin Dr. Simone Burel beschreibt die unterschiedlichen Stile von Frauen und Männern in diesem Zusammenhang folgendermaßen:[6]

1. Frauen arbeiten überwiegend kooperativ und teamorientiert. Ihre Kommunikation ist eher horizontal, was bedeutet, dass sie bestrebt sind, mit anderen Menschen Gemeinsamkeiten herzustellen.
2. Männer dagegen sprechen eher vertikal, um sich zu positionieren und mit anderen zu messen.

In linguistischen Untersuchungen wurden drei sprachliche Bereiche identifiziert, die bei Frauen häufiger zu beobachten sind: *Informationsverknüpfung*, *Perspektivenvalidierung* und *Beziehungsarbeit*. Das bedeutet, dass Frauen, anders als Männer, eher Beziehungen zu ihren Vorrednerinnen und Vorrednern herstellen und deren Redebeiträge wertschätzen. Sie stellen Rückfragen und bitten andere um ihre Meinung. Außerdem verwenden sie mehr sprachliche Weichmacher wie »eigentlich«, »vielleicht« oder »ich denke«. Solche Weichmacher erleichtern es den Gesprächsteilnehmenden, eine Beziehung zueinander aufzubauen. Dies schafft eine Atmosphäre der Sicherheit.

Diese Untersuchungsergebnisse halte ich für bemerkenswert. Insbesondere der Aspekt der »sprachlichen Weichmacher« hat mich aufhorchen lassen – wurden mir die dazugehörigen Worte bis dato immer als überflüssige »Füllwörter« beschrieben, die meine Aussagen verwässern und die daher unbedingt vermieden werden sollen. Möglicherweise eine eher männliche Sicht der Dinge …

---

[6] Vgl. Wellnitz, J. (2021). Führen Frauen anders als Männer, Frau Burel?, www.humanresourcesmanager.de/leadership/fuehren-frauen-anders-als-maenner-frau-burel/; besucht am 29.04.2024.

Weibliche Werte – männliche Werte

»Männer können nicht zuhören und Frauen parken schlecht ein.«

Wenn das stimmt, wovon viele Menschen, die ich kenne, überzeugt sind, dann liegt das wahrscheinlich daran, dass Frauen und Männern unterschiedliche Dinge als wichtig erachten und deswegen ihr Leben nach unterschiedlichen Werten ausrichten.

Was Werte betrifft, erfahren Frauen und Männer in unserer Gesellschaft gänzlich unterschiedliche Zuschreibungen. Männern wird beispielsweise Durchsetzungsvermögen, Stärke und Risikobereitschaft nachgesagt. Werte, die auch mit Führungsqualität in Verbindung gebracht werden. Frauen auf der anderen Seite werden mit Werten, wie Empathie, Hilfsbereitschaft, Freundlichkeit und Nachhaltigkeit, in Verbindung gebracht. Das bringt uns zwar Sympathiepunkte ein, für eine Führungsposition gelten diese Werte aber bis heute als wenig relevant, wenn nicht sogar als kontraproduktiv.

Zum Glück kommen immer mehr Verantwortliche in Unternehmen zu dem Schluss, dass es Zeit für eine differenziertere Sichtweise ist. Nur weil es seit Jahrhunderten so war, dass Werte, die als weiblich gelten, in Führungsetagen wenig Platz haben, bedeutet das noch lange nicht, dass das auch heute noch zutreffend ist. Im Gegenteil. Mir erscheint diese Ansicht eher wie ein alterndes Paradigma. Paradigmen von Zeit zu Zeit infrage zu stellen, ist gut. Genauso sind wir Menschen schließlich auch dahintergekommen, dass die Erde keine Scheibe ist.

Ein Land, dass genau das getan hat und das sich zusätzlich intensiv mit dem Thema *Genderdiversität* auseinandergesetzt hat, ist übrigens Island. Island gehört zu den wenigen Ausnahmen, wo Frauen in Führungspositionen wirklich präsent sind. Und das aus gutem Grund. Die desaströse Finanzkrise von 2009 sowie ein damit in Zusammenhang stehender Korruptionsskandal haben das ganze Land erschüttert und schließlich zum Umdenken gezwungen.[7]

Bis zu diesem Zeitpunkt war die isländische Wirtschaft inklusive Politik und Finanzwelt in vielerlei Hinsicht eine Männerdomäne, die nun aber kurz vor dem Abgrund stand. Ein Staatsbankrott ließ sich nur durch einen Milliardenkredit des IWF verhindern. Das Land stand damals unter Schock und war somit regelrecht zum Handeln gezwungen.

Der Schluss, der schließlich aus dieser Extremsituation gezogen wurde, ist meiner Meinung nach sehr bemerkenswert: Um der Korruption und dem einseitigen, ungesunden Fokus auf Profit mit all den katastrophalen Konsequenzen der Vergangenheit entgegenzuwirken, wurde beschlossen, mehr »weibliche Werte« in Islands Wirtschaft und Finanzwelt zu integrieren. Man war sich einig, dass der Grund, aus dem das Land um ein Haar in den Ruin getrieben wurde, das Festhalten an ausschließlich typisch »männlichen Werten« war.

Konkret wurde deshalb entschieden, ganz bewusst Frauen in Top-Führungspositionen, beispielsweise bei Banken, die in der Folge des Skandals verstaatlicht wurden, einzusetzen. Dazu kamen gesetzliche Regelungen, wie eine Frauenquote, die vorsah, dass 40 Prozent der Vorstandsposten in Unternehmen mit mehr als 50 Mitarbeitern von Frauen besetzt sein müssen. Diese Regelung gilt bis heute. Sie wird nach wie vor respektiert und umgesetzt. Auch die Kinderbetreuung wurde optimiert. So durfte die Elternzeit zum Beispiel auf beide Elternteile gleichmäßig aufgeteilt werden, was bis dahin nicht möglich war. Dies sind nur einige Beispiele.

Tatsache ist jedoch, dass es den Isländern damals mit diesem Richtungswechsel gelungen ist, die isländische Wirtschaft wieder auf solide Füße zu stellen.

---

7   Vgl. Ertel, M. (2009). Island-Krise. Frauen greifen nach der Macht, www.spiegel.de/politik/ausland/island-krise-frauen-greifen-nach-der-macht-a-619758.html; besucht am 29.04.2024.

Was mich daran fasziniert, ist die Motivation, mit der in Island entschieden wurde, Wirtschaft, Finanzen und Politik weiblicher zu gestalten: Es war das Streben nach mehr »weiblichen Werten« in Führungsetagen. Die sogenannten »männliche Werte« waren selbstverständlich weiterhin gewünscht. Es sollte allerdings ein Gegengewicht geschaffen werden, damit in Zukunft aus unterschiedlichen Perspektiven auf die Abläufe in Wirtschaft, Finanzwesen und Politik geschaut würde, sodass Handlungsbedarf früher erkannt werden kann.

Im Fall von Island wurde als »männlicher Wert« vor allem das unbedingte *Streben nach Profit* betrachtet, was mit großer *Risikobereitschaft* und *Rücksichtslosigkeit* einher ging. Als weiblich hingegen wurden eine gewisse *Vorsicht* und neben dem Streben nach Profit, das *Berücksichtigen von sozialen und ökologischen nachhaltigen Faktoren* angenommen.

Die Tatsache, dass Island seine Wirtschaft mit den genannten Maßnahmen stabilisieren konnte, zeigt, dass typisch »weibliche Werte« ein sinnvolles und in diesem Fall sogar erforderliches Gegengewicht zu klassisch »männlichen Werten« bilden. Eine gute Mischung hat in Island den Erfolg gebracht.[8]

Selbsteinschätzung

»Haben Sie jemals mit einem Menschen zusammengearbeitet, der sich für fähiger hielt, als er tatsächlich war? Statistisch gesehen, ist es deutlich wahrscheinlicher, dass es sich bei dieser Person um einen Mann handelt, als um eine Frau.« Mit diesen Worten eröffnete Dr. Tomas Chamorro-Premuzic, Professor für Organisationspchychologie, seinen vielbeachteten TED-Talk zum Thema *Inkompetente Führungskräfte* an der Universität von Nevada.

Eine seiner zentralen Thesen lautet: »Das Unwissen über die eigene Begrenztheit erhöht paradoxerweise die Wahrscheinlichkeit des beruflichen Aufstiegs eines Menschen.« Insbesondere Männer

---

8   Vgl. Tómasdóttir, H. (2010). A feminine response to Iceland's financial crash, https://www.ted.com/talks/halla_tomasdottir_a_feminine_response_to_iceland_s_financial_crash; besucht am 08.07.2024.

profitieren davon seiner Meinung nach, weil diese dazu neigen, sich für fähiger zu halten, als sie es tatsächlich sind.

Menschen mit einer überhöhten Meinung von sich selbst treten demnach in Bewerbungsgesprächen sehr viel sicherer auf und werden dadurch auch häufiger eingestellt beziehungsweise befördert. Dies sei ein wesentlicher Grund dafür, dass es häufig vorkommt, dass weniger kompetente Bewerber den kompetenten für einen Führungsposten vorgezogen werden. Das ist natürlich ein Dilemma, denn eine inkompetente Führungskraft demotiviert. Infolgedessen sinken Vertrauen, Engagement und Produktivität der Mitarbeiter mit drastischen Folgen für das betreffende Unternehmen.[9]

Und Frauen? Frauen dagegen unterschätzen ihre eigenen Fähigkeiten systematisch. Wenn Sie sie zum Beispiel nach objektiven Kriterien, wie Durchschnittsnoten, fragen, dann liegen Frauen in der Regel fälschlicherweise etwas zu niedrig, während Männer meist fälschlicherweise etwas zu hoch liegen. Frauen begründen ihre Erfolge häufig mit externen Faktoren. Zum Beispiel sagen sie, dass ihnen jemand geholfen hat, sie Glück hatten oder dass sie hart gearbeitet haben. Männer dagegen schreiben sich ihre Erfolge selber zu. »Ich bin eben gut. Wieso fragst du überhaupt?«[10]

Warum gibt es diese Unterschiede zwischen Männern und Frauen? Sind sie auf Biologie oder auf Sozialisation zurückzuführen? Mit ziemlicher Sicherheit auf beides. Zwar haben wir auf die Biologie keinen Einfluss, auf die Sozialisation aber schon.[11]

---

9   Vgl. Chamorro-Premuzic, T. (2019). Why do so many incompetent men become leaders?, https://youtu.be/zeAEFEXvcBg?si=VUDKrEFK8sblMnr2; besucht am 08.07.2024.

10 Vgl. Sandberg, S. (2013). Lean In. Women, Work, and the Will to Lead. WH Allen, New York.

11 Vgl. Wellnitz, J. (2021). Führen Frauen anders als Männer, Frau Burel?, www.humanresourcesmanager.de/leadership/fuehren-frauen-anders-als-maenner-frau-burel/; besucht am 29.04.2024.

Es gibt also offenbar Unterschiede zwischen Männern und Frauen in Bezug auf ihre Art zu führen. Zum Glück, denn diese unterschiedlichen Ansätze und Vorgehensweisen haben erwiesenermaßen das Potenzial, Organisationen enorm zu bereichern.

Unabhängig davon ist die Anzahl der Frauen, die Ambitionen zeigen, in höhere Führungsebenen aufzusteigen, nach wie vor deutlich geringer als die von Männern. Auch hierfür gibt es vielfältige Gründe. Einige wesentliche führe ich im folgenden Abschnitt auf.

Herausforderungen

Stereotype und das »Double Bind Dilemma«

Ein Stereotyp ist ein verallgemeinerndes Bild eines Individuums, das nicht auf dessen Eigenschaften beruht, sondern auf dessen Zugehörigkeit zu einer Gruppe. Um zu veranschaulichen, was das bedeutet, folgt hier eine kurze Geschichte mit einer abschließenden Frage. Sofern Sie sie noch nicht kennen, bitte ich Sie, diese Frage am Ende für sich zu beantworten:

Ein Vater fährt mit seinem Sohn zu einem Fußballspiel. Beide sind voller Vorfreude und diskutieren intensiv über das bevorstehende Spiel – bis zu dem Moment, als sich ihr Auto einem Bahnübergang nähert. Der Wagen beginnt plötzlich zu holpern und bleibt zum Entsetzen der beiden mitten auf den Gleisen stehen. Der Vater versucht hektisch, den Motor wieder zu starten, aber es gelingt nicht. Panik kommt auf, denn ein Zug nähert sich. Es ist furchtbar, aber der Aufprall lässt sich nicht mehr vermeiden.

Vater und Sohn sind schwer verletzt und werden mit dem Rettungshubschrauber abgeholt und in verschiedene Krankenhäuser gebracht. Für den Vater kommt leider jede Hilfe zu spät und er verstirbt auf dem Weg ins Krankenhaus. Der Sohn schafft es, muss aber operiert werden. Alles ist vorbereitet. Ein spezielles Chirurgenteam steht bereit. Plötzlich bricht aber ein Mitglied aus diesem Team entsetzt zusammen und sagt: »Ich kann diesen Jungen nicht operieren – es ist mein Sohn.«

Wie kann das sein? Falls Sie gerade zu dem Schluss gekommen sind, dass der verletzte Sohn zwei Väter hat, von denen einer halt ein Chirurg ist, dann befinden sie sich in Gesellschaft der überwiegenden Mehrheit von Menschen, die dieses Rätsel bis heute in Angriff genommen haben. Sollten Sie allerdings spontan und schnell darauf gekommen sein, dass »der Chirurg« die Mutter des Jungen ist, gratuliere ich Ihnen. Sie gehören zu einer überschaubaren Minderheit, die sich von dem Stereotyp »Chirurgen sind Männer« nicht haben beeindrucken lassen.

Stereotype haben eine enorme Macht, denn sie sind unbewusst und laufen weitgehend automatisch ab. Gleichzeitig sind sie notwendig, denn sie dienen wie Schablonen dazu, die Komplexität der Realität zu reduzieren, damit wir uns in ihr orientieren können.

Der Chef ist ein Mann

Das in unserer Gesellschaft historisch gewachsene und besonders hartnäckige Stereotyp von Führung lautet: »Der Chef ist ein Mann«, was zu einem klassischen *Double-Bind-Dilemma* von Frauen in Führungspositionen führt. Dieses *Double-Bind-Dilemma* entsteht durch unsere normativen Vorstellungen von Führung: Führungskräfte sollen entscheidungsfreudig, unabhängig und durchsetzungsstark sein. Dumm nur, dass dies Eigenschaften sind, die wir traditionell Männern zuschreiben. Von Frauen erwarten wir aber ein freundliches, fürsorgliches und selbstloses Agieren, also das Gegenteil dessen was wir mit einer starken Führungskraft verbinden.

Die Folge: Frauen, die den weiblichen Klischees entsprechen, wird ihre Führungskompetenz abgesprochen, während Frauen, die ihnen nicht entsprechen, als wenig authentisch – also zickig, kratzbürstig, unsympathisch – gelten. Egal was die Frau macht, das Risiko, dass sie auf ihrem Weg nach oben, auf dem Boden der Tatsachen kleben bleibt, ist groß.[12]

In ihrem Buch *Lean In* beschreibt Sheryl Sandberg ein aufschlussreiches Experiment, das an der Harvard Business School durchgeführt wurde.[13] Es geht dabei um eine Frau namens Heidi Roizen. Heidi ist Risikokapitalgeberin mit beachtlichem Werdegang.

Ihr Lebenslauf wurde zwei Gruppen von Studierenden vorgelegt. Allerdings in zwei Varianten. Eine Gruppe erhielt den Lebenslauf mit ihrem tatsächlichen Vornamen, »Heidi«. Die andere Gruppe erhielt denselben Lebenslauf, wobei der Vorname von »Heidi« in »Howard« geändert wurde. Berufliche Erfolge und Persönlichkeitsmerkmale waren exakt gleich. Der einzige Unterschied war das Geschlecht.

Die anschließende Befragung der Teilnehmenden ergab, dass Heidi und Howard als gleichermaßen kompetent eingestuft wurden. Ein deutlicher Unterschied zeigte sich aber in der Frage, ob man mit Heidi oder Howard gerne zusammenarbeiten würde: Während Howard für seine Erfolge bewundert und als sympathisch bewertet wurde, wurde Heidi oft als zu dominant, verbissen und egozentrisch wahrgenommen. Die gleichen Eigenschaften, die Howard in den Augen der Teilnehmenden als kompetent erscheinen ließen, wurden bei Heidi als unsympathisch angesehen.

Jeder und jede von uns möchte gemocht und anerkannt werden. Für Frauen in Führungspositionen scheint das aber schwer zu sein. Frauen zahlen bis heute einen Extrapreis für ihre Führungsrolle. Einen, der Männern nicht abverlangt wird.

Solch eine Situation wird auch als »Stereotype Threat« bezeichnet. Es ist die Angst, dem Stereotyp einer Gruppe zu entsprechen, der

---

12 Vgl. Julmi, C. (2023). Double Bind gibt es auch in Unternehmen, www.psychologie-heute.de/beruf/artikel-detailansicht/42816-double-bind-gibt-es-auch-in-unternehmen.html; besucht am 29.04.2024.

13 Vgl. Sandberg, S. (2013). Lean In. Women, Work, and the Will to Lead. Alfred A. Knopf, New York.

man selbst angehört. Diese Angst bindet Ressourcen und kann zu Leistungseinbußen führen. Stereotype und Bezeichnungen wie »typisch weiblich« oder »typisch männlich« wird es vermutlich immer geben. Wie weit wir solche Stereotype allerdings unsere Lebensrealität bestimmen lassen, haben wir selbst in der Hand. Sind wir uns dessen bewusst, ist ein großer Schritt zu mehr Gelassenheit und Fairness getan.[14]

Männer rekrutieren Männer – der »Thomas-Kreislauf«

»Der Chef ist ein Mann« ist nach wie vor ein klassisches Stereotyp von Führung. Es ließe sich sogar noch erweitern: Der Chef ist ein Mann, weiß, männlich, heterosexuell und mindestens aus der Mittelschicht. So sieht Führung im Allgemeinen aus, etwa wenn man sich Bilder der Vorstände großer deutscher Unternehmen mit weniger als 20 Prozent Frauenanteil ansieht. Dort gibt es mehr Männer, die Thomas oder Christian heißen als Frauen insgesamt. Die Allbright-Stiftung bezeichnete diese Art der sozialen Reproduktion als den »Thomas-Kreislauf«:[15]

Der entsprechende Bericht besagt, dass Börsenunternehmen ihre Vorstände jahrzehntelang nach nahezu unverändertem Muster rekrutiert habe, sodass sich die Vorstandsmitglieder in Bezug auf Alter, Geschlecht, Herkunft und Ausbildung sehr ähnlich sind: überwiegend männliche Wirtschaftswissenschaftler aus Westdeutschland und Mitte 50. Schon seit vielen Jahren ist Thomas der häufigste Vorname in den Vorständen, und sie werden nicht weniger, sondern zuletzt wieder mehr: Die Zahl der Thomasse in den Vorständen erreichte

---

14 Vgl. Schleicher, V. (2021). Typisch Männlich, typisch weiblich. Stereotype in der Arbeitswelt., www.stellenanzeigen.de/careeasy/typisch-maennlich-typisch-weiblich-stereotype-in-der-arbeitswelt-sde89595/; besucht am 29.04.2024.
15 Vgl. Amerland, A. (2024). Stereotype wie »Der-Chef-Ist-Ein-Mann« sind hartnäckig, www.springerprofessional.de/diversitaetsmanagement/leadership/stereotype-wie-der-chef-ist-ein-mann-sind-hartnaeckig/26238488; besucht am 29.04.2024.

2023 mit 30 einen neuen Höchststand. Die CEOs umgeben sich noch immer bevorzugt mit etwas jüngeren Spiegelbildern ihrer selbst; so ist eine Art »Thomas-Kreislauf« entstanden, bei dem neue Vorstandsmitglieder nach der Schablone der schon vorhandenen Vorstandsmitglieder rekrutiert werden.[16]

Auch wenn sich die Ergebnisse dieser Untersuchung auf den Frauenanteil im Vorstand von Dax-Unternehmen beziehen, ist es wahrscheinlich, dass die beschriebenen Einflüsse auch in unteren Führungsebenen zu finden sind.

Frauen werden unterschätzt

»Männer werden auf Grundlage ihres Potenzials befördert,
Frauen auf Grundlage vergangener Leistungen.«[17]

In ihrem Buch *The Authority Gap*[18] zeigt Mary Ann Sieghart auf, dass Frauen nach wie vor weniger ernst genommen werden als Männer: »Wenn wir mit einer Frau zu tun haben, dann muss sie ihre Kompetenz erst einmal unter Beweis stellen. Bei einem Mann gehen wir davon aus, dass er weiß, wovon er spricht, bis er das Gegenteil beweist.« Dieses vorurteilsbehaftete Verhalten legen Frauen und Männer übrigens gleichermaßen an den Tag.

Selbst jahrelange Erfahrung mit Frauen in verantwortungsvollen Positionen hat es bisher nicht geschafft, diese »Autoritätslücke«, wie Mary Ann Sieghart es nennt, zu schließen. Darauf weist auch eine Studie aus den USA hin, nach der Richterinnen am Supreme Court viermal öfter unterbrochen werden als ihre männlichen Kollegen. Zu

---

16 Vgl. AllBright Bericht (2023), www.allbright-stiftung.de/spitze; besucht am 29.04.2024.

17 Delius, M. (2013). »Lean In« – Der weibliche Wille zur Macht, www.welt.de/kultur/article114898017/Lean-in-Der-weibliche-Wille-zur-Macht.html; besucht am 29.04.2024.

18 Sieghart, M. A. (2021). The Authority Gap. Random House UK, London.

96 Prozent sind die Unterbrecher demnach Männer.[19] Der Schluss, den Mary Ann Sieghart zieht, lautet wie folgt:

1. Männer gelten als kompetent, bis sie das Gegenteil beweisen.
2. Frauen gelten als inkompetent, bis sie das Gegenteil beweisen.

Vollkommen unabhängig davon, ob Männer oder Frauen für Einstellung und Beförderung verantwortlich sind – wenn Männern bei gleicher Expertise mehr Kompetenz zugeschrieben wird als Frauen, dann ist das ein weiterer Grund, dass Männer auch häufiger befördert werden als Frauen. Es liegt dann nicht daran, dass Männer ihre Talente überschätzen, so wie von Dr. Chamorro-Premuzic nahegelegt, sondern, dass ihnen von der Gesellschaft schlicht eine höhere Kompetenz zugeschrieben wird, die sich objektiv durch nichts belegen lässt.

Was nun?

Veränderung passiert – dann doch bitte mitgestalten
Wenn eines sicher ist, dann ist es die Veränderung. Selbstverständlich gilt das auch für das Thema *Führung*. Entscheidend ist, ob wir aktiv mitwirken oder ob wir zuschauen, ohne wirklich Einfluss zu nehmen.

David Rock zeigt in seinem Buch *Quiet Leadership*[20] auf, wie umfassend sich die Anforderungen an Mitarbeiter und Führung in den letzten hundert Jahren verändert haben. Zu Beginn der Industrialisierung wurden Mitarbeiter in erster Linie für ihre körperliche Arbeit

---

19 Vgl. Jacobi, T. and D. Schweers (2017). Justice, Interrupted: The Effect of Gender, Ideology and Seniority at Supreme Court Oral Arguments, givingvoice.sites.caltech.edu/documents/3189/jacobi-paper-rev_supreme_court_2017.pdf; besucht am 29.04.2024.
20 Rock, D. (2009). Quiet leadership six steps to transforming performance at work, HarperBusiness, New York.

bezahlt. Die Hauptaufgabe der Führungskräfte bestand darin, physische Abläufe zu optimieren. Mit fortschreitender Industrialisierung verlagerte sich der Schwerpunkt auf die Optimierung von Prozessen. Wieder bedurfte es einer Anpassung im Management. Mittlerweile sind Prozesse weitestgehend optimiert. Stattdessen müssen Führungskräfte nun mehr denn je in der Lage sein, Mitarbeiter in Handlungsabläufe einzubinden, um die intellektuellen Ressourcen optimal zu nutzen, um einen Wettbewerbsvorteil zu generieren.

Heute braucht es Führungskräfte, die Vorbilder für ihre Mitarbeitenden sind, die diese inspirieren, motivieren, intellektuell anregen und individuell unterstützen. Was in zehn oder 20 Jahren gebraucht wird, wissen wir nicht. Es wird aber definitiv anders sein.

Genau deswegen und weil sich die Welt und unser Leben heute schneller entwickeln denn je, ist es essenziell, dass wir für Möglichkeiten offenbleiben. Unabhängig davon, wie ungewöhnlich sie uns zunächst erscheinen. Nur so schaffen wir Raum für »frische Impulse«. Sich neuen Wegen zu öffnen, und zwar bewusst, ist enorm wichtig, reicht aber alleine nicht aus. Bewegung ist nötig. Das kann herausfordernd sein. Denn wer ist wirklich bestrebt, sich zu strecken und den »kleinen Stromschlag am Rande seiner Komfortzone« in Kauf zu nehmen, den Veränderung unweigerlich mit sich bringt? Vor allem dann, wenn alles friedlich scheint und so schön eingefahren ist.

Wenn Ihnen der Gedanke, sich von der Veränderung vor den Karren spannen zu lassen, nicht gefällt, dann haben Sie keine andere Wahl, als selbst aktiv mitzugestalten. Und zwar jetzt. Denn Veränderung findet jetzt statt. Und auch morgen.

Klären Sie Ihre Absicht und entscheiden Sie bewusst
Es mag Sie überraschen, aber Menschen, die sich ihrer Absicht bewusst sind, sind selten. Dabei macht es einen gewaltigen Unterschied, eine klare Absicht zu haben und sich ihrer bewusst zu sein. Sie richtet uns kontinuierlich auf unser Ziel aus. Jeder Leistungssportler wird das bestätigen.

Kinder zum Beispiel haben eine sehr klare Absicht. Haben Sie schon einmal erlebt, was passiert, wenn ein Kind im Supermarkt einen Lolli haben möchte, dafür von Mama oder Papa aber keine Erlaubnis bekommt? Das Kind zieht sämtliche Register. Schmeicheln, betteln, argumentieren, quengeln ... In den meisten Fällen hat das Kind am Ende Erfolg. Warum? Der Grund ist, dass das Kind eine sonnenklare Absicht hat: Es will den Lolli! Die Absicht der Eltern ist dagegen oft weniger klar. Vielleicht kennen die Eltern diese eine, wichtige Regel nicht: *Die klarste Absicht gewinnt!*

Das gilt selbstverständlich auch in den Führungsetagen Ihrer Organisation. Auch bezogen auf Frauen in Führungspositionen. Machen Sie sich klar, wie Sie wirklich dazu stehen: Möchten Sie mehr Geschlechtervielfalt in Ihrem Führungsteam erreichen? Wenn ja, in welchem Ausmaß?

SAP beispielsweise hat sich im Jahr 2011 intensiv mit der Frage auseinandergesetzt, wie die Anzahl weiblicher Führungskräfte erhöht werden könnte.[21, 22] Der Frauenanteil in Führungspositionen betrug damals 19 Prozent. Weil SAP Geschlechtervielfalt bewusst als ein Unternehmensziel definierte, wurde ein messbares Ziel festgelegt, das selbstverständlich kommuniziert wurde. Es lautete: Der Anteil von Frauen in Führungspositionen wird bis zum Jahr 2017 auf 25 Prozent erhöht. Damit war die Absicht klar, was wiederum Verantwortliche veranlasste, noch kreativer über die Entwicklung von weiblichen Führungskräften und die Erschließung neuer Möglichkeiten für die Gewinnung von Mitarbeiterinnen nachzudenken. Infolgedessen wurde das 25-Prozent-Ziel bis 2017 sogar übertroffen.

Wie stehen steht Ihr Unternehmen zu Geschlechtervielfalt in Führungsteams? In jedem Fall ist es eine gute Idee ...

---

21 Vgl. Lorenzo, R. (2017). How diversity makes teams more innovative, https://www.youtube.com/watch?v=lPtPG2lAmm4; besucht am 08.07.2024.

22 Vgl. Sautter, B. (2021). SAP setzt sich eine Frauenquote, https://www.duerenhoff.de/blog/sap-setzt-sich-eine-frauenquote; besucht am 08.07.2024.

1. Ihre Absicht zu klären und
2. gegebenenfalls konkrete Ziele festzulegen.

Durchbrechen Sie den »Thomas-Kreislauf«
»›Wir finden keine kompetenten Frauen‹, ›Wir haben Frauen den Posten angeboten, aber sie haben abgelehnt‹ – die Erklärungen, warum Unternehmen noch immer so wenige Frauen in Führungspositionen haben, kenne ich auch aus Schweden. Wenn Firmen kreativer darin sind, Ausreden zu finden, als Frauen zu rekrutieren und Erneuerungsprozesse in den Vorständen anzustoßen, frage ich mich, wie es eigentlich um die Zukunftsvisionen der schwedischen und leider auch der deutschen Unternehmen steht. Ich habe selbst beobachten können, wie sich Vorstände entwickelt haben, als Frauen hinzugekommen sind: kreativer, harmonischer und am Ende profitabler. Natürlich kann es ein gewisses Risiko sein, Personen in den Vorstand zu holen, die nicht dem gewohnten Erfahrungsmuster entsprechen. Aber wie gut ist denn ein Orchester, in dem alle Flöte spielen?«[23] Dies ist ein Zitat von Sven Hagströmer, dem Gründer der Avanza Bank und der AllBright Stiftung und es stammt aus dem Jahr 2017. Inzwischen ist die Zahl der Frauen in Vorständen zwar in Summe gestiegen, was an der gesetzlich vorgeschriebenen Quote liegen mag. Die große Mehrheit der deutschen Unternehmen hat aber nur eine einzige Frau im Vorstand, was sicher nicht ausreicht, um Veränderung zu bewirken, sondern eher wie ein Alibi wirkt. Es gibt also noch einiges zu tun.

---

23 AllBright Stiftung. (2017). Ein ewiger Thomas-Kreislauf? Wie deutsche Börsenunternehmen ihre Vorstände rekrutieren, https://static1.squarespace.com/static/5c7e8528f4755a0bedc3f8f1/t/5cda985836d36b00013b5cfa/1557829765572/Allbright-Bericht-2017-Thomas.pdf; besucht am 08.07.2024.

Die zentralen Fragen bleiben bestehen:

- Wollen wir mehr Frauen in Führungspositionen?
- Wen sollen wir einstellen?
- Wen entwickeln und fördern wir?

Liebe Frau …

Wir machen 50 Prozent der Menschheit aus. Wenn wir uns zurückhalten, dann fehlen wir. Können beziehungsweise wollen wir uns das leisten? Ich finde nicht. Es ist an der Zeit, unseren Teil der Verantwortung zu übernehmen. Selbst wenn das bedeutet, den »kleinen Stromschlag am Rande unserer Komfortzone« in Kauf zu nehmen. Fangen wir doch einfach an. Jetzt. Trauen Sie sich!

In ihrem TED-Talk an der Universität von Cincinnati berichtet Dr. Jane Sojka von einer Statistik, die aus den Antworten auf eine Frage resultiert, die Studienabsolventen und -absolventinnen gestellt wurde, nachdem sie ihren ersten Job angetreten hatten. Die Frage lautete: »Hast du dein Gehalt verhandelt?« 57 Prozent der Männer antworteten auf diese Frage mit »Ja«. Von den Frauen waren es nur sieben Prozent.

Interessant, nicht wahr? Diese Ergebnisse spiegeln ein Muster wider, das viele von uns Frauen gut kennen: Insbesondere dann, wenn es um unsere eigenen Belange geht, in diesem Fall Gehalt oder Beförderung, zögern wir. Anstatt klar für uns einzutreten, schweigen wir. Wem nützt das? Niemandem.

Was wir dagegen sehr gut können, ist, uns für die Belange anderer Menschen einzusetzen. Wie wäre es, wenn wir uns ab jetzt immer dann die oben genannten Umfrageergebnisse vor Augen führen, wenn wir zögern und zweifeln, anstatt zu uns selbst zu stehen?

Wenn wir uns selbst nicht trauen voranzugehen, dann wird es mit Sicherheit jemand anderes tun. Die Wahrscheinlichkeit ist groß, dass es ein Mann ist.[24]

Stehen Sie zu Ihren Werten

»In the past, jobs were about muscles, now they are about brains, but in the future, they will be about the heart.«
Minouche Shafik, Präsidentin der Columbia University[25]

Mir gefällt dieses Zitat, weil es einmal mehr deutlich macht, wie sehr Führung dem Wandel unterliegt und wie wichtig es ist, die Wertmaßstäbe, die sowohl in der Wirtschaft als auch in der Gesellschaft angelegt werden, regelmäßig weiterzuentwickeln. Natürlich weiß niemand, was genau uns erwartet – Studien und Unternehmensergebnissen zeigen aber immer wieder, dass das Miteinbeziehen »weiblicher Werte« der richtige Weg ist.

Deswegen sind zwei Fragen wesentlich:

1. Kenne ich meine Werte?
2. Lebe ich sie – sowohl privat als auch im Job?

Wir werden gebraucht. Bleiben Sie dran!

Viele Frauen neigen dazu, sich zurückzuhalten – sich weniger Raum zu nehmen, als Männer es tun. Verständlich, schließlich haben die

---

24 Vgl. Sojka, J. (2018) Empowering Women Benefits Everyone, www.ted.com/talks/jane_sojka_empowering_women_benefits_everyone; besucht am 29.04.2024.
25 Elkann, E. (2018). Minouche Shafik. Alain Elkann Interviews, https://www.alainelkanninterviews.com/minouche-shafik/; besucht am 08.07.2024.

meisten von uns es so gelernt. (Wir sind ja Mädchen …) Doch Raum, den wir nicht aktiv einnehmen, füllt sich durch andere.

Sheryl Sandberg, von 2008 bis 2024 Co-Geschäftsführerin von Facebook/Meta, beschreibt genau dieses Phänomen in ihrem Bestseller *Lean In – Frauen und der Wille zu Erfolg*. Sie beschreibt, dass Frauen viel schneller als Männer aufgeben, wenn sie Gegenwind erfahren. Im schlechtesten Fall führt dies dazu, dass sie eine bestimmte Position nicht weiter anstreben oder eine eigene Projektidee einfach fallen lassen. Der Gegenwind ist ihnen »Beweis« genug, dass ihre Idee oder gar sie selbst nicht gebraucht werden.

Das stimmt aber nicht. Um Veränderung zu bewirken sind Mut und Standhaftigkeit unerlässlich.[26] Um es mit den Worten von Brené Brown zu sagen: *Dare To Lead!*[27]

---

26 Vgl. Sandberg, S. (2013). Lean In. Women, Work, and the Will to Lead. WH Allen, New York.

27 Brown, B. (2018). Dare to Lead. Brave Work. Tough Conversations. Whole Hearts, Random House, New York.

Karola Sakotnik
Internationale Leadership- und Kultur-Innovatorin und Neugier-Expertin

© *Ulrike Rotter*

Karola Sakotnik steht für Leadership, Kultur und Kreativität – mit Leichtigkeit, Sinn und internationalem Horizont. Vier Sprachen, drei Studien, zwei Leben, ein Mensch, 100 Kulturen. Geübte Muster-Erkennerin, rasche Denkerin. Es ist faszinierend, sie zu erleben und mit ihr zu arbeiten: Sie ist eine erfahrene Führungskraft von drei bis 350 Mitarbeitern – innen und weltweit.

Zuvor eine Karriere in Theater, Clownerie und Musik, dann ein Studium der transkulturellen Kommunikation und Linguistik, ein Diplom in Theaterkreation und Physical Comedy, eine Ausbildung in Global Leadership Coaching, ein Master in Kultur und Medienmanagement sowie ein MBA mit Auszeichnung in International Culture Management. Dieser Mix macht sie zum Sparringspartner für alle, die große Schritte wagen, und zur ungewöhnlichsten Leadership-Expertin im internationalen Umfeld. Sie moderiert und designt hochkarätige Meetings, Entwicklungsprozesse und Experience Journeys, von Organisationen, Führungskräften und ihren Teams, in sich wandelnden Zeiten.

In ihren Keynotes und Konzerten erzählt sie – übrigens in vier Sprachen – über die Kraft der Neugier, von MUTIG MenschSEIN und der Wirkung guter Gespräche, Meaningful Conversations. Es sind Geschichten aus einer bunten, globalen Arbeitswelt, voller menschlichem Potenzial, in der alle Stakeholder mit Leichtigkeit und Unbeschwertheit Wirkung erzeugen: #LearningfromDisruption.

Weitere Informationen findest du auf: *www.karolasakotnik.com*

Lass uns in den Austausch gehen: Mail *office@karolasakotnik.com*
Tel. *+43 650 5265990*

The power of curiosity – #LearningfromDisruption

Wie Neugier als Haltung Leadership in unplanbaren Zeiten erfolgreich macht, international und digital

Einleitung

Neugier und Leadership, diese Wortkombination beschreibt eine Kurzformel für den erfolgreichen Umgang mit unvorhersehbaren Umständen, sowohl im Kontext der Digitalisierung als auch in einem internationalen Umfeld. In diesem Kapitel beschreibe ich, wie du diese nutzen kannst und welche Eigenschaften sowie Fähigkeiten du immer an deiner Seite haben solltest. Ich fasse meine drei Bausteine kurz zusammen: Erfolgreiche Führungskräfte in diesen Kontexten brauchen eine gesunde Grundneugier auf Andere und Neues, sie eignen sich Wissen darüber an, was uns Menschen ausmacht, und sie sind Meister in der Kunst der guten Gespräche. Sie sind also einerseits gute Manager und können andererseits mit guten Fußballtrainern oder Bandleadern verglichen werden. Die Grundlage ist das Wissen um die Bedeutung psychologischer Sicherheit und wie diese Sicherheit in Kontexten voller Überraschungen erhalten bleibt. Da sich im Rahmen der Globalisierung nicht nur Ungewissheit, sondern auch das Unbekannte in unseren Alltag geschlichen hat, ist interkulturelles Bewusstsein hilfreich, und natürlich auch Sprachkenntnisse.

Mein Ziel ist es, Führungskräften etwas Alltagstaugliches an die Hand zu geben, um Menschen zu aktivieren, ihre intrinsische Motivation und ihr Engagement zu steigern und dabei gute Ergebnisse zu erzielen. Ich verwende das »Du«, weil ich dich einlade, nicht nur zu lesen, sondern auch immer wieder innezuhalten und ins Gespräch mit dir selbst zu gehen, zu reflektieren und auszuprobieren, ob das, was ich dir ans Herz lege, auch für dich funktioniert. Hast du Lust, auf eine neue Art zu denken? Dann wünsche ich dir eine spannende Lesestunde. Und denk daran: Gute, neugierige Leader wissen eines ganz genau: *Es gibt Momente, in denen man besser aufhört, auf gute Ratschläge zu hören, und anfängt, gute Musik zu hören.* In diesem Sinne hoffe ich, dass du viel mitnimmst und wir vielleicht bald wieder voneinander hören. Deine Karola.

Neugier unterstützt, komplexe Umgebungen zu erkunden, sei es multikulturell, international oder im Hinblick auf die digitale Transformation

Kurz gesagt, die Welt verändert sich derzeit sehr, sehr stark. Und im Arbeitsbereich spürt man das am meisten, weil unterschiedliche Lebenssichten, unterschiedliche Lebensweisen aufeinanderprallen. Und irgendwie hat jeder ein legitimes Recht darauf, sein Modell zu leben, wenn es funktioniert. Im internationalen Kontext ist das noch deutlicher zu spüren: kollegiale Führung, autoritäre Führung, Führung mit Prozesscharts, Führen mit Frameworks und Handlungsprinzipien, Führen von selbstorganisierten Teams. Die Frage, die sich mir stellt, ist: Was wird in Zukunft funktionieren? Mit anderen Worten: Wohin sollten wir uns entwickeln, damit wir miteinander gut arbeiten können? Mit einer schnell voranschreitenden digitalen Transformation, mit zunehmender Globalisierung und internationalen Teams und oft mit einer gemeinsamen Arbeitssprache, die für alle verständlich ist, und zwar nicht nur für Menschen, deren Muttersprache sie ist. Wenn du nun diesen Herausforderungen mit einer gesunden Portion wohlwollender Neugier begegnest, entstehen aus Problemen plötzlich Geheimnisse, die es zu erkunden gilt. Dies sind einige erste Gedanken.

Neugier bedeutet, die Zukunft zu gestalten, statt auf Strategien zurückzugreifen, die auf Erfahrung aufbauen. In den letzten 150 Jahren haben wir eine Menge analysiert. Wir haben Strategien aus bereits gemachten Erfahrungen entwickelt und nur zögerlich neues Wissen eingebaut. Denn: Diese Strategien mussten in der Regel immer geprüft sein, bevor sie implementiert wurden. Sie wurden durch Erfahrungen ergänzt und durch Studien untermauert. Und ich sage jetzt, dass das nicht mehr ganz zeitgemäß ist. Ein revolutionärer Gedanke, ja, eine revolutionäre Idee, ich weiß. Aber wir brauchen einfach einen Richtungswechsel.

Erfahrungen sind natürlich nach wie vor wichtig, aber manchmal braucht es ein radikal neues Denken, damit neue Herausforderungen wirklich gemeistert werden können. Neugierde kann dein Kompass genau dabei sein. Mit anderen Worten: Statt »Wir bauen Erfahrung auf« lautet das Motto nun: »Das haben wir noch nie gemacht, also geht es sicher gut!« Für dich in der Position als Führungskraft eröffnet das den Blick für Innovationen, die die Zukunft gestalten.

Aus Erfolgsmodellen lernen versus neugierig darauf sein, zukünftigen Erfolg zu kultivieren

Ich füge noch einen zweiten Gedankenansatz hinzu und dann schauen wir uns ein Beispiel an: Bisher haben wir aus Erfolgsmodellen gelernt. Jemand hat etwas probiert, es hat funktioniert, man hat sich das gemerkt, man hat gesagt: »Okay, ich probiere das Gleiche, mache es, wie die das gemacht haben.« Erfolgsmodelle wurden repliziert und wenn es gut ging, wurde darauf geachtet, dass man das für sich selbst vielleicht ein bisschen anpasst. Das funktioniert aber nicht mehr, weil sich die Art der Arbeit so stark verändert hat. Wir produzieren anders. Es sind nicht mehr Menschen, die am Fließband stehen, es sind Roboter, die am Fließband stehen. Die Menschen haben andere Aufgaben. Das wird in Zukunft noch zunehmen, wir werden Kommunikation zu steuern haben, intuitiv, kreativ und empathisch arbeiten. Und das bedeutet, dass wir lernen müssen, neu zu denken, um durch Neugier und Forschung den Boden zu bereiten, auf dem wir den zukünftigen Erfolg kultivieren können. Neugier bedeutet, Leadership zu transformieren, es bedeutet, Führung zu verändern; sie bedeutet, neues Denken zu kultivieren: in der eigenen Haltung, dem Mindset und in Form von neuen Skills

Und ich frage also ein drittes Mal: Wie kann so etwas funktionieren? Und was brauchst vor allem DU, wenn es um Leadership geht? Genau unter dieser Prämisse werden wir uns ansehen, warum ich empfehle, als Leader Neugierde als Haltung zu kultivieren, damit eine menschliche Transformation geschehen kann.

Die gute Nachricht: Leadership bleibt. Es wird weiterhin jemanden geben, der Verantwortung trägt. Entweder Verantwortung für das Ergebnis, die Verantwortung für das ganze Team, oder … Aber wie wird der Erfolg gemessen werden? Bisher hat sich das alles mit Zahlen, Daten und Fakten im Management abbilden lassen. Inzwischen geht es aber darum, Menschen zu aktivieren, menschlich zu sein. Darum, Menschen dazu einzuladen, aufgrund ihrer menschlichen Talente, ihrer »Besonderheiten« effektiv zu handeln. Das bedeutet, dass diese neuen Leader vor allem eines tun werden: Kommunikation gestalten.

Kurze Denkpause
Lehn dich zurück und entspanne dich. Spüre in dich hinein und schreibe auf, was du bis jetzt darüber denkst. Ein Tipp: Erinnere dich daran, als du ein Kind warst und diese wunderbaren Momente hattest, in denen du neugierig auf etwas ganz Neues warst. Erkennst du ein Lächeln in deinem Gesicht? Bitte merk es dir! Gerne lass es mich auch wissen, dazu später mehr.

Input #1: Eine Haltung kultivieren –
neugierig sein und Menschen verstehen wollen

Die Frage, die sich stellt, lautet also: Was musst du können, wenn du die *Gestaltung von Kommunikation* als neue und wesentliche Leadership-Aufgabe siehst? Ich sage: »Haltung kultivieren!« Welche Haltung könnte das denn sein? Meiner Erfahrung nach ist die wichtigste Haltung für zukunftsfähiges Arbeiten in komplexen Zeiten, neugierig zu bleiben. Das bedeutet, ein echtes Interesse an Menschen und Zusammenhängen zu haben, Neues lernen zu wollen und Menschen immer wieder zu fragen: »Wie geht es dir? Wer bist du?« Also auch Menschen verstehen zu wollen und ebenso zu lernen, wie man Menschen und ihre Aussagen verstehen kann.

Bleib aber auch neugierig, wenn du die Antworten hörst. Nimm nicht alles, was man dir erzählt, für bare Münze. Wir Menschen sprechen auf einer Ebene die Worte, auf einer anderen sind unsere Gefühle immer die treibende Kraft hinter unseren Handlungen, wobei wir oft unabhängig von den Fakten agieren.

Eine weitere Falle ist, dass du versucht sein könntest, zu urteilen oder zu verurteilen. Das solltest du aber gerade in diesem Kontext besser nicht tun. Das heißt, es gilt voller Interesse nicht nur zu-, sondern auch hinzuhören: Was ist das jetzt gerade? Wer ist das jetzt gerade? Und was kann ich in diesem Moment aus dieser Situation lernen?

Transformation – kurz definiert

Was meine ich, wenn ich von »Transformation« spreche? Zunächst einmal rede ich dabei nicht von »Change«. Es ist nicht einfach etwas, bei dem ganz klar ist, wie es ausgehen wird. Es handelt sich auch nicht um eine kleinere Veränderung oder eine Richtungsanpassung, während du auf dem Weg bist. Transformation ist immer ein grundlegender Richtungswechsel.

Und diese Richtungswechsel sind für uns Menschen relativ schwer zu nehmen, denn oft ist nicht nur unklar, wo das Ziel liegt, sondern auch, in welche Richtung es geht, wie es derzeit der Fall ist. Das widerstrebt aber unserem Bedürfnis nach Sicherheit. Also müssen wir es befriedigen. Wenn ich diesem Ungewissen mit Neugierde begegne, verändert sich meine Sicht auf das Problem – es wird zu einem Rätsel oder einem Mysterium. Beides macht Lust zu sagen: »Ich möchte mehr darüber wissen«, und schon kommst du in den Flow und musst dir keine Gedanken über die Unsicherheit machen.

> Das gilt auch, wenn die Richtung von außen bestimmt wird: Als Mitarbeitender, der von Vorgesetzten gezwungen wird, etwas Unbekanntes zu tun, als Manager, wenn sich der Markt radikal ändert oder der Vorstand die Strategie über Nacht neu definiert, je nachdem, in welcher Organisation du arbeitest. Es ist nicht immer fein, aber es ist eine bekannte Konvention, also ist es trotz innerem Widerstand ein bekanntes und sicheres Spiel.
> Transformation geschieht aber in der Regel nach neuen Gesetzmäßigkeiten, disruptiv, das bedeutet radikal und unfreiwillig, und zwar ohne bekannte Gesetzmäßigkeiten oder Hinweise, wie man da erfolgreich rauskommen kann. Und was kann eine Superkraft sein, um damit umzugehen? Genau, die N...

Neugier ändert den Blickwinkel

Unausweichlich, radikal und unfreiwillig – das sind alles Motive, die wir Menschen nicht ausstehen können. Die aktuelle grundlegende Richtungsänderung können wir allerdings nicht verhindern. Es wird digital, und wir wissen nicht, wohin das führen wird. Zudem wird es international, doch wir sind viel zu wenig darauf vorbereitet. Vielen Menschen fehlt ein grundlegendes Bewusstsein für Narrative und Tabus. Kurz: Du als Führungskraft solltest ein »Wunderwuzzi« sein und alles mit Leichtigkeit meistern. Wie kannst du dich jetzt am besten darauf vorbereiten?

In deiner Rolle als Führungskraft wird von dir erwartet, dass du immer weißt, wo es hingeht. Dass du immer selbstsicher bist, achtsam und umsichtig ein Feld bereitest, damit die anderen gut arbeiten können, und gleichzeitig auch die Weichen so stellst, dass alle Mitarbeitenden sagen: »Ja, da kann ich mitmachen. Ich habe es mitgestaltet.«

Und dass du sagst: »Ich gestalte dieses Umfeld. Und das alles unter wirklich unsicheren Umständen.« Und das, obwohl wir Menschen Unsicherheit nicht mögen. Wir sind zwar Meister der Veränderung, aber wir sind auch sehr, sehr bedürftig, wenn es um Sicherheit geht. Wenn du es nun schaffst, diesen Herausforderungen mit einer gesunden Portion Neugierde zu begegnen, wirst du deine Perspektive und damit deine Reaktion auf die überwältigenden Anforderungen verändern. Du weißt bereits, dass es darum geht, zu erforschen, zu untersuchen, Rätsel zu lösen, mit dieser Freude, die dir ins Gesicht geschrieben ist, wie damals als Kind.

Wir sind Meister der Veränderung, die schnell ängstlich werden
Das bedeutet, dass wir Veränderungen erfolgreich leben können, wenn unsere Amygdala, unser Reptiliengehirn, ruhig bleibt, das heißt, nicht in den Überlebensmodus schaltet.

Ich habe ja bereits erwähnt, dass ich nach etwas gesucht habe, das einfach zu handhaben ist, ohne großes Handbuch oder jahrelange Übung. Neugierig zu sein und echtes Interesse zu zeigen, ist eine einfache Haltung, die jedem Menschen innewohnt und nur aktiviert werden muss, um nützlich zu sein. Sei also neugierig auf Menschen, sei neugierig auf Probleme, verwandle sie in Herausforderungen und vertraue deiner Kreativität, dann entsteht daraus Innovation.

Kurze Denkpause
Halte für einen Moment inne, lass es auf dich wirken. Nimm dir einen Moment Zeit, atme dreimal tief durch, um dein Gehirn zu aktivieren, dazu ein gutes Getränk oder eine gute Musik, um deine Sinne zu beleben, und überlege: Kann es so einfach sein? Neugierde zu kultivieren? Ich sage ja. Und wenn du es weiterdenkst, wirst du sehen, es ist zwar einfach, aber es könnte eine ganze Gesellschaft, eine ganze Organisation grundlegend verändern.

Du kannst dich entscheiden, ob du weiterlesen, ob du mir gedanklich folgen möchtest und ob du sogar noch andere Ideen hast. Und wenn du andere und weiterführende Ideen hast, lass es mich bitte wissen. Lass uns in den Austausch gehen.

Du kannst mich unter *office@karolasakotnik.com* erreichen. Ich freue mich sehr über Zuschriften, über Gedanken und eine Co-Kreation.

Input #2: Kultiviere dein Mindset –
Neugier auf das menschliche Betriebssystem

Okay, die Haltung, die es zu kultivieren gilt, heißt Neugierde. Sei neugierig, bleib neugierig. Menschen verstehen und so weiter. Das haben wir jetzt. Der zweite Aspekt ist, das menschliche Betriebssystem zu erforschen und bei sich selbst anzufangen. Das bedeutet, dass du auch dich selbst kennen und mit Neugierde lesen solltest. Hier geht es stark um Gefühle, und im Idealfall kannst du mit deinen Gefühlen so umgehen, dass du sie steuern kannst, um deinen Gefühlen und Empfindungen nicht wehrlos ausgeliefert zu sein.

Wer mein Buch gelesen hat, weiß, ich nenne das »MUTIG MenschSEIN«.[1] Ich rufe dazu auf, ganz menschlich zu sein, und das mutig; aber auch mutig zu sein und nur Mensch zu sein.

Sei neugierig auf dich selbst – was bedeutet das?

Das bedeutet, dass du ein Experte für deine eigenen Gefühle sein wirst, dass du Gefühle interpretieren kannst, kurz: dass du sagen kannst, wie es dir geht und was in dir vorgeht. Das heißt auch, deine Intuition einsetzen zu können. Dafür ist es wichtig, dass du deine Intuition trainierst. Es bedeutet, Empathie zu leben. Es heißt auch, Verletzlichkeit zu zeigen und Humor als zweite Grundhaltung zu wählen. Und es bedeutet eines: Du interessierst dich dafür, wie wir Menschen ticken und wie wir denken. Und zu wissen, dass wir eines nicht tun, nicht in binären Begriffen denken, das heißt nicht in Null und Eins, nicht in Ja und Nein und nicht in Schwarz und Weiß. Wir können Vorteile in etwas sehen, obwohl es auch Nachteile gibt. Wir können

---

1   In diesem Beitrag entwickelt die Autorin ihre Thesen und Gedanken aus ihrem Buch *MUTIG MenschSEIN – Neues Denken wagen*, das 2021 im myMorawa Verlag erschienen ist, weiter und erweitert diese um neue Erkenntnisse.

die Vorteile vergessen und die Nachteile sehen, wenn wir Angst haben. Und es kann sein, dass die Situation eigentlich dieselbe ist, aber für den einen sehr bedrohlich und für den anderen, die andere, wirklich inspirierend wirkt. Sobald du dich diesem Wunder mit Interesse und wohlwollender Neugierde näherst, entsteht ein Gefühl der Verbundenheit und das wiederum schafft Sicherheit.

Neugierde und die Führungsrolle

Wie kann ich das in einer Führungssituation anwenden?
Stell dir vor, du wirst Zeuge eines Konflikts.

Ich möchte dir nun von einem Erlebnis aus meiner Zeit als künstlerische Leitung einer Reederei erzählen, das sich an Bord eines Schiffes zugetragen hat. Es ist Montag, ein Tag auf See, für das Entertainment Hochbetrieb, Programm von 10 Uhr morgens bis Mitternacht. Ich werde Zeuge eines Gesprächs zwischen zwei Crewmitgliedern meiner Abteilung, eines gibt das andere, es schaukelt sich auf und irgendwann bricht es aus dem einen enttäuscht heraus: »Du bist ja wirklich das Letzte!« Der andere ist dementsprechend be- und getroffen und sagt: »Wenn ich das Letzte bin, schau mal bei dir nach. Bist du denn besser?« Ich stehe dabei und fühle mich in der Verantwortung, etwas zu tun. In meinem Kopf rattert es. Kann ich das Problem auf einer sachlichen Ebene entzerren? In meiner Rolle als Führungskraft? Ich bin einen Moment lang still. Meine Anwesenheit bewahrt die beiden davor, einander an den Kragen zu gehen. Ich atme kurz durch und folge meiner Neugier: Kann ich das Problem auf einer sachlichen Ebene ansprechen oder ist es nicht eher so, dass ich es ernst nehmen muss, dass sich jetzt da zwei wehgetan haben? Wahrscheinlich sind zwei Glaubenssätze oder – wie es in einem internationalen Kontext oft der Fall ist – zwei Tabus verletzt? Ein ukrainischer Tänzer und ein deutscher Animateur stehen vor mir. Meine neugierige Haltung bringt mich dazu, zu fragen: »Worüber sprecht ihr gerade? Ihr macht mich neugierig.« Die beiden sehen mich verwirrt an. Ich lese in ihren

Gesichtern »Wie? Neugierig?« Und ich bleibe dran: »Wirklich, ihr macht mich neugierig!« Und dann fangen beide an, mir ihren Standpunkt zu erklären. Meine Reaktion ist positiv und weiterhin wirklich interessiert, also erscheint beiden wichtig, was sie sagen. Die Emotionen beruhigen sie, beide können die andere Sichtweise erkennen und nach zehn Minuten haben wir ein wirklich anregendes Gespräch über unterschiedliche Meinungen, den Wert von Sichtweisen und die Tücken von Glaubenssätzen und Tabus. Das ist die Kraft der ehrlichen Neugierde.

Interessierst du dich für den Unterschied zwischen Glaubenssätzen und Tabus? Lass mich deine Neugierde befriedigen: Glaubenssätze sind grundlegende Annahmen, die du als Wahrheit annimmst, auch wenn sie nur für dich gelten. Da du sie für die Wahrheit hältst, bist du nicht bereit, von ihnen abzuweichen. Bei Tabus ist die Sachlage noch verschärft, denn sie sind gesellschaftlich anerkannte Wahrheiten, die es in anderen Gesellschaften oft nicht gibt. Bei Menschen mit unbewussten Glaubenssätzen oder Tabus gilt: Sie sind nicht bereit, die Sichtweise der anderen Person anzunehmen und irgendwie nachzuempfinden, warum das jetzt so schrecklich ist.

Erst diese Woche habe ich ein weiteres Beispiel erlebt, das nicht so einfach zu lösen war. Es ging um die Sichtweise von zwei Menschen unterschiedlicher Nationalität und ihre Sicht der Ereignisse im Zweiten Weltkrieg. Es ging um künstlerische Entscheidungen anlässlich eines Kriegsdenkmals und das Gespräch drehte sich innerhalb von zwei Minuten um: Wer war der Täter / die Täterin? Wer war das Opfer? In welcher Region Europas sieht man was, wie? Eine Partei war bereit zu reflektieren und sagte: »Okay, ich verstehe, dass mit euch viel geschehen ist, das ich nicht weiß. Wollen wir uns ein anderes Mal darüber austauschen? Was können wir jetzt daraus für unsere Entscheidung mitnehmen?« Die andere Partei war nicht so offen und sagte nur: »Es ist eure Schuld. Ihr habt das als Nation getan. Ihr tragt die Schuld daran. Es ist auch nicht meine Schuld, dass ihr im Krieg auf der falschen Seite gestanden seid.« Das Gespräch war an diesem

Tag zu Ende, es gab keine Entscheidung und es wird Monate dauern, um das zu lösen, falls es geht.

Und jetzt zu dir und deiner hoffentlich mutigen Neugierde: Wie siehst du das? Was könntest du tun, damit sich das eventuell lösen lässt? Meine Antwort ist: Mit Neugier als Haltung und einem wohlwollenden Darauf-Zugehen kann es gelingen. Denn dann bist du daran interessiert, was beide Parteien denken. Du nimmst sie beide ernst. Du weißt, dass ihre jeweiligen Anliegen ehrlich sind. Und du hast den Mut, deine eigene Wut zu hinterfragen, die in dieser Situation sicher auch eine Rolle spielt. Du nimmst sie wahr, du nimmst sie ernst und du fragst dich: »Ist das, was ich fühle, wirklich wahr? Ist es wahr, dass es so schlimm ist, dass es so schrecklich ist oder dass es so schön ist?« Übrigens: Sehr oft lautet die Antwort nein. Trotzdem ist es für dich wahr. Für jemand anderen ist es vielleicht das Gegenteil. Recherchiere mal!

Zukunftsfähige Führungsqualitäten – in der digitalen Transformation und im internationalen Kontext.
Diese Denkweise und die daraus resultierenden menschenorientierten Führungsqualitäten, die wir für die Zukunft brauchen, spielen sich zwischen diesen beiden Polen ab. Genau zu wissen, wo ich stehe, wer ich bin, wo ich bin, in welchem Kontext ich mich bewege und gleichzeitig neugierig zu sein, mich zu öffnen und zu sagen: »Okay, das ist meine Wahrheit heute, aber vielleicht ist sie in zehn Minuten eine andere, weil ich auch die Argumente der anderen annehmen kann.«

Damit dieser große menschliche Schritt möglich ist, braucht die Neugierde ein bisschen »Butter bei die Fische«. Ergänze sie mit der Fähigkeit, ganz selbstverständlich Verletzlichkeit zu zeigen und es auch auszuhalten, wenn jemand diese Verletzlichkeit missbraucht. Trau dich, neugierig und einfühlsam zu sein, damit du dich in die Auslöser dieser heftigen Reaktionen und die dahinter stehenden Gefühle einfühlen kannst. Vertraue auf deine eigene Intuition: Glaubst du der Person oder nicht? Behalte dir eine gesunde Portion echten Humor. So kann es funktionieren.

Kurze Denkpause
Ich lade dich ein, es einfach auszuprobieren und einmal laut zu sagen: »Okay, ich bin nicht der Mittelpunkt der Welt. Und auch wenn ich anders denke, lerne ich jeden Tag dazu, ich bleibe neugierig und akzeptiere, dass manche Kulturen und Religionen anders denken und jede Kultur ein eigenes Narrativ zur Geschichtsschreibung hat, wie in dem Beispiel von vorhin.«

Input #3: Kultiviere deine Skills – Neugier als Basis für gute Gespräche, um Verbundenheit und damit sichere Räume zu schaffen

Weiter geht es mit den wirklich großen Gefühlen, denn die sind in komplexen Bereichen an der Tagesordnung. Als Prämisse gilt: Was du wirklich brauchst, wenn es dir richtig schlecht geht, ist ein guter Freund. Mach dir also welche und interessiere dich dafür, wie das geht.

Die dritte Empfehlung lautet daher, sich eine Kulturtechnik anzueignen, nämlich die Kunst guter Gespräche. Neugierde als Haltung hilft dir, die richtigen Fragen zu stellen. Das ist die Grundlage für gute Gespräche oder, wie man es im Englischen sagt, *meaningful conversations*. Der Wunsch, etwas zu erforschen, legt den Grundstein für ein Skillset, interessierte Fragen und ein Gefühl der Verbundenheit zu schaffen und damit auch sichere Räume zu kultivieren, mit der Absicht, Ideen zu erschließen, um Innovation zu ernten.

Du erinnerst dich, dass du vorhin herausgefunden hast, dass es dieser sichere Raum ist, der davor bewahrt, dass das Reptiliengehirn anspringt? Oder anders gesagt, er bewahrt davor, dass der Instinkt, in den Flucht-, Angriffs- oder Erstarrungsmodus zu wechseln, ausgelöst wird. Es lohnt sich, das zu üben.

Neugierig darauf, wie gute Gespräche ablaufen?

- Du investierst echtes Interesse (das Synonym für Neugierde).
- Der Dialog wird immer intensiver. Es gibt ein echtes Hin und Her.
- Die Antwort ergibt sich nicht in kürzester Zeit aus dem, was vorher in einem Ping-Pong-Verfahren gesagt wurde.
- Alle tragen etwas Relevantes bei.
- Alle kultivieren aktives Zuhören.
- Jeder einzelne Teilnehmer verdaut zunächst das Gehörte.
- Wenn nötig, reflektieren wir zwischendurch auch miteinander.
- Jeder gibt dann eine Antwort aus seiner eigenen Perspektive, ein weiteres Argument, einen nächsten Schritt.
- So wächst der Dialog.
- Am Ende wird das vereinbarte Ziel des Gespräches reflektiert: Wurde es erreicht? Was muss noch geschehen, damit es erreicht wird?

Was erreicht man, wenn Neugierde gute Gespräche bereichert? Neugierde in guten Gesprächen schafft eine Basis für Co-Kreation. Aus der daraus entstehenden Verbundenheit wächst ein Gefühl der Zugehörigkeit und du kannst ernten, und zwar alle vorhandenen Ideen. Denn: Ihr tut es gemeinsam, ihr seid aneinander interessiert und ihr teilt Wissen. Übrigens: Wissen wird in guten Gesprächen nicht nur geteilt, sondern auch geschaffen.

Neugier-Killer-Anleitungen oder No-Gos für gute Gespräche

Was du im Rahmen guter Gespräche nicht brauchst, sind Polemik, Befehle oder Anweisungen. Hier sind die »Rechte und Pflichten derer, die von ihren Mitmenschen lernen wollen«[2], richtungsweisend für mich. Ganz nach Karl R. Popper sind eine grundlegende Offenheit, Wohlwollen und ein Verstehen-wollen die Basis für gute Gespräche, aus denen man Neues lernen kann. Sprich: Wenn dabei jemand die Grenzen von anderen ständig auslotet und damit das wohlwollende Klima gefährdet, ist es an dir, der Gesprächsleitung Grenzen zu setzen und das zu unterbinden.

Wenn du gute Gespräche führen willst und jemand das Bedürfnis hat, zu polemisieren oder sogar Befehle zu erteilen, solltest du ihn bitten, aufzuhören und eventuell sogar den Raum für einen Moment zu verlassen. Sobald sich die durch diese Aktion ausgelösten Emotionen beruhigt haben, kläre immer wieder, wie man vor, während und nach guten Gesprächen miteinander umgeht. Als Technik kannst du hier auch *ehrliche,* neugierige Fragen stellen: Was erwartest du, wenn du mit der anderen Person so redest? Denkst du, dass dieser Satz einen Lösungsraum eröffnet?

Neugierde als Grundhaltung – wie kam es zu diesem Ansatz?
Als Expertin packe ich die Haltung, *neugierig zu sein, neugierig auf das Betriebssystem Mensch,* und den Skill *Die Kunst der guten Gespräche* in deine Leadership-Toolbox. Aus welcher Frage ist sie entstanden? Wie kann es einfach gehen und hochgradig wirksam sein? Wir brauchen einfache, artgerechte, das heißt am Menschen orientierte, Handlungsoptionen im Leadership, um mit Komplexität umgehen zu können.

Wir als Spezies entfalten uns nicht in klaren, skalierbaren Schritten, sondern wir entwickeln uns vor allem in Entwicklungsspiralen.

---

2   Vgl. Rechte und Pflichten derer, die von ihren Mitmenschen lernen wollen, frei nach Karl R. Popper, erschienen als Nachwort in *Aufklärung und Kritik Nr. 1* (1994), S. 189.

Mit anderen Worten: Wir fangen an, dann gibt es einen kleinen Rückschritt und doch machen wir zwei Schritte vorwärts, dann wieder einen halben Schritt zurück und das Ganze hin zu immer größeren Spiralen. Und dazwischen lernen wir plötzlich in Sprüngen und wechseln von einem Moment zum nächsten die Ebene.

Die Relevanz von Leadership in der Transformation
Menschen werden also mit einem grundlegend anderen Ansatz zum Lernen und zur Entwicklung geboren. Dennoch hält sich die Idee des »schrittweisen und linearen« Lernmodells sehr hartnäckig.

Jetzt stellt sich die Frage: Was passiert, wenn du als Führungskraft davon überzeugt bist, dass Menschen nur Schritt für Schritt lernen? Wenn du nicht zulassen kannst, dass Menschen sich spiralförmig entwickeln und es auch manchmal einen kleinen Schritt zurück gibt? Lässt du dann nicht einfach ein riesiges Potenzial auf dem Tisch liegen? Mehr noch: Wenn du das spiralförmige Lernen infrage stellst, löst du Unsicherheit aus, weil die Menschen sich unbewusst nicht verstanden fühlen. Deshalb: Entwickle deine Neugierde und fühle dich selbst lebendig, während andere gerne mit dir in den Austausch gehen.

Die These: Transformation und Disruption brauchen Vision und Sicherheit − Neugier liefert beides
Agiles Handeln, kannst du das? Kannst du das auch, wenn du selbst mit Unsicherheit konfrontiert bist, wenn Irritation aufkommt? Oder springt dann deine Amygdala an? Es gibt diesen wunderbaren Satz: »Die Herausforderung in einem Sturm besteht nicht nur darin, die Ruhe zu bewahren, sondern auch darin, die Segel neu setzen zu können.« Stimmt das für dich?

Jeder, der segelt, weiß, dass niemand mitten in einem Sturm neue Segel setzt. Aber sobald er vorbei ist, im richtigen Moment, schon. Denn erst, wenn die Segel wieder gesetzt sind, können wir weiterziehen. Das ist das Narrativ, das wir bis jetzt kommuniziert haben. Ich behaupte, dass es nicht mehr funktioniert. Es ist zu langsam, zu träge. Wer in diesen schnelllebigen Zeiten noch ein großes Segelboot manövrieren will, verschwendet meiner Meinung nach nur Energie.

Was könntest du tun, wenn die Herausforderung etwas ganz Neues ist oder du sie neu definieren kannst? Wenn es nicht mehr nur darum geht, im Sturm die Ruhe zu bewahren, sondern wieder die Segel setzen zu können? Ich werde jetzt Pippi Langstrumpf ins Spiel bringen. Kannst du dich daran erinnern, was Pippi Langstrumpf tut, wenn etwas nicht klappt? Sie verliert irgendwie nie den Mut. Und sie nutzt ihr Team: Kleiner Onkel und ihr kleines Äffchen sowie Tommi und Annika. Als sie merkt, dass sie mit dem Kleinen Onkel nicht in die eine Richtung reiten kann, reitet sie neugierig in die andere Richtung. Und der Kleine Onkel vertraut ihr und folgt ihren Anweisungen, weil es immer Spaß macht, ihren Ideen zu folgen. Mit anderen Worten: Sie ist so interessiert und deshalb wendig, da sie jederzeit weiß, was zu tun ist, und den Mut hat, die Richtung zu ändern und weiterzugehen.

Eine neue Art zu denken – wissbegierig, interessiert und kindlich neugierig
Das ist die neue Art des Denkens, in der Transformation und auch in internationalen Zusammenhängen. Keine Segelboote mehr, nichts Träges, nicht mehr darauf warten, dass sich der Sturm beruhigt, sondern im Sturm auf ein Pferd steigen und sagen: »Komm schon, Kleiner Onkel, lass uns neugierig sein. Wir gehen auf ein Abenteuer, da wollen wir hin.« Du kennst das bereits von den vorherigen Passagen: neugierig sein, Empathie leben, die eigenen Gefühle steuern und kontrollieren können und dann gute Gespräche führen. Dann hast du alles, was du brauchst. Das ist es, was ich neues Denken nenne.

Lösungsräume erschließen
Die neue, neugierige Art zu denken, bringt dich dazu, Lösungsräume zu eröffnen und dabei emotionale Sicherheit zu schaffen. Aus diesen Lösungsräumen erwächst Innovation.

Kurze Denkpause
Ich lade dich ein, noch einmal einen Moment innezuhalten. Reflektiere, eventuell mit Stift und Papier, wie du über das Thema *Lösungsräume öffnen* denkst. Würdest du das gerne tun? Wenn ja, weißt du schon, wie du es machen kannst? Wenn nicht, überlege noch einmal, wie es für dich funktionieren kann, anstatt sie einfach zu verschließen.

Neugierde, gute Gespräche und artgerechtes Handeln –
das ist als Zusatznutzen auch Basis für Kulturentwicklung

Wenn Menschen mit Interesse miteinander kommunizieren, legen sie den Grundstein für die Gestaltung unserer Welt. Und wenn du die Kommunikation durch diese Haltung effektiv gestalten kannst, dann kannst du auch unsere Zukunft gestalten. Und wenn gute Gespräche durch echtes Interesse wachsen, sind sie wirklich ein sehr, sehr probates Basistool dafür.

Wozu aber brauche ich es noch? Es gibt eine noch größere Metaebene, für die du Neugierde und gute Gespräche einsetzen kannst.

- Du kannst damit, quasi nebenbei, die Kultur in deiner Organisation entwickeln.
- Aus Neugierde entsteht Kreativität. Du erforschst etwas.
- Wenn du dann Neugier und Kreativität in deinem System hast, dann werden aus Problemen plötzlich Herausforderungen, und wenn sie mit Neugier gelöst werden, entsteht Innovation.

Auf diese Weise aktiviert, fühlen sich auch vorsichtige Menschen sicher und sind bereit, neue Wege zu gehen.

Empfehlung: Feiere den Erfolg auf den neuen Wegen und belohne die Neugierde

Neugierde schafft Kreativität und diese scheinbar irrationale Kreativität braucht den zündenden Funken, der aus ungezügelter Neugierde entsteht. Dieser zündende Funke wiederum entsteht nur, wenn das Umfeld sicher und interessant zugleich ist. Neue Wege sind heute oft, aber nicht immer, von Erfolg gekrönt. Feiere das mit deinen Mitarbeitenden.

Schaffe Anlässe, dass Menschen sich gesehen und zugehörig fühlen. Sie sind dann auch bei der Arbeit intrinsisch, also von innen heraus, motivierter. Das gilt besonders für Gruppen, in denen ein Zugehörigkeitsgefühl aus extrinsischen Gründen keine Selbstverständlichkeit ist: Expertenorganisationen, Organisationen in der Transformation und kulturell gemischte Teams. Es gilt für Teams mit Menschen, die gerne selbstständig arbeiten. Und wenn du diese Kultur entwickelst, dann kultivierst du auch den Boden, auf dem Kreativität entsteht.

Kurze Denkpause
Gib dir wieder ein paar Minuten Zeit, nimm dir ein Glas mit einem guten Getränk, ein gutes Musikstück und eventuell einen Reflexionspartner und denke – besonders effektiv im Gespräch – neugierig über alles nach, was dich berührt hat.

Roadmap zum Erfolg

Und wenn wir uns jetzt eine Roadmap zum Erfolg einer Organisation ansehen, dann würde ich sagen, dass der größte Unterschied bei dieser Transformation zum Neuen darin besteht, dass wir jetzt ausschließlich den Erfolg messen. Wir schauen zurück und erheben: Was haben wir getan? Was war richtig? Wie viel Erfolg können wir daraus ableiten?

Aus der Vergangenheit zu lernen, ist heute nur noch bedingt wirksam, auch weil sehr oft die Herausforderungen anders sind. In Zukunft sollten wir Erfolg kultivieren. Mit anderen Worten: Durch Neugierde bereiten wir ein Feld vor, säen die Samen. Wenn es zukunftsorientierte, aufmerksame Manager gibt, dann wird das meiste, das daraus erwächst, erfolgreich sein.

Natürlich wird es weiterhin Dinge geben, die nicht erfolgreich sind. Aber wenn das Feld erst einmal vorbereitet ist, wird jeder herausfinden wollen, wie man das, was wächst, pflegen kann, damit es erfolgreich ist.

Die Transformation meistern: komplex, nicht kompliziert
Leadership in komplexen Umfeldern kann ziemlich kompliziert sein, höre ich an dieser Stelle oft. Ich behaupte, dass es nicht kompliziert ist, aber es ist komplex. Um das Komplexe greifbar und lebbar zu machen, habe ich diesen Ansatz der Neugier als Haltung, das Mindset des artgerechten Handelns und die Kunst der guten Gespräche zusammengefasst, um dir etwas leicht Greifbares zu geben, das du kultivieren solltest, mit dem du aber sofort anfangen kannst. Um es zusammenzufassen: Es geht um Haltung, Mindset und Skill. Auf Deutsch könnte man das *Leadership für Neugierige* nennen. Und am Ende kannst du alles in einem Satz zusammenfassen, den ich von Pippi Langstrumpf gelernt und abgeleitet habe. Sie sagt: »Das haben wir noch nie gemacht, also geht es sicher gut.«

Was dir damit dann gelingt, ist nicht nur, Transformation zu meistern. Du wirst in der Lage sein, in einer vermeintlich schwierigen, bedrohlichen Situation auf eine artgerechte Weise zu lernen: #LearningfromDisruption. Das bedeutet, herausfordernde Antworten auf neugierige Fragen zu erhalten und das Beste daraus zu machen. Du traust dich, neue Wege zu gehen.

Und wenn du jetzt in die Zukunft blickst, bereitest du genau damit den Boden für eine bessere Arbeitswelt, weil Leader die besten Multiplikatoren sind, wenn es darum geht, neues Denken, eine neue Kultur des Denkens, innerhalb eines Unternehmens mit Ansichten, Aufgaben und Perspektiven zu etablieren.

Erfahrungen aus meiner Welt – erfolgreiche Anwendung
Ich möchte dir ein Beispiel dafür geben, wie das funktionieren kann: Neugierig sein, Menschen mögen und gute Gespräche führen – in der Zeit, in der ich Teams auf der ganzen Welt geführt habe. Ja, du hast richtig gelesen, Teams, die nicht in meinem Büro saßen, sondern

auf Kreuzfahrtschiffen arbeiteten. Ich hatte nicht nur verschiedene Nationen und unterschiedliche Kulturen in meinen Teams, sondern sie waren auch geografisch sehr weit verstreut. Ich musste sicher gehen können, dass sie ihre Aufgaben erfüllen würden. Wir hatten mit großen technischen Neuerungen zu tun. Und bei uns ging wortwörtlich jeden Abend im Theater der Vorhang hoch. Ich war nicht dort und ich hätte also nicht eingreifen können, wenn das neue digitale Licht- und Tonpult nicht funktionierte. Was wäre passiert, wenn sie an einem Abend nicht gespielt hätten?

Die Frage durfte nicht lauten: »Wie finde ich heraus, ob jetzt gespielt wurde oder nicht? Wie weiß ich, dass mir die Mitarbeitenden die Wahrheit schreiben und dass eh alles läuft?« Denn die Antwort konnte nur lauten: »Ich weiß es nicht.« Ich konnte nur neugierig bleiben und vertrauen. Gut, natürlich konnte ich auch den Kapitän oder den Hotelmanager fragen. Aber wollte ich meinen eigenen Leuten misstrauen? Nein, ich ging davon aus, dass ich ein Team hatte, dem ich vertrauen konnte und wollte. Und ich war bereit, das Risiko einzugehen, dass mein Vertrauen missbraucht werden könnte. Doch Vertrauen wird oft mit Vertrauen belohnt. Das war bei uns der Fall.

Neugierde schafft Vertrauen und das wird mit Vertrauen belohnt – vertraue darauf
Bei uns wurde das Vertrauen zu 95 Prozent der Zeit gelebt. Die Leute an Bord genossen es, mit ihrer Leistung gesehen zu werden. Und ich war neugierig und genoss es, immer wieder die vereinbarten Berichte zu erhalten, aber auch zusätzliche kleine Filmchen zu sehen, dass das, was vereinbart worden war, auch umgesetzt wurde. So entwickelte sich innerhalb eines Jahres oder anderthalb Jahren ein Vertrauensverhältnis, das gut hielt, das wir aber trotzdem immer wieder aktiv pflegen mussten. Aber es war schon so weit fortgeschritten, dass, wenn ein Missgeschick, ein Fauxpas oder eine Katastrophe passierte, der erste Schritt darin bestand, mich zu informieren und uns abzusprechen, bevor an Bord Maßnahmen eingeleitet wurden. Das war für beide Seiten fruchtbar. Ich konnte ohne Umwege die richtigen

Schritte einleiten und sie konnten sich mir anvertrauen, weil das Interesse da war, mit der Zusage, dass ich ihnen den Rücken freihalten würde.

Das ist der Grund, warum ich dir diese Neugierde als Haltung so ans Herz lege, denn als Führungskraft wünschst du dir nichts sehnlicher, als dass deine Mitarbeitenden sagen: »Äh, es ist etwas passiert. Ich wende mich an dich, weil du als Führungskraft an einer Lösung und an mir interessiert bist. Du kannst Maßnahmen setzen und wir, deine Mitarbeitenden, werden diese Maßnahmen unterstützen, wenn du meine Bedürfnisse bei deinen Entscheidungen berücksichtigst.«

Angela Alexander
Spirituelle Betriebswirtin und Business-Mentorin

© Julia Mittelhamm

Als Betriebswirtin und ehemalige Steuerberaterin verbindet Angela Alexander die Welt der Zahlen, Daten und Fakten mit spirituellen und aktuellen Themen unserer Zeit, wie *Achtsamkeit*, *Selbstfürsorge* und *Bewusstseinswandel.*

Sie berät mittelständische Unternehmen bei der Optimierung ihrer Geschäftsprozesse und unterstützt sie bei komplexen Veränderungsprozessen. Außerdem arbeitet sie als Business-Mentorin für Unternehmerinnen, die ihr Unternehmen umstrukturieren oder an die nächste Generation übergeben wollen.

Dank ihrer jahrzehntelangen Erfahrung als Steuerberaterin, Vorstand einer Unternehmensberatung und Leiterin des Shared Service Center für Rechnungswesen und Finanzen in einem Konzern kennt sie viele Funktionen aus eigener Erfahrung.

2007 gründete sie ihr Beratungsunternehmen »Integrierte Beratung«, in das Sie ihre vielfältigen Erfahrungen aus Betriebswirtschaft, Prozessmanagement sowie integralem und spirituellen Coaching einbringt.

Sie praktiziert seit über 20 Jahren Zen-Meditation, ist Mutter von zwei erwachsenen Töchtern und lebt in Prien am Chiemsee.

Weitere Informationen finden Sie auf: *www.angela-alexander.de*

Selbstfürsorge, Achtsamkeit und Selbstführung
So bleiben Sie in Ihrer Kraft

Jeder Unternehmer – und jede Führungskraft[1] – ist auch ein Mensch, mit eigenen Wünschen und Bedürfnissen. Im Privatleben sind die Erwartungen anderer zu erfüllen, sei es als Freund, Partner, Eltern oder Kind. Im unternehmerischen Kontext ist es meist notwendig, sofort zu reagieren. Stakeholder wollen schnelle Antworten auf aktuelle Fragen. Gesetzliche Anforderungen, technische Rahmenbedingungen, überraschende Marktveränderungen, Unterbrechungen in den Lieferketten und vieles mehr erhöhen die Komplexität. Wenn diese Dinge zusammenkommen, kann dies zu stressigen Situationen führen, die weder für die Führungskraft noch für das Unternehmen gut sind. Um das Risiko eines Scheiterns der Führungskraft – oder des Unternehmers – zu minimieren, ist es wichtig, Vorsichtsmaßnahmen zu treffen.

Aber wie soll das funktionieren? Wie können Unternehmer ihre Ausfallwahrscheinlichkeit minimieren und sicherstellen, dass sie selbst

---

1   Alle Schilderungen gelten für Unternehmer und Führungskräfte gleichermaßen. Beim Unternehmer entfällt der »Vorgesetzte«, dafür hat er weitere Stakeholder im Außen, zum Beispiel Mitgesellschafter, Kapitalgeber, Familienangehörige aufgrund seiner möglichen persönlichen Haftung mit dem Privatvermögen etc. Im weiteren Verlauf sind deshalb immer beide Gruppen gemeint, auch wenn nur eine genannt ist.

immer fit und gesund sind? Nur eine gesunde, körperlich und geistig leistungsfähige Führungskraft kann ihre Aufgabe wirklich erfüllen. Das Zauberwort dafür heißt *Selbstfürsorge*. Jeder, der schon einmal mit dem Flugzeug gereist ist, kennt die Sicherheitshinweise am Anfang: »Bei einem Druckabfall fallen die Sauerstoffmasken automatisch herunter. Bitte ziehen Sie Ihre Sauerstoffmaske über die Nase, bevor Sie Kindern und Anderen helfen.«

In diesem Beitrag erfahren Sie, was eine gute Führungskraft in Zeiten enormer Veränderungen braucht und wie sie gut auf sich selbst achten kann. Theoretische Erklärungen werden durch praktische Beispiele ergänzt und Reflexionsfragen regen Sie dazu an, über Ihre eigene Situation nachzudenken.

Die Führungskraft als Teil des Systems

Führungskräfte bewegen sich in einem permanenten Spannungsfeld, in dem sie sowohl als erfolgreiche Mitarbeiter als auch als akzeptierte und richtungsweisende »Leitwölfe« ihrer Teams[2] agieren und überleben wollen. Damit Führungskräfte in diesem Spannungsfeld mittel- und langfristig bestehen können, brauchen sie eine ausgereifte und eingeübte Selbstkompetenz, die ständig weiterzuentwickeln ist, um den permanent steigenden Anforderungen immer komplexerer Rahmenbedingungen[3] gerecht werden zu können.

Gleichzeitig sind Führungskräfte Teil des Systems »Unternehmen« in einem interdependenten Umfeld mit vielen Beteiligten. Sie arbeiten nicht nur in dem Unternehmen, sondern auch an dem Unternehmen.

---

[2] Vgl. Basler, S. und K. Gattinger (2014). Führung an der Leistungsgrenze, Springer Gabler, Wiesbaden, Seite 9 bis 24.

[3] Vgl. Shet, S. (2023). A VUCA-ready workforce. Exploring employee competencies and learning and development implications, Personnel Review.

Das bedeutet, dass Führungskräfte die Organisation durch bewusstes Handeln, aber auch durch Nichthandeln aktiv (mit-)gestalten.

Das systemische Führungsdreieck zeigt das Zusammenspiel der drei Dimensionen: *Aufgabe*, *Ich* und *Beziehung*, die bei der Arbeit am Unternehmen und seiner Weiterentwicklung wichtig sind.

Das Führungsdreieck: Aufgabe – Ich – Beziehung[4]

Die Dimension *Aufgabe* umfasst die technischen und methodischen Fähigkeiten für die inhaltliche Arbeit und strategische Weiterentwicklung des Unternehmens, die durch klar definierte Ziele und effektive Prozesse geprägt sind. Dagegen erfordern die Ebenen *Ich* und *Beziehung* Selbst- und Sozialkompetenzen, um Aufgaben angemessen zu lösen. In diesem Zusammenhang umfasst *Beziehung* Kommunikation, emotionale Intelligenz, Konfliktmanagement und Teammanagement. Die *Ich*-Ebene befasst sich mit Elementen wie Persönlichkeit, Verhaltensmustern und Überzeugungen sowie Selbstreflexion und Selbstführung.

Im Idealfall bilden die drei Punkte *Aufgabe*, *Ich* und *Beziehung* ein gleichschenkliges Dreieck und sind damit in Balance. Der Mangel an einem Element kann nicht durch ein besonders hohes Niveau eines anderen Elements ausgeglichen werden.

In der Praxis kommt es immer wieder vor, dass hervorragende Fachexperten in Führungspositionen befördert werden, obwohl es ihnen an den notwendigen Selbstführungs- und Sozialkompetenzen fehlt. Eine Führungskraft mit beeindruckendem Fachwissen steht einer zielorientierten Teamdynamik im Weg, wenn sie nicht ausgewogen, fair und menschlich mit ihrem Team kommuniziert und zielorientiert handelt. Im Gegensatz dazu kann eine Führungskraft, die in der Lage ist, ihr eigenes Handeln bewusst zu steuern und alle verfügbaren Optionen abzuwägen, eine positive und motivierende Gruppendynamik fördern, selbst wenn es ihr an Fachwissen fehlt.

---

4 Vgl. Schrör, T. (2020). Kraftvoll führen in Krisenzeiten, Springer Gabler, Wiesbaden.

Das bedeutet nicht, dass auf Fachwissen und methodische Fähigkeiten verzichtet werden kann. Ich habe auch schon Fälle erlebt, in denen Mitarbeiter mit ausgeprägten kommunikativen und sozialen Fähigkeiten mit Managementaufgaben in Bereichen betraut wurden, in denen ihr mangelndes Fachwissen Projekte zum Scheitern brachte.

Die ideale Führungskraft vereint daher sowohl Fachkompetenz als auch ausgeprägte Selbstführungs- und Beziehungskompetenzen. Diese Kombination ermöglicht es, nicht nur fundierte Entscheidungen zu treffen, sondern auch ein motiviertes und leistungsfähiges Team zu führen. Eine kontinuierliche Weiterentwicklung in allen Bereichen ist entscheidend, um den komplexen Anforderungen moderner Unternehmensführung gerecht zu werden und langfristig erfolgreich zu sein.

Ich lade Sie ein, an dieser Stelle die folgenden Fragen für sich selbst zu beantworten:

- Wie bewerten Sie Ihre fachliche und methodische Kompetenz für Ihre Hauptaufgaben auf einer Skala* von 1 bis 10?
- Wie bewerten Sie Ihre Beziehungskompetenzen (Kommunikation etc.) auf einer Skala von 1 bis 10?
- Wie bewerten Sie Ihre Fähigkeiten zur Selbstführung und zur Selbstreflexion auf einer Skala von 1 bis 10?

* Hierbei handelt es sich um eine Skala mit aufsteigenden Werten, 1 ist sehr niedrig und 10 ist sehr hoch.

Die drei Werte zeigen Ihr persönliches Führungsdreieck. Sie können die Fragen auch verwenden, um sich ein Bild von anderen Führungskräften, Teammitgliedern usw. zu machen.

!• Ein erster Schritt zur »Selbstfürsorge« besteht darin, dass Sie sich Ihrer eigenen Kompetenzen bewusst sind beziehungsweise werden und wissen, wo oder von wem Sie Unterstützung erhalten können, wenn Sie an Ihre Grenzen stoßen.

Die Führungskraft als »selbstbewusster« Mensch
Mit »selbstbewusst« ist hier nicht das Selbstbewusstsein im herkömmlichen Sinne zu verstehen, das bei manchen Menschen sehr ausgeprägt ist und bei anderen Menschen weniger. Es hat auch nichts mit Egozentrik zu tun. Mit »selbstbewusst sein« meine ich eine Person, die sich ihrer selbst bewusst ist, die auf einer Metaebene sehr gut über sich selbst reflektieren kann, die sich selbst mit ihren Bedürfnissen, Stärken und Schwächen gut kennt, die eine gute Wahrnehmung hat, die in stressigen Situationen ruhig bleibt, die Verantwortung für sich selbst übernimmt und ein gutes Beziehungsmanagement pflegt. Das bedeutet, dass sie auch über alle Kompetenzen verfügt, die unter dem Konstrukt *Selbstführung* genannt werden.[5] Bewusstes Handeln, das Gegenteil von unbewusstem Handeln, ist kennzeichnend für die Selbstführung und ermöglicht sowie stärkt diese auch.[6]

Wissen Sie, wann und wie Sie reagieren? Hier sind einige Fragen zur Selbstreflexion für Sie:

---

[5] Vgl. Niekerken, A. (2023). Das Natural-Leadership-Prinzip, Springer Gabler, Wiesbaden, Seite 131.

[6] Schrör, T. (2016). Führungskompetenz durch achtsame Selbstwahrnehmung und Selbstführung, Springer Gabler, Wiesbaden.

> - In welchen Situationen reagieren Sie sehr schnell, ohne nachzudenken?
> - In welchen Situationen nehmen Sie sich einen Moment Zeit, um sich die Situation und Ihre Emotionen genau anzuschauen, um bewusst zu handeln?
> - Erkennen Sie Ihre Auslöser, die Sie schnell unangemessen reagieren lassen? Wie lauten diese?

Die Antworten auf diese Fragen geben Ihnen einen Hinweis darauf, wie bewusst Sie in verschiedenen Situationen handeln.

! **Bewusstes Denken und Handeln ist für die Selbstfürsorge unerlässlich.**

Selbstfürsorge

Laut Wikipedia ist Selbstfürsorge der Prozess, bei dem Sie sich um Ihre eigene Gesundheit auf körperlicher und geistiger Ebene kümmern. Dazu gehören Ernährung, Schlaf, Körperpflege, soziale Kontakte, Sport und Entspannung.[7] Diese Definition ist jedoch nicht umfassend genug. Für mich bedeutet Selbstfürsorge, dass ich mich auf körperlicher, geistiger und emotionaler Ebene um mich selbst kümmere, um sicherzustellen, dass es mir gut genug geht, um ein freudvolles, sinnvolles Leben zum Wohle des Ganzen zu führen.

---

7 Vgl. Die freie Enzyklopädie, https://de.wikipedia.org/w/index.php?title=Selbstf%C3%BCrsorge&oldid=241835310; besucht am 29.04.2024.

Orientierung der Selbstfürsorge
Selbstfürsorge sollte nicht mit Selbstbezogenheit verwechselt werden, bei der sich alles um die eigene Perspektive und die eigenen Bedürfnisse dreht, ohne Einfühlungsvermögen für andere. Zur Selbstfürsorge gehört auch das Wohlbefinden des Unternehmens, der Familie, der Gemeinschaft mit anderen und der Umwelt. Soziale Kontakte mit dem Unternehmen, der Familie und der sonstigen Umgebung spielen eine wesentliche Rolle in der Selbstfürsorge. Denn wenn die Umgebung nicht mehr lebenswert ist, geht es dem Einzelnen höchstwahrscheinlich auch nicht mehr gut. Dieser einfühlsame Ansatz zur Selbstfürsorge sorgt dafür, dass sich jeder Einzelne besser fühlt.

Unabhängig davon, wie man Selbstfürsorge betreibt, gibt es immer das Problem der Zeit: »Wann soll ich das neben meinem normalen Arbeitspensum tun?«

Zeit für Selbstfürsorge
Das folgende, in der Managementliteratur oft zitierte Beispiel veranschaulicht die Absurdität des Bezugs auf die Zeit:

Jemand sagt zu dem Holzfäller: »Ihre Säge ist stumpf, Sie müssen sie schärfen.« Er antwortet: »Keine Zeit, ich muss sägen.«[8]

Sie brauchen feste Routinen oder bestimmte Rituale, um sich regelmäßig um sich selbst zu kümmern, idealerweise mit einer Mischung aus täglichen Routinen, anderen regelmäßigen Gewohnheiten und Ritualen für bestimmte Anlässe.

Der Vorteil von festen Routinen ist der »Automatisierungseffekt«. Alles, was regelmäßig geübt oder angewendet wird, führt zur Bildung neuer Synapsen im Gehirn.[9] Es ist nicht mehr nötig, darüber nachzudenken, ob oder wie dieser Vorgang ausgeführt werden soll. Das Gehirn hat es sich fest eingeprägt und spult es einfach ab. Mit der Zeit

---

8   Seiwert L. (2024). Das 1x1 des Zeitmanagement, GU-Verlag, München. Seite 32.
9   Vgl. Siegel, D. (2020). Das achtsame Gehirn, Arbor Verlag, Freiburg.

werden die täglichen Selbstfürsorge-Routinen so selbstverständlich wie das Zähneputzen.

Tägliche Routinen können sein:

- *Morgens:* Morgenmeditation, Yoga, eine Runde Sport, sich bewusst auf den Tag einstimmen, indem Sie sich eine klare Absicht setzen, was Sie an diesem Tag erreichen möchten ...
- *Während des Tages:* regelmäßige Mini-Pausen mit kurzen Atemübungen, Dehnungsübungen, ab und zu aufstehen und aus dem Fenster schauen, sich ab und zu fragen: Wo sind meine Gedanken gerade jetzt (in diesem Moment)?
- *Abends:* Training, kurzer schriftlicher Rückblick auf den Tag, Abendspaziergang, Abendmeditation, Gespräch mit einem geliebten Menschen, Musik hören ...

Wöchentliche oder monatliche Routinen:

- Genauso wie Zeitfenster im Kalender für geschäftliche Aufgaben blockiert werden, ist es auch wichtig, bestimmte Wochentage oder Zeiten für die Selbstfürsorge zu blockieren. Diese festen, regelmäßig wiederkehrenden Termine sind speziell darauf ausgerichtet, die persönlichen Ressourcen zu pflegen und aufzutanken, ganz gleich, ob es sich dabei um Sport, Wellness, Kunst, Familie und Freunde oder was auch immer handelt.
- Es ist wichtig, dass es sich dabei um feste Termine im Kalender handelt, die nicht für etwas anderes genutzt werden. Sollte es dennoch zu einer Terminkollision kommen, muss ein Ausweichtermin an einem anderen Tag gefunden werden, genauso wie es der Fall wäre, wenn ein Termin mit einem Geschäftspartner verschoben wird.

Rituale für besondere Anlässe:

- In allen Unternehmen gibt es einen Rückblick auf das vergangene Jahr und in den meisten eine Planung für die erwarteten Umsätze, Kosten und Einnahmen im nächsten Jahr. Was gut für das Unternehmen ist, ist auch gut für die Führungskraft: Sowohl die »Bestandsaufnahme« als auch die »persönliche Jahreszielplanung« haben eine starke Wirkung.
- Viele Unternehmen veranstalten jährliche Strategietage. Meiner Erfahrung nach führt die Verknüpfung mit dem bisher Erreichten und die Verknüpfung von Unternehmenszielen mit persönlichen Zielen zu einem deutlich höheren Engagement und einem höheren Grad der Zielerreichung. Führungskräfte – aber auch Teammitglieder und andere Mitarbeiter – sehen ihren direkten Beitrag zum Erfolg des Unternehmens und den Sinn ihrer Arbeit.
- Geburtstage, Jahrestage, Feiertage, jährliche Gesundheitschecks und vieles mehr können zu einem festen Zeitpunkt oder einer Zeitspanne werden, die der Selbstfürsorge gewidmet ist – für das persönliche Wohlbefinden und zum Wohle des Ganzen.
- Für einige Kollegen und mich ist es zum Beispiel zu einem schönen Ritual geworden, einmal im Jahr in ein Zen-Kloster zu fahren und dort eine Woche in Stille zu verbringen. Es ist so befreiend, nicht reden zu müssen. Gleichzeitig lösen das »Nichtstun« und die Stille oft intensive innere Prozesse aus. Das Endergebnis ist in der Regel eine tiefe Verbindung mit sich selbst, gepaart mit Gelassenheit und innerer Freude. Es ist ein Zustand, der nicht wirklich beschrieben werden kann und den man nur erleben kann, wenn man sich darauf einlässt.

Selbstfürsorge auf körperlicher Ebene
Unser Körper ist das Offensichtliche, mit dem wir im Leben sichtbar sind und handeln. Deshalb werden hierfür in der Regel die Themen *Ausreichend Schlaf*, *Gesunde Ernährung*, *Sport*, *Körperpflege* und *Erholung* genannt. Aber wer, und vor allem welche Führungskraft, gibt sich hier die besten Noten? Wenn Sie das tun, dann herzlichen Glückwunsch!

Ich kann das nicht von mir behaupten, auch wenn ich weiß, dass es notwendig ist. Dennoch kenne ich eine Führungskraft, die das tatsächlich lebt:

Praxisbeispiel

Veronika ist IT-Managerin in einem großen Unternehmen, leitet ein internationales Team und fliegt daher häufig nach Indien. Gleichzeitig baut sie ihr eigenes Unternehmen auf.

Veronika ist eine Meisterin der Vereinfachung und Automatisierung und lebt, wo immer möglich, nach dem Prinzip »Bewegung im Alltag«. Konkret bedeutet das, dass sie, wo immer möglich, alles nach festen Routinen erledigt. Im Büro versucht sie, so oft wie möglich aufzustehen, ein paar Schritte zu gehen, sich ab und an zu strecken sowie zu dehnen oder sogar ein paar Atemübungen vor dem offenen Fenster zu machen. Diese kleinen Einheiten während des Tages summieren sich zu einer Menge Bewegung und die damit verbundenen Mini-Pausen halten ihre Leistung auf einem hohen Niveau.

Dazu trägt auch ihr einfaches, gesundes Ernährungsprinzip bei, die »Tellermethode«: Die Hälfte des Tellers (oder der Mahlzeit) besteht aus Gemüse oder Obst, ein Viertel aus eiweißhaltigen Produkten (Fisch, Fleisch, Soja, Getreide usw.) und ein Viertel aus Kohlenhydraten (Reis, Nudeln, Kartoffeln). Normalerweise schafft sie es sogar, diese Kombination in der Kantine zusammenzustellen. Natürlich vermeidet sie gesüßte Desserts mit künstlichen Aromastoffen. Außerdem bereitet sie am Wochenende gesunde Mahlzeiten für die ganze Woche zu. Das spart Zeit und unterstützt eine gesunde Ernährung. Sie achtet auch darauf, dass sie ausreichend trinkt und, wann immer es nötig und möglich ist, ein Nickerchen macht.

Ich habe ihr System selbst ausprobiert und es funktioniert wirklich! Ich fühle mich dadurch wirklich fitter.

Selbstfürsorge auf der geistigen Ebene
Körperliche Hygiene ist selbstverständlich, aber was ist mit der mentalen Hygiene? Täglich fluten unzählige Gedanken und Impulse unser Gehirn, viele davon sind negativ. Diese negativen Einflüsse, wie zum

Beispiel die täglichen Nachrichten, belasten unser Nervensystem und können Stress und Schlafstörungen verursachen.

Vermeiden Sie bewusst alles Negative, was sich umgehen lässt, und gönnen Sie Ihrem Geist Ruhe. Ein bewährter Weg, dies zu erreichen, ist Meditation. Sport ist ebenfalls sehr hilfreich. Das kann eine Sportart sein, die nach einer gewissen Zeit einen Flow-Zustand auslöst (zum Beispiel Laufen, Radfahren) oder die volle geistige Aufmerksamkeit erfordert (zum Beispiel Reiten, Golf, Kampfsport). Der Vorteil von Sport ist, dass auch der Körper gefordert wird.

Praxisbeispiel

Andrea, eine BWL-Studentin mit Teilzeitjob, ist durch das hohe Arbeitspensum manchmal sehr erschöpft. Nach ihren Reitstunden fühlt sie sich jedoch geistig erfrischt und ist dadurch wieder in der Lage, für ihre Prüfungen zu lernen.

Selbstfürsorge auf der spirituellen Ebene
Unabhängig von religiösen Ansichten ist die Seele der Kern unseres Wesens, der uns ausmacht und Freude bringt. Während der Körper sichtbar und der Geist hörbar ist, kann der Kern nur gefühlt werden. Ausgeglichene Menschen strahlen Ruhe aus, während andere oft eine subtile Aggression verbreiten.

Selbstfürsorge auf dieser Ebene bedeutet, sich ständig weiterzuentwickeln und im Dialog mit der eigenen Seele zu sein. Es geht darum, die Fragen »Wer bin ich?« und »Was brauche ich jetzt, in diesem Moment?« zu beantworten und eine Verbindung zur »inneren Quelle« zu finden. Dies erfordert Offenheit, Erdung und eine regelmäßige Achtsamkeitspraxis.

Praxisbeispiel

Ruth musste eine weitreichende geschäftliche Entscheidung treffen: Sollte sie ihr Unternehmen verkaufen oder es in eine Kapitalgesellschaft umwandeln? Nach mehreren langen Besprechungen sagte sie zu mir: »Nächste Woche werde ich an einem Zen-Sesshin in einem Kloster teilnehmen.[10] *Danach werde ich wissen, was die richtige Entscheidung ist.« Ich wunderte mich, hatte keine Ahnung, was Zen war und wartete ab. Und tatsächlich, nach zehn Tagen rief Ruth mich an und teilte mir mit, dass sie ihr Unternehmen in eine Aktiengesellschaft umwandeln wird, um es zukunftsfähig aufzustellen.*

Was war während dieses Zen-Sesshins geschehen? Sie war in der Stille und so gut mit sich selbst verbunden, dass sie die Antwort aus sich selbst heraus erhielt. Damals war ich erstaunt. In der Zwischenzeit habe ich selbst solche Erfahrungen gemacht und bin zutiefst dankbar für sie.

- Wie sieht ein idealer Arbeitstag für Sie aus, vom Aufstehen bis zum Schlafengehen?
- Wie sieht für Sie eine ideale Auszeit aus, in der Sie wirklich neue Energie tanken können?
- Haben Sie eine Morgen- und/oder Abendroutine? Wenn ja, wie sieht diese aus?

Denken Sie darüber nach und machen Sie sich ein paar Notizen. Auf diese Weise können Sie bei Bedarf darauf zurückgreifen und gleichzeitig Ihre Achtsamkeit stärken.

❗ Selbstfürsorge ist ohne Achtsamkeit nicht möglich. Achtsamkeit ist eine Schlüsselqualifikation für die Selbstfürsorge.

---

10 Dabei handelt es sich um ein Meditationsretreat.

Achtsamkeit

Achtsamkeit hat ihre Wurzeln im Buddhismus. Die buddhistischen Fachbegriffe »sati« und »smrti« wurden mit dem englischen Begriff »Mindfulness«[11] übersetzt. Im Deutschen wird dieser Begriff mit »Achtsamkeit« ausgedrückt.

Laut dem Psychoanalytiker Scott Bishop und seinen Kollegen erfordert Achtsamkeit die Selbstregulierung der Aufmerksamkeit auf das unmittelbare Erleben und die Wahrnehmung mentaler Prozesse im gegenwärtigen Moment. Diese Ausrichtung ist durch Neugier, Offenheit und Akzeptanz gekennzeichnet.[12]

Jon Kabat-Zinn, der Begründer des bekannten Programms zur achtsamkeitsbasierten Stressreduzierung (MBSR), definiert Achtsamkeit als eine absichtsvolle Aufmerksamkeit, die sich auf den gegenwärtigen Moment bezieht – und nicht auf die Vergangenheit oder die Zukunft – und die nicht wertend ist.[13]

Achtsamkeit lernen und praktizieren

Ein Achtsamkeitstraining, wie zum Beispiel ein MBSR-Training oder die regelmäßige Teilnahme an einer Meditationsgruppe, kann Ihnen helfen, Ihre Achtsamkeit zu stärken. Bei uralten Meditationstechniken wie Zen-Meditation oder Vipassana geht es darum, »den

---

11 Vgl. Gethin, R. (2011). On some definitions of mindfulness. Contemporary Buddhism, 12(1), Seite 263 bis 279.
12 Vgl. Bishop, S., Lau, M., Shapiro, S., Carlson, L., Anderson, N. D., Carmody, J., Segal, Z., Abbey, S., Speca, M., Velting, D. und G. Devins (2004). Mindfulness. A Proposed Operational Definition, Clinical Psychology: Science and Practice, 11(3), Seite 230 bis 241.
13 Vgl. Kabat-Zinn, J. (2019). Gesund durch Meditation. Das große Buch der Selbstheilung mit MBSR, Knaur Leben, München.

Affengeist zu zähmen«[14], das heißt, einfach still zu werden und sich selbst zu entdecken.

Achtsamkeit kann erlernt werden. Das zeigen die zahlreichen Studien[15, 16, 17] über die positiven Auswirkungen des Achtsamkeitstrainings. Um die positive Wirkung jedoch langfristig zu etablieren, bedarf es einer konstanten Anwendung und regelmäßigen Übung. Genau wie die Selbstfürsorge ist auch die Achtsamkeit ein fortlaufender Prozess, der nie endet.

Achtsamkeit in Unternehmen
Die positiven Auswirkungen des Achtsamkeitstrainings haben zahlreiche Unternehmen wie SAP SE, Procter Gamble AG und Robert Bosch GmbH[18] dazu veranlasst, ihren Mitarbeitern Seminare zum Thema *Achtsamkeit* anzubieten und Meditationsräume einzurichten. Achtsamkeit ist auch in modernen Führungsmodellen fest verankert. Das Führungskonzept »Humble Leadership« sieht Achtsamkeit als ein Kernelement für die Umsetzung zeitgemäßer Führung.[19]

---

14   Als Affengeist wird im Buddhismus und im Yoga das ständige Kreisen und hin und her springen der Gedanken bezeichnet.
15   Vgl. Carsley, D., Khoury, B. und N. Heath (2018). Effectiveness of Mindfulness Interventions for Mental Health in Schools. A Comprehensive Meta-analysis, Mindfulness, 9(3), Seiten 693 bis 707.
16   Vgl. Pauls, N., Schlett, C., Soucek, R., Ziegler, M. und N. Frank (2016). Resilienz durch Training personaler Ressourcen stärken. Evaluation einer web-basierten Achtsamkeitsintervention, Zeitschrift für Angewandte Organisationspsychologie, 47(2), Seite 105 bis 117.
17   Vgl.Vibe, M., Bjørndal, A., Fattah, S., Dyrdal, G. M., Halland, E. und E. Tanner-Smith (2017). Achtsamkeitsbasierte Stressreduktion (MBSR) zur Verbesserung von Gesundheit, Lebensqualität und sozialem Verhalten bei Erwachsenen. A systematic review and metaanalysis, Campbell Systematic Reviews, 13(1), Seiten 1 bis 264.
18   Vgl. Funke, U. (2021). Mindful Business, Tradition, Hamburg.
19   Vgl. Schein, E. und P. Schein (2023). Bescheidene Führung. Die Macht der Beziehungen, der Offenheit und des Vertrauens, Berrett-Koehler, Oakland.

Achtsame Führung (Mindful Leadership)

Achtsame Führung ist kein eigenständiger Führungsstil, wie zum Beispiel die situative Führung, sondern beschreibt eine achtsame innere Einstellung zu sich selbst. Dies führt automatisch zu mehr Achtsamkeit gegenüber anderen.

Positives Beispiel

Monika ist Vorstandsassistentin, schwanger, hat starke Rückenschmerzen und eine Projektbesprechung mit ihrer Vorgesetzten Paula. Nach einem kurzen Smalltalk schlägt Paula ihr vor, die Beine auf den Schreibtisch zu legen mit den Worten: »… das wird Ihnen guttun und mir auch.«

Negatives Beispiel

Klaus ist Auszubildender in einer Steuerkanzlei. Seine Chefin Christine ist immer gestresst und er weiß nie, wann er sie etwas über seine Arbeit fragen kann. Manchmal bekommt er eine freundliche Auskunft, aber oft auch eine barsche Abfuhr, dass er später wiederkommen solle – ohne dass sie ihm eine Uhrzeit nennt.

Christine ist weder eine achtsame Führungskraft noch ist ihre Selbstführung sehr ausgeprägt. Sie reagiert spontan, ohne einen Moment innezuhalten oder sich selbst zu reflektieren.

Und wieder einige Fragen, über die Sie nachdenken können:

- Haben Sie eine regelmäßige Achtsamkeitspraxis? Wenn ja, welche und wie oft praktizieren Sie sie?
- Welche Erfahrungen haben Sie mit Achtsamkeit im geschäftlichen Kontext gemacht?
- In welchen Bereichen oder Situationen könnte achtsames Verhalten für Sie nützlich sein?

Anhand dieser Antworten können Sie überlegen, ob Sie in Ihrem Leben und/oder Ihrer Organisation mehr Raum für Achtsamkeit schaffen wollen.

> **Das Praktizieren von Achtsamkeitsübungen und achtsamen Verhaltensweisen dient der Selbstfürsorge und stärkt die Selbstführung.**

Selbstführung

Erfolgreiche Führung erfordert die Fähigkeit, sich selbst gut zu führen.[20] Nur wer sich selbst gut führen kann, ist in der Lage, ein Team und ein Unternehmen erfolgreich zu leiten. In der Praxis ist eine starke Selbstführung oft der entscheidende Unterschied zwischen Führungskräften und echten Führungspersönlichkeiten.

Der US-amerikanische Führungsforscher Charles Manz begründete 1986 das Konzept der Selbstführung. Er definiert Selbstführung als den Prozess der Selbstbeeinflussung und sieht die Entwicklung von Strategien zur Selbstmotivierung, um persönliche Ziele zu erreichen, als integralen Bestandteil davon.[21] Dazu gehören Disziplin, routinierte Abläufe und attraktive Ziele. Wenn man das, was man sich als Ziel gesetzt hat, wirklich will, wird man es erreichen, unabhängig von den Umständen.

---

20 Vgl. Niekerken, A. (2023). Das Prinzip der natürlichen Führung, Springer Gabler, Wiesbaden.
21 Vgl. Manz, C. (1986). Selbstführung. Zu einer erweiterten Theorie der Selbstbeeinflussungsprozesse in Organisationen, Academy of Management Review, 11, Seiten 585 bis 600.

Persönliches Beispiel

Ich bin in einem sehr traditionellen Elternhaus aufgewachsen und jeder in meiner Familie war der Meinung, dass ein Mädchen kein Abitur braucht, da sie sowieso heiraten wird. Also sollte ich eine Ausbildung zur Steuerfachangestellten im Steuerbüro meines Vaters machen. Aber ich wollte an die Universität gehen und selbst Steuerberaterin werden. Also suchte ich nach einem Weg, bereitete mich per Fernstudium auf mein Wirtschaftsabitur vor und hatte mit 19 Jahren meine Berufsausbildung und mein Abitur abgeschlossen. War das leicht für mich? Nein! Hatte ich Zweifel daran, ob ich mein Ziel erreichen würde? Natürlich, immer wieder! Warum habe ich es getan? Ich hatte die klare Absicht und Entschlossenheit, mein Abitur zu bestehen, weil ich Steuerberaterin werden wollte.

Für mich war es eine logische Kausalkette[22] und ein Akt der Selbstfürsorge, meine Träume zu verwirklichen. Sich selbst seine Bedürfnisse zu befriedigen ist der einfachste Weg, sich zu motivieren, und setzt ungeahnte Kräfte frei. Aus der Neurobiologie wissen wir heute, dass in solchen Fällen Dopamin und andere Neurotransmitter freigesetzt werden, die einen positiven Einfluss auf die Körperfunktionen haben und den inneren Antrieb aktivieren.[23] [24]

In einer agilen Arbeitswelt wird die Selbstführung auch für die Teammitglieder immer wichtiger und muss daher von der Führungskraft gefördert werden.[25] Selbstführungsfähigkeiten sind also doppelt wichtig: für die Führungskraft selbst und für ihre Fähigkeit, Teammitglieder zur Selbstführung zu entwickeln. Je höher die

---

22   Erst Abitur, dann BWL-Studium und schließlich Steuerberater-Examen.
23   Vgl. Spitzer, M. und W. Bertram (Eds.) (2018). Hirnforschung für Neu (ro) gierige (Wissen & Leben). Braintertainment 2.0. Mit einem Epilog von Eckart von Hirschhausen, Klett-Cotta, Stuttgart.
24   Vgl. Roth, G. und N. Strüber (2014). Wie das Gehirn die Seele macht, Klett-Cotta, Stuttgart.
25   Vgl. Delfs, S. und A. Götte (2024). Anstiftung zum Selbstführung. Fachzeitschrift *Beilage zu managerSeminare*, Ausgabe 314 (Mai 2024), Seiten 38 bis 46.

Selbstführungskompetenz jedes Einzelnen ist, desto besser ist das Gesamtergebnis und desto weniger ist die Führungskraft im Tagesgeschäft gefordert.

In der Praxis werden Supervision, Coaching und Gespräche mit Teammitgliedern und anderen Führungskräften häufig zur Stärkung der Selbstführungsfähigkeiten eingesetzt.[26] Die Fähigkeit zur Selbstführung ist eine Metakompetenz, die sich aus fünf Kompetenzfeldern zusammensetzt: *Selbstkenntnis, Selbstwahrnehmung, Selbstverantwortung, Beziehungsmanagement* und *Stressbewältigung*.

Selbstkenntnis

Zur Selbstkenntnis gehört das Erkennen und Benennen der eigenen Stärken und Schwächen, Ressourcen und Bedürfnisse, Ziele und Werte. Diese Kompetenz kann durch regelmäßiges Feedback, Reflexionsfragen und einen Abgleich zwischen Selbst- und Fremdbild gestärkt werden. Dies erfordert die Bereitschaft, die eigene Persönlichkeit zu entwickeln. Nach meinen Beobachtungen ist dies gerade für jüngere Arbeitnehmer überhaupt keine Frage, sondern wird von der Generation Z aktiv eingefordert.

Selbstwahrnehmung

Selbstwahrnehmung ist die Fähigkeit, sich selbst in einer Situation oder während einer Handlung zu beobachten und zu spüren, das heißt, alle Gedanken, Gefühle und (körperlichen) Reaktionen wahrzunehmen. Die Rolle des inneren Beobachters einzunehmen, erfordert Übung und Reflexion. Dies kann geschehen, indem Sie sich mit einer anderen Person austauschen, zu der ein Vertrauensverhältnis

---

26 Vgl. Balz, H-J., Kotala, K. und S. Wieking (2023). Selbstführung bei Führungskräften in sozialwirtschaftlichen Organisationen. Eine qualitative Studie zum Begriffsverständnis und zu beruflichen Handlungsstrategien, Organisationsberatung, Supervision, Coaching, Volume 30, Seite 547 bis 563.

besteht, oder indem Sie die Situation mit den Wahrnehmungen aufschreiben und selbst darüber nachdenken. Die Selbstwahrnehmung ist eine Voraussetzung für bewusstes Handeln.

Selbstverantwortung

Selbstverantwortung oder persönliche Verantwortung bedeutet, die Verantwortung für das eigene Denken und Handeln zu übernehmen, Fehler offen anzusprechen, lösungsorientiert zu handeln, sich sinnvolle Ziele zu setzen und diese zu verfolgen, aber auch unveränderbare Rahmenbedingungen anzuerkennen und zu akzeptieren. Anstatt sich als Opfer der Umstände zu sehen und Schuldige im Außen zu suchen (mein Kollege, der Gesetzgeber usw.), sollten Sie darüber nachdenken, wie Sie den gewünschten Zustand am besten erreichen können, wer Sie dabei unterstützen kann und welche Ressourcen dafür erforderlich sind.

Beziehungsmanagement

Gute Beziehungen erfordern konstruktive und einfühlsame Interaktionen, das heißt keine Aggression, keine Schuldzuweisungen, keine Abwertungen, sondern vielmehr einen wertschätzenden, offenen und vertrauensvollen Austausch. Vertrauen kann in Beziehungen nicht eingefordert oder aufgezwungen werden. Es wird durch achtsame Interaktion geschaffen.

Stressbewältigung

In aktuellen Stresssituationen ist es das Wichtigste, dass Sie sich auf das konzentrieren, was gerade passiert.
    In länger andauernden Belastungssituationen ist es wichtig, ein Gleichgewicht zwischen Anspannung und Entspannung zu finden. Selbstfürsorge ist in solchen Phasen besonders wichtig. Als Unternehmer und Führungskraft haben Sie hier eine doppelte Verantwortung: sich um sich selbst und auch um Ihre Mitarbeiter zu kümmern.

Dies erfordert auch eine realistische Einschätzung der Ressourcen, die zur Bewältigung der Aufgaben erforderlich sind.

Praktisches Beispiel

Katharina, eine alleinerziehende Mutter, ist seit vielen Jahren als Debitorenbuchhalterin in einem großen Unternehmen tätig. Ihr Aufgabenbereich war überschaubar, die Arbeit war weitgehend mechanisch und erforderte wenig Spezialwissen. Im Rahmen einer Umstrukturierung und um ihre Entlassung zu vermeiden, wurde sie einer arbeitstechnisch überlasteten Bilanzbuchhalterin zugeteilt. Diese teilte der neuen Abteilungsleiterin Sabine mit, dass Katharina für sie keine Entlastung, sondern eher eine Belastung sei. Sabine sprach mit Katharina, erstellte gemeinsam mit ihr ein Profil ihrer Fähigkeiten, Wünsche sowie Möglichkeiten und führte regelmäßige Entwicklungsgespräche mit ihr. Katharina entwickelte sich schnell zu einer Leistungsträgerin in der Abteilung und legte zwei Jahre später ihr Buchhalterexamen ab. Die überlastete Bilanzbuchhalterin bekam so hilfreiche Unterstützung.

Heute erzählt Katharina, dass sie ihre Komfortzone nie verlassen hätte, wenn sie nicht sanft gedrängt worden wäre und man ihr nicht ihre Perspektiven aufgezeigt hätte. Erst als sie ihre konkreten Möglichkeiten erkannte, wurde ihr bewusst, welche Chancen sie hatte. Das machte es ihr auch leicht, sich ein klares Ziel zu setzen und ihre Ausbildung in Abendkursen nachzuholen.

Reflektieren Sie über das Gelesene und beantworten Sie sich selbst folgende Fragen:

- Welche Erkenntnisse haben Sie aus diesem Kapitel gewonnen?
- Was möchten Sie gerne ändern, um mehr in Ihrer Kraft zu bleiben?
- Wann werden Sie anfangen?

Notieren Sie sich Ihre Erkenntnisse und Absichten, das wird Ihnen bei der Umsetzung helfen.

Fazit

Mit Selbstfürsorge, Achtsamkeit und Selbstführung bleiben Sie in Ihrer Kraft. Alle drei Aspekte sind voneinander abhängig und verstärken sich gegenseitig. Ohne Achtsamkeit und Selbstführung gibt es keine Selbstfürsorge. Ohne Selbstfürsorge und Achtsamkeit gibt es keine Selbstführung. Alles hängt mit allem anderen zusammen und Achtsamkeit ist der wichtigste Schlüssel.

Seien Sie achtsam, achten Sie auf sich und Ihre Mitmenschen. Und denken Sie daran: Nur wenn es Ihnen gut geht, geht es auch Ihrem Unternehmen und Ihrem Umfeld gut.

Danja Bauer
Rhetoriktrainerin – Sprecherin – Sängerin

© *Alexandra Terr*

Stell dir vor, du stehst auf einer Bühne. Das Scheinwerferlicht blendet, das Publikum wartet gespannt, und es liegt an dir, die Menge zu begeistern. Für viele eine Herausforderung, für Danja Bauer eine Berufung.

Als professionelle Sängerin, Moderatorin und preisgekrönte Rednerin steht Danja selbst regelmäßig im Rampenlicht. Ihre Botschaft »Speak Like Music«: *Sprich so, dass die Welt zuhört.*

Die Reise dorthin begann früh: Sie entdeckte ihre Liebe zur Musik im Alter von nur acht Jahren. Dennoch entschied sie sich für ein Studium der internationalen Betriebswirtschaftslehre und stieg in der Vertriebs- und Finanzbranche auf – immer mit einem Bein auf der Bühne und dem anderen im Vertrieb.

Mit dieser einzigartigen Mischung aus Geschäftssinn und künstlerischem Ausdruck vermittelt die energiereiche Wiener Künstlerin das Handwerkszeug für überzeugende und fesselnde Auftritte.

Zu ihren Kunden zählen Present To Succeed, das Women Economic Forum, Dr. Jens Ehrhardt Kapital und Siemens.

Weitere Informationen findest du auf: *www.speaklikemusic.com*

Der Klang der Führung
Eine starke Stimme für den Geschäftserfolg

Einleitung

Hattest du schon einmal das Gefühl, dass deine Stimme dich im Stich lässt, wenn du sie am meisten brauchst? Vielleicht war sie zu leise, wenn du durchsetzungsfähig sein musstest, oder zu monoton, um ein Publikum während einer Präsentation mitzureißen. Vielleicht klang sie zu scharf in einem Moment, in dem Einfühlungsvermögen gefragt war, oder sie drückte sogar Unsicherheit und Zweifel aus, wenn sie zitterte oder brach.

Keine Sorge, du bist mit diesen stimmlichen Herausforderungen nicht allein – und es gibt Möglichkeiten, das zu ändern. Die gute Nachricht ist, dass du deine Stimme genau wie jedes andere Musikinstrument stimmen und verbessern kannst.

In *Der Klang der Führung* untersuchen wir, wie du dein stimmliches Potenzial nutzen kannst, um als Führungskraft den Ton anzugeben und dein Unternehmen zum Erfolg zu führen. Wie ein Dirigent, der das Orchester präzise und überzeugend leitet, kannst du die Kraft deiner Stimme nutzen, um die Richtung deines Unternehmens zu bestimmen und deine Teams zu Höchstleistungen zu inspirieren.

Als erfahrene Trainerin für Stimme und öffentliches Sprechen zeige ich dir, wie entscheidend deine Stimme für deinen beruflichen Erfolg ist. Ich biete dir bewährte praktische Übungen und Tipps, um deine stimmliche Präsenz zu stärken. Du wirst lernen, wie deine Stimme nicht nur Worte formen, sondern auch führen, verbinden und bewegen kann. Ob du Präsentationen meistern, Verhandlungen führen oder dein Team motivieren willst – deine Stimme ist der Schlüssel.

Ich lade dich ein, es dir mit einer guten Tasse Kaffee, Tee oder einem köstlichen Getränk gemütlich zu machen. Erkunde die folgenden Seiten dieses Beitrags und mach bei den verschiedenen Stimmübungen gleich mit. Meistere den Klang der Führung.

Die Macht der Stimme

Wie kommt die Einzigartigkeit deiner Stimme zustande?
Jede Stimme ist so einzigartig wie die Person, die sie hat. Sie wird durch ein komplexes Zusammenspiel von anatomischen und sozialen Faktoren geformt.

Zum einen ist die Stimme natürlich gegeben. Sie wird im Kehlkopf gebildet. Dort schwingen die Stimmlippen und erzeugen Töne. Wenn deine Stimmlippen lang und dick sind, ist deine Stimme tiefer. Wenn sie schmal und kurz sind, ist deine Stimme höher. Diese Töne werden dann im Resonanzraum, das heißt in Mund, Nase und Rachen, weiter angepasst und verfeinert.

Obwohl der Kehlkopf und die Stimmlippen anatomische Grundlagen bilden, die wir nicht verändern können, wird ein Großteil unserer Stimme von der Umgebung, in der wir aufgewachsen sind, erworben und geformt. Hast du das Sprechen in einer lauten Familie gelernt, in der du dich durchsetzen musstest, oder in einer Umgebung, in der du still sein musstest? Dein Stimm- und Sprechverhalten ist größtenteils erlernt, beeinflusst von Familie, Freunden, kulturellem Umfeld und Vorbildern wie Sängern oder Schauspielern.

Darüber hinaus prägen emotionale Zustände und körperliche Gesundheit deine stimmliche Präsenz. Deine Stimme ist der hörbare Teil deiner Persönlichkeit und ein Spiegel deiner Seele.

Sokrates' Aussage »Sprich, damit ich dich sehen kann« unterstreicht, wie verräterisch die Stimme sein kann. Sie verrät Unsicherheit,

Zweifel, Ängste, aber auch Freude und Selbstvertrauen. Eine zittrige Stimme zeigt Nervosität, eine raue Stimme kann ein Zeichen von Müdigkeit oder Stress sein. Eine klare, starke Stimme hingegen strahlt Energie und Entschlossenheit aus.

Viele Menschen benutzen nur eine verzerrte Version ihrer wahren Stimme, weil sie nie gelernt haben, ökonomisch, effizient und mühelos zu sprechen.

Der Klang der Führung

Stimmen, die als unangenehm empfunden werden, sind oft gepresst oder klingen genervt und hochtonig. Eine hohe, kindlich klingende Frauenstimme kann Schutzinstinkte wecken, wird aber im Geschäftsleben oft nicht ernst genommen und kann naiv sowie unsicher wirken. Im Gegensatz dazu zeigen zahlreiche Studien, dass volle und tief klingende Stimmen bis hin zu mittleren Tonlagen von den meisten Menschen als besonders angenehm empfunden werden. Eine wohlklingende Stimme zeichnet sich durch Klang, Raum und Fülle aus. Sie klingt entspannt und ausgeglichen. Eine tiefe, sonore Stimme und eine ruhige Sprechweise vermitteln oft Kompetenz, Vertrauen und Zuverlässigkeit, während eine lebendige und dynamische Stimme Energie ausstrahlt und motiviert. Der richtige Ton macht den Meister: Es kommt nicht nur darauf an, was du sagst, sondern wie du es sagst. Führungskräfte, die effektiv kommunizieren wollen, sollten daher nicht nur überzeugende Inhalte liefern, sondern auch gezielt ihre stimmliche Präsenz trainieren.

Wie hängt die Stimme mit dem Erfolg zusammen?

Der Zusammenhang zwischen einer klangvollen Stimme und beruflichem Erfolg ist mehr als nur eine Anekdote – er ist wissenschaftlich bewiesen. Eine Studie aus den USA[1], in der die Stimmen von 792

---

1 Mayew, W. J., Parsons, C. A. und M. Venkatachalam (2013). Voice Pitch and the Labor Market Success of Male Chief Executive Officers, Evolution and Human Behavior 34, 243-248.

CEOs untersucht wurden, ergab, dass diejenigen mit einer sonoren, wohlklingenden Stimme tatsächlich mehr Geld verdienen, größere Unternehmen leiten und länger in ihren Positionen bleiben.

Die tiefe Stimme wird oft mit Kompetenz, Vertrauen und Glaubwürdigkeit in Verbindung gebracht. Diese Attribute sind in der Welt der Führung von entscheidender Bedeutung, denn der erste Eindruck und die Art und Weise, wie du wahrgenommen wirst, entscheiden oft über deinen Erfolg oder Misserfolg. Eine überzeugende Stimme ist daher nicht nur ein Mittel zur Kommunikation, sondern ein wesentlicher Bestandteil der Führungsstärke.

Kannst du deine Stimme verbessern?
Meine Antwort auf diese Frage ist ein klares Ja! Wir haben im Laufe unseres Lebens viel von unserer Stimme antrainiert und können sie uns auch wieder abtrainieren – sie ist definitiv veränderbar. Als ausgebildete Sängerin und Sprecherin habe ich aus erster Hand erfahren, wie sich die Stimme entwickeln und verändern kann.

Im folgenden Teil des Buches wirst du die vier Grundlagen einer wohlklingenden Stimme entdecken. Diese vier Eckpfeiler sowie zahlreiche Stimmübungen habe ich während meiner professionellen Sprecherausbildung an der Schule des Sprechens in Wien gelernt. Heute gebe ich in meinen Coachings und Trainings wertvolle Techniken weiter, um anderen zu helfen, ihre Stimme als kraftvolles Werkzeug in Führung und Kommunikation einzusetzen.

Jede der vier Grundlagen trägt auf ihre eigene Weise dazu bei, deine stimmlichen Fähigkeiten zu entwickeln und zu verfeinern. Mit diesen vier Grundlagen kannst du jede stimmliche Herausforderung meistern, egal ob deine Stimme zu leise, zu hoch oder zu heiser ist. Mit regelmäßigen Übungen und gezieltem Training wirst du eine spürbare Verbesserung deiner Stimme erleben, die deine Ausdruckskraft und Überzeugungskraft als Führungskraft deutlich stärkt.

Entwickle deine Stimmkraft

Fundament 1: Der Körper

Der Körper ist die erste Grundlage für eine kraftvolle Stimme. Eine korrekte, aufrechte und entspannte Haltung ermöglicht es dir, deine Stimme frei und kraftvoll fließen zu lassen.

Die Bedeutung der Körperhaltung

- *Unterentspannte Körperhaltung:* Wenn du müde, unsicher oder nicht ganz von deinem Thema überzeugt bist, sacken deine Schultern nach vorne, was sich negativ auf deinen Stimmklang auswirken kann.
- *Übermäßig angespannte Körperhaltung:* Stress oder Nervosität können dazu führen, dass du dich anspannst. Das übt Druck auf den Kehlkopf aus und lässt deine Stimme gepresst klingen.
- *Optimale Körperhaltung:* Eine ideale Haltung ist aufrecht und entspannt zugleich. Deine Knie sollten leicht gebeugt sein, um Stabilität zu gewährleisten, während deine Füße fest auf dem Boden stehen. Stell dir einen unsichtbaren Faden vor, der deinen Kopf sanft nach oben zieht und dich aufrichtet. Achte auch darauf, dass du beim Sitzen aufrecht bleibst, besonders bei Online-Meetings. Ein Kissen im Rückenbereich kann zusätzlichen Halt bieten.

Einfache Übungen zur Entspannung des Körpers

Beginne deinen Tag mit diesen entspannenden Übungen, um deinen Körper zu lockern und die Verbindung zwischen deinem Körper und deiner Stimme zu stärken:

- *Stretching:* Setze dich morgens auf die Kante eines Stuhls oder deines Bettes. Dann streckst du deine Arme und Beine gleichzeitig seitlich in verschiedene Richtungen, um deinen Körper sanft zu weiten.

- *Schultern kreisen:* Lockere deine Schultern, indem du sie sanft kreisen lässt – beginne damit, sie nach vorne zu drehen und setze die Kreise dann nach hinten fort.
- *Strecke deine Arme aus:* Strecke deine Arme nach oben, als ob du nach den Sternen greifen würdest.
- *Schüttle deinen Körper:* Schüttle deinen Körper locker, hüpfe leicht und spreche die Vokale (a, e, i, o, u) laut aus.

Denke daran, während jeder Übung bewusst zu atmen, um maximale Entspannung und Effektivität zu erreichen. Regelmäßiges Üben hilft dir, deinen Körper und deine Stimme entspannt und einsatzbereit zu halten.

Fundament 2: Der Atem

Die Bedeutung des Atems

Ein weiteres magisches Element für eine wohlklingende Stimme ist die Atmung. Der Atem dient als Anker der Ruhe. Wann immer du aufgeregt und nervös bist, beruhigt dich das bewusste Atmen. Deine Stimme wird entspannter, voller sowie tiefer klingen und die Menschen werden dir gerne zuhören.

Atmung und Stimmklang

Die richtige Atmung ist entscheidend für die Qualität der Stimme. Viele Menschen atmen jedoch nicht optimal – besonders unter Stress ist die Atmung hoch in der Brust, was die Stimme angestrengt, hoch und gepresst erscheinen lässt. Eine tiefe Bauch- oder Vollatmung ist jedoch notwendig für eine klangvolle und fließende Stimme.

Übungen zur Verbesserung deiner Atemtechnik

- *Werde dir deines Atems bewusst:* Nimm dir einen Moment Zeit, um deine Atmung bewusst wahrzunehmen. Wo spürst du den Atem in deinem Körper? Beginne damit, mehrere tiefe Atemzüge zu nehmen. Lege deine Hände auf deine Brust, dann auf deinen Bauch, deine Seitenflanken und schließlich auf deinen Rücken. Spüre, wie sich diese Bereiche beim Einatmen ausdehnen und beim Ausatmen zusammenziehen. Das ist genau die Art der vollen Atmung, die wir beim Sprechen brauchen.
- *Übung zur Aktivierung der Bauchatmung:* Nimm die Ausgangsposition ein. Stelle dich aufrecht hin, die Füße hüftbreit auseinander. Hebe deine Arme über deinen Kopf. Beuge dann die Knie, senke die Arme in einer fließenden Bewegung nach unten und atme tief ein. Dann streckst du deinen Körper erneut, richtest dich auf und bringst die Arme wieder über den Kopf in die Ausgangsposition. Atme dabei aus.
- *Reflektorische Atemübung:* Stell dir vor, dass du ein langsam fahrender Zug bist, der allmählich an Fahrt gewinnt. Während du ein »Sch-sch-sch«-Geräusch machst, beobachte, wie sich dein Bauch bewegt und dein Atem automatisch ergänzt. Diese Übung fördert die reflektorische Atmung und stärkt dein Zwerchfell, deinen wichtigsten Atemmuskel. Das trainierte Zwerchfell wirkt als Stütze, die die Luft nach oben drückt und so die Stimmbänder in Bewegung setzt. Diese Atemunterstützung ist besonders bei Sängerinnen und Sängern beliebt, verleiht deiner Stimme aber auch Kraft, Resonanz und Ausdauer beim Sprechen. Denk daran: Die Energie für deine Stimme sollte aus den Tiefen deines Bauches kommen, nicht aus deinem Kehlkopf.

Diese Übungen helfen dir, einen tieferen und entspannteren Atem zu erreichen, der für eine kraftvolle und wohlklingende Stimme unerlässlich ist. Regelmäßiges Üben dieser Techniken wird deine stimmliche Ausdauer und Präsenz deutlich verbessern.

Fundament 3: Die Resonanz
Was genau ist Resonanz? Resonanz bringt deinen Körper zum Schwingen und bildet die dritte Grundlage für eine wohlklingende Stimme. Stell dir das wie eine Gitarre vor: Du zupfst die Saiten und die Schwingungen im Hohlraum erzeugen Musik. Dein Körper schwingt auf ganz ähnliche Weise, dieser fabelhafte Klangkörper, der mit Resonanzkammern gespickt ist – wir nehmen sie vor allem im Kopf- und Brustbereich wahr.

Sobald wir einen Atemzug nehmen und zu sprechen beginnen, bringen wir unsere Stimmbänder zum Schwingen. Die Resonanzräume in unserem Kopf und unserer Brust verstärken diese Schwingungen und zaubern diese schönen, vollen Töne hervor. Unser Mund, unsere Nase, unser Rachen, unser Schädel und unsere Brust sind unsere Tonträger. Sie schwingen, wenn wir sprechen.

Wie kannst du deine Stimme voller und tragfähiger machen? Indem du einfach so oft wie möglich summst, um die Schwingungen in deinem Mund, deiner Nase und deinem Rachen zu stärken. Hier sind ein paar super einfache und sehr effektive Übungen, die du überall machen kannst:

- *Der Bienenstock:* Entspanne dich und stell dir vor, dass dein Kopf voller summender Bienen ist. Lege deine Hand auf deine Wangen, Nase, Lippen und Brust und spüre die Vibrationen. Ist das nicht ein angenehmes Gefühl?
- *Kombiniere das Summen und die Kaubewegungen:* Brumme weiter, während du mit geschlossenem Mund kauende Bewegungen machst. Spiele mit den Tönen herum, mal höher, mal tiefer. Hier ist Experimentieren gefragt!
- *Finde deine Wohlfühlstimme:* Im Fachbereich sprechen wir auch über den Indifferenzbereich. Das ist der optimale Sprechstimmbereich für deine eigene Stimme und umfasst etwa fünf Töne im unteren Drittel deines Gesamtstimmumfangs. Mit diesem Ton kannst du viele Stunden lang sprechen.

Um diese entspannte, tiefere Tonlage zu erreichen, stell dir vor, du telefonierst mit einem Freund, der nicht aufhören will zu reden. Alles, was du sagen kannst, ist ein entspanntes »Mmh«. Nutze dieses »Mmh«, um in deiner angenehmen Tonhöhe zu summen – achte darauf, dass es ein schöner tiefer Ton ist, der sich in deinem Kehlkopf gut anfühlt.

Regelmäßiges Summen bringt deine Stimme nicht nur zum Klingen, sondern macht sie auch klangvoller, raumfüllender und angenehmer. Dieser Wohlfühlton kann sehr hilfreich sein, besonders vor wichtigen Präsentationen oder Gesprächen. Werde dir dieses Tons bewusst, summe ihn so oft wie möglich und beginne deinen wichtigen Auftritt super entspannt.

Fundament 4: Die Artikulation
Artikulation ist die Kunst, Laute, Silben und Wörter so zu bilden, dass sie klar und deutlich rüberkommen. Es geht darum, Vokale und Konsonanten so zu betonen, dass jeder sie unterscheiden kann. Je präziser wir artikulieren, desto besser werden wir verstanden.

Warum ist Artikulation so wichtig?

Eine klare Artikulation ist entscheidend, um deine Botschaft zu vermitteln. Wenn du deutlich sprichst, wirkst du selbstbewusst und kompetent. Außerdem vermeidest du Missverständnisse, die sonst zu den klassischen Situationen gemäß »Kannst du das noch mal sagen?« oder »Ich habe dich nicht verstanden« führen.

Deine Sprechwerkzeuge

Kiefer, Lippen, Zunge und Gaumensegel – sie alle sind beteiligt, wenn es darum geht, deine Worte zu formen.

Der Kiefer
Je weiter wir unseren Kiefer öffnen, desto mehr Klang und Lautstärke kann entweichen. Es ist wichtig, den Kiefer locker zu halten, um Spannungen im Kehlkopf zu vermeiden.

Die Lippen
Die Lippen bilden Vokale und Wörter. Eine minimale Bewegung der Lippen kann deine Stimme dünn klingen lassen. Runde und flexible Lippen bringen mehr Gefühl und Fülle in deine Stimme.

Die Zunge
Die Zunge ist das am häufigsten verwendete Artikulationswerkzeug. Zusammen mit den Lippen bildet sie Vokale und Konsonanten. Je lockerer deine Zunge ist, desto deutlicher artikulierst du.

Der weiche Gaumen (auch als Gaumensegel bezeichnet)
Das Gaumensegel steuert, wie viel nasalen Klang deine Stimme bekommt. Eine leichte Nasalität ist manchmal sogar von Vorteil für den Wohlklang deiner Sprache. Im Deutschen ist das Gaumensegel meist abgesenkt, damit der Luftstrom hauptsächlich durch den Mund geht. Im Französischen hingegen wird es oft angehoben, was dieser Sprache ihren charakteristischen Klang verleiht.

Übungen für eine klare und deutliche Artikulation

Um deine Sprechwerkzeuge zu trainieren und eine klare Artikulation zu erreichen, habe ich hier einige spezielle Entspannungsübungen für dich. Mach jetzt mit:

Kieferübungen
Gähne mit Vergnügen: Nutze das Gähnen, um deinen Kiefer zu entspannen und deine Muskeln sanft zu dehnen. Öffne deinen Mund beim Gähnen weit und spüre, wie sich dein Kiefer angenehm entspannt.

Lippenübungen
Pferdeschnauben: Mach Geräusche, als ob du wie ein Pferd schnaubst. Du kannst auch Geräusche hinzufügen. Um die Übung zu unterstützen, lege deine Zeigefinger leicht auf deine Wangen, nahe den Mundwinkeln.

Zungenübungen
Umkreise deine Zähne: Lass deine Zunge ganz langsam über alle deine Zähne kreisen. Diese Übung machst du am besten in beide Richtungen. Sie hilft, deine Zunge geschmeidig und beweglich zu halten.

Spezielle Sprechübungen
Sprich die folgende Konsonantenfolge dreimal deutlich aus:

ptk-ptk-ptk
pep-pop-pup
tet-tot-tut
kek-kok-kuk

Sprich die Vokale deutlich. Wiederhole dreimal die folgenden Vokalkombinationen, um Klarheit zu üben:

ma-me-mi-mo-mu

Zungenbrecher
Zungenbrecher sind nicht nur unterhaltsam, sondern auch super effektiv, um deine Aussprache zu schärfen. Fang langsam an und achte auf die Klarheit. Erhöhe später dein Tempo. Jeder Zungenbrecher sollte mindestens fünfmal hintereinander aufgesagt werden. Wenn du willst, kannst du es auch mit einem Korken im Mund und dann ohne üben. So macht es doppelt so viel Spaß. Wenn du bereit bist, kannst du diese Zungenbrecher sofort üben:

- Als Anna abends aß, aß Anna abends Ananas.
- Blaukraut bleibt Blaukraut, Brautkleid bleibt Brautkleid.

- Clara und Christoph tanzen chaotisch Cha-Cha-Cha.
- Ein Dutzend nuschelnde Dutzer dutzen nuschelnd dutzende dutzender Nuschler nuschelnd.
- Esel essen Nesseln gern, Nesseln essen Esel gern.
- Fischers Fritz fischt frische Fische, frische Fische fischt Fischers Fritz.
- Wenn hinter Griechen Griechen kriechen, kriechen Griechen Griechen nach.
- Hans hört hinterm Holzhaus Hubert Hansen heiser husten.
- In einem dichten Fichtendickicht nicken dicke Fichten tüchtig.
- Junge jodelnde Jodlerjungen jodeln jaulende Jodeljauchzer.
- Klaus Knopf liebt Knödel, Klöße, Klöpse.
- Mariechen mixt mittags meine Minzlimonade mit mehreren großen Mixern.
- Brauchbare Bierbrauerburschen brauen brausendes Braunbier.
- Oma kocht Opa Kohl. Opa kocht Oma Kohl. Doch Opa kocht Oma Rosenkohl. Oma dagegen kocht Opa Rotkohl.
- Der Flugplatzspatz nahm auf dem Flugplatz platz. Auf dem Flugplatz nahm der Flugplatzspatz platz.
- Rasend rasantes Rumpelstilzchen ruppelt Rolos rauf und runter.
- Sechs sächsische Säufer zahlen zehn tschechische Zechen.
- Tante Trude tanzt mit Theo Tango, Twist und Tarantella.
- In Ulm und um Ulm und um Ulm herum. In Ulm, um Ulm und um Ulm herum.
- Wir Wiener Wäscheweiber würden weiße Wäsche waschen, wenn wir wüssten, wo warmes, weiches Wasser wäre.
- Max wachst Wachsmasken. Was wachst Max? Wachsmasken wachst Max.
- Zehn zahme Ziegen zogen zehn Zentner Zucker zum Zoo.

Du hast jetzt die vier Grundlagen einer wohlklingenden, kraftvollen Stimme kennengelernt: Körper, Atem, Resonanz und Artikulation. Was hältst du vom Stimmtraining? Macht es dir Spaß?

Stimmtraining sollte nicht als lästige Pflicht angesehen werden, sondern als eine spannende Reise, auf der du deine Stimme wirklich entdecken und zum Klingen bringen kannst.

Denk daran: Deine Stimme ist wie ein Muskel – je regelmäßiger du sie trainierst, desto stärker und ausdauernder wird sie. Das Training deiner Stimme ist wie ein Marathon, kein Sprint. Ähnlich wie beim Erlernen eines Instruments oder einer neuen Sportart braucht es Zeit und Geduld, bis du Veränderungen bemerkst.

Das Tolle daran ist, dass schon ein paar Minuten Stimmübungen am Tag Wunder bewirken können. Sie sind der Schlüssel zu einer wohlklingenden und gesunden Stimme.

Wenn du einen zusätzlichen Ansporn brauchst, kannst du meine Website oder meinen YouTube-Kanal besuchen. Hier findest du viele kostenlose Tipps.

Bereit für den nächsten Schritt? Die folgenden Tipps zur Stimmhygiene werden deiner Stimme noch mehr Ausdauer und Kraft verleihen.

Stimmpflege – wie du deine Stimme in Topform hältst

Jedes gut gewartete Instrument klingt einfach besser – das gilt auch für deine Stimme. Genauso wie ein Musikinstrument regelmäßig gepflegt werden muss, um sein volles Potenzial zu entfalten, muss auch die menschliche Stimme gepflegt werden, um gesund und leistungsfähig zu bleiben.

Hier sind ein paar Tipps für die tägliche Pflege deiner Stimme:

- *Trinke Wasser und Tee:* Trinke viel stilles Wasser, um deine Stimmbänder geschmeidig zu halten und eine reibungslose Stimmproduktion zu gewährleisten. Ungesüßte Kräutertees wie Salbei, Thymian, Spitzwegerich und Eibisch sind ebenfalls eine gute Wahl.

- *GeloRevoice – das Bonbon für den Sänger:* GeloRevoice ist ein beliebtes Produkt bei Sängern und Sprechern, das speziell entwickelt wurde, um die Stimmbänder und die Schleimhäute im Rachen zu befeuchten. Die kleinen Pastillen sind nicht nur praktisch für unterwegs, sondern auch effektiv, wenn es darum geht, die Stimme vor Überlastung und Trockenheit zu schützen.
- *Luftfeuchtigkeit in Innenräumen:* Achte auf die Luftfeuchtigkeit in deinen Räumen. Eine optimale Luftfeuchtigkeit von 50 bis 60 Prozent hilft, die Schleimhäute gesund zu halten. Saunen können deine Schleimhäute austrocknen; eine Biosauna mit mindestens 60 Prozent Luftfeuchtigkeit oder ein Dampfbad sind sanftere Alternativen, die die Schleimhäute nicht zusätzlich belasten.
- *Ruhe deine Stimme aus:* Gönne deiner Stimme regelmäßige Pausen, vor allem nach langen Sprechphasen oder wenn du dich heiser fühlst. Andernfalls kann zu viel Sprechen auf lange Sicht schädlich sein.
- *Tägliches Aufwärmen der Stimme:* So wie ein Musiker sein Instrument stimmt, solltest du auch deine Stimme mit speziellen Übungen aufwärmen. Einige Übungen hast du bereits im vorherigen Abschnitt gelernt. Mache morgens kurze Aufwärmübungen, um deine Stimme langfristig zu verbessern.
- *Ausreichend Schlaf und frische Luft:* Beides stärkt deine Stimme.
- *Vermeide bestimmte Lebensmittel:* Vor allem bei wichtigen Auftritten: Alkohol, Kaffee, schwarzer, grüner und Pfefferminztee sind austrocknend. Lebensmittel wie Milch können die Schleimbildung im Kehlkopf fördern und den Räusperzwang erhöhen.
- *Vermeide es, dich zu räuspern:* Räuspern reibt die schützende Schleimschicht von den Stimmlippen ab und kann sehr störend sein. Versuche stattdessen, bewusst zu erkennen, wann und warum du dich räusperst, und ersetze es durch ein tiefes Husten, einen Schluck Wasser oder Summen.

Wenn die Stimme versagt:

- *Stimmruhe bei Heiserkeit:* Bei den ersten Anzeichen von Stimmermüdung oder -verlust musst du deiner Stimme unbedingt absolute Ruhe gönnen. Flüstern und Räuspern sollten vermieden werden, denn beides belastet die Stimmbänder zusätzlich.
- *Befeuchtung:* Das Einatmen von Dampf kann helfen, die Stimmbänder zu befeuchten und die Heilung zu beschleunigen.
- *Gurgeln mit Salbeitee:* Salbei hat eine positive Wirkung auf die Stimme. Das Gurgeln erreicht tiefere Bereiche und kann die Heilung unterstützen.

Mit diesen Tipps kannst du sicherstellen, dass deine Stimme stark und klar bleibt. Wenn du diese Ratschläge befolgst, tust du deiner Stimme viel Gutes und erhältst ihre Gesundheit und Leistungsfähigkeit.

Rocke die Business-Bühnen mit Stimmvariation

Stell dir Folgendes vor: Du betrittst die Bühne, dein Blick ist fest und entschlossen. Du atmest tief ein und aus und nutzt den Moment des Applauses, um deine Stimme kraftvoll erklingen zu lassen. Deine Worte fließen klar und deutlich, perfekt angepasst an das, was du vermitteln willst – sei es Überzeugung, Begeisterung oder Entschlossenheit. Wie versierte Sängerinnen und Sänger, die ihre Stimme meisterhaft einsetzen, nutzt du deine stimmlichen Fähigkeiten, um die professionelle Bühne zu meistern.

Im Geschäftsleben, besonders auf den höchsten Ebenen, reicht bloße Anwesenheit nicht aus. Du musst dir Gehör verschaffen – und das tust du am besten mit einer kraftvollen Stimme. Aber es reicht nicht aus, sich auf den angenehmen Klang deiner Stimme zu verlassen. Eine monotone Art zu sprechen, kann dazu führen, dass dir niemand zuhört. Um wirklich etwas zu bewirken, muss deine Stimme dynamisch und abwechslungsreich sein.

Seien wir ehrlich: Diejenigen, die gut reden können, haben oft die Nase vorn. Du kennst das: Manchmal bekommen Leute die Beförderung oder den Job, die vielleicht inhaltlich weniger zu bieten haben, aber rhetorisch stark sind. Es geht nicht immer nur um den Inhalt oder die Qualität deiner Arbeit.

Erfolgreiche Manager/innen nutzen ihre Stimme, um sich Gehör zu verschaffen und andere für sich zu gewinnen. Deine Stimme verstärkt die Wirkung deiner Botschaft. In der Geschäftswelt, in der jedes Wort zählt, wird deine Stimme zu deiner Musik.

»Sprich wie Musik − überzeuge, inspiriere und bewege mit deiner Stimme, wie ein mitreißendes Lied.«

Was sind die Bausteine deiner Stimmmusik?

- *Lautstärke:* Ein gut platziertes Flüstern fesselt das Publikum, während eine erhöhte Lautstärke die Wichtigkeit eines Arguments unterstreichen kann.
- *Tempo:* Finde die richtige Balance. Zu schnell lässt dich nervös wirken, zu langsam kann langweilen. Ein angenehmes Tempo, das heißt etwa 140 Wörter pro Minute, zeigt Selbstvertrauen. Variiere dein Tempo. Verlangsame es, um wichtige Punkte zu betonen, oder beschleunige es, um Energie zu vermitteln.
- *Tonhöhe:* Ganz ehrlich: Willst du einem Sänger zuhören, der immer den gleichen Ton singt? Wahrscheinlich nicht. In der Musik gibt es hohe und tiefe Töne, genau wie bei Stimmen. Ändere deine Tonlage, um verschiedene Emotionen hervorzurufen. Eine höhere Tonlage drückt Begeisterung aus und kann die Aufmerksamkeit auf wichtige Punkte lenken, während eine tiefere Tonlage Überzeugung und Autorität vermittelt. Hebe deine Stimme leicht an, um einzelne Wörter zu betonen und ihnen mehr Gewicht zu verleihen.
- *Pausen:* Die Kunst des Innehaltens ist sehr wirkungsvoll. Pausen geben deinen Zuhörern Zeit, das Gesagte zu verdauen, besonders

wenn du schnell sprichst. Eine kurze Pause von zwei oder drei Sekunden kann unglaublich wirksam sein, kurz bevor oder nachdem du einen wichtigen Punkt gesagt hast. Viele meiner Kunden denken, dass sie zu schnell sprechen, aber oft fehlt ihnen einfach der Mut, eine Pause zu machen. Dieser »Klang der Stille« kann deine Botschaft verstärken und die Aufmerksamkeit erhöhen.

- *Emotionale Färbung:* So wie ein gut komponierter Song durch seine Melodie und Harmonien eine Vielzahl von Emotionen vermittelt, kann deine Stimme ein Spektrum von Gefühlen und Stimmungen vermitteln, wenn du sprichst. Die Stimme im Geschäftsleben kann und sollte wie Musik eingesetzt werden – sie kann einfühlsam sein wie eine Ballade, motivierend wie ein fröhliches Lied oder entschlossen und kraftvoll wie ein Rockhit.

Bestimmte Persönlichkeiten sind Meister darin, diese Farben zu ihrem Vorteil einzusetzen – und auch in der Geschäftswelt können diese Nuancen den Unterschied ausmachen. Hier sind Beispiele dafür, wie du die verschiedenen »Stimmfarben« nutzen und in verschiedenen Geschäftskontexten anwenden kannst:

Sonnig und lebendig wie ein fröhliches Lied (gelb):

Denk an den Song *Walking on Sunshine* von Katrina and the Waves oder *Happy* von Pharrell Williams. Wenn du inspirieren und Begeisterung wecken willst, verwende diesen Ton, der ideal für motivierende Kick-off-Meetings ist.

Jessie Inchauspé, die auf Instagram auch als Glucose Goddess bekannt ist, ist ein perfektes Beispiel für diesen Ton. Ihre Stimme, die zwischen Brust- und Kopfstimme moduliert und besonders faszinierend klingt, bringt komplexe Dinge einfach und leidenschaftlich rüber.

Sanft und warm wie eine Ballade (grün):

Die Melodie von *What a Wonderful World* von Louis Armstrong verkörpert perfekt einen freundlichen und einfühlsamen Tonfall. Nutze die Wärme und Sanftheit dieses Tons, um mit deiner Stimme Vertrautheit und Positivität auszustrahlen – ideal, um in schwierigen Gesprächen Einfühlungsvermögen zu zeigen und eine Atmosphäre des Vertrauens zu schaffen, zum Beispiel bei Mitarbeitergesprächen, in der Krisenkommunikation oder zur Unterstützung von Veränderungsprozessen im Unternehmen.

Barack Obama hat diese Nuancen oft genutzt, um Ruhe auszustrahlen und Verbindungen zu schaffen, besonders in Momenten, die eine starke Führungspersönlichkeit erfordern.

Ruhig und geheimnisvoll wie der Nebel (grau):

Wenn du eine nachdenkliche und geheimnisvolle Aura vermitteln willst, lass deine Stimme diese Stimmfarbe annehmen. Lieder wie *The Sound of Silence* von Simon & Garfunkel und *Imagine* von John Lennon sind Paradebeispiele dafür, wie du eine Atmosphäre des Nachdenkens und der Reflexion schaffen kannst. Diese Stimmlage ist ideal, wenn du in Situationen wie strategischen Planungssitzungen oder bei der Analyse komplexer Daten Tiefgründigkeit ausstrahlen willst.

Ein Meister dieser stimmlichen Nuancen ist Morgan Freeman – seine besonnene und tiefe Stimme regt zum Nachdenken an und lädt zum Innehalten ein.
Nutze diese Eigenschaft, um bei deinen Zuhörern ein Gefühl der Ruhe und des Nachdenkens zu erzeugen, das für eine durchdachte Entscheidungsfindung so wertvoll ist.

Klar und kühl wie das Wasser (blau):

Wenn du Kompetenz und Sachlichkeit ausstrahlen willst, wähle einen Tonfall, der so klar ist wie ein Gebirgsbach. Songs von Coldplay, wie

Don't panic oder *Clocks,* spiegeln diesen minimalistischen Ansatz, die Gelassenheit und Klarheit wider.

Angela Merkel verkörpert diesen nüchternen, kompetenten Stil. Sie vermittelt Klarheit und Verlässlichkeit.

Dieser Ton ist besonders wichtig in Momenten, in denen es darauf ankommt, Fakten überzeugend darzustellen, sei es in einer Aktionärsversammlung, bei der Präsentation eines Geschäftsberichts oder in Verhandlungen.

Feurig und kraftvoll wie Feuer (rot):

Rockige, dominante Töne à la *Highway to Hell* von AC/DC oder *I will survive* von Gloria Gaynor helfen, Stärke und Entschlossenheit auszudrücken.

Eine Berühmtheit, die diese Energie verkörpert, ist Oprah Winfrey, deren kraftvolle und motivierende Reden oft die Herzen der Menschen erreichen und sie zum Handeln bewegen. Wenn es darum geht, Entschlossenheit zu zeigen, zum Beispiel wenn du eine neue Geschäftsstrategie ankündigst oder dein Team nach einem Rückschlag motivierst, dann sei so dynamisch wie dieser Ton.

Was hältst du von dieser Analogie zur Musik? Die Fähigkeit, mit deiner Stimme wie mit Musik zu sprechen, ermöglicht es dir nicht nur, dein Publikum zu informieren, sondern es auch emotional zu bewegen und zu überzeugen. Es kommt nicht nur darauf an, was du sagst, sondern auch wie du es sagst – und stimmliche Vielfalt kann deine Worte beflügeln.

Im Geschäftsalltag brauchen wir oft einen Mix aus verschiedenen Stimmfarben, besonders bei Präsentationen, Vorträgen und digitaler Kommunikation. In all diesen Kontexten ist es wichtig, intensiv mit deiner Stimme zu spielen, um Monotonie zu vermeiden und die Aufmerksamkeit deiner Zuhörer/innen zu behalten.

Wie kannst du deine stimmliche Vielfalt mit der Zeit verbessern? Hier sind ein paar zusätzliche Tipps, um deiner stimmlichen Vielfalt noch mehr Ausdruck zu verleihen:

- *Hörbücher:* Höre dir Hörbücher an und ahme nach, was gesagt wird. Achte besonders auf die Intonation des Sprechers oder der Sprecherin und darauf, wie sie Emotionen und Spannung vermitteln.
- *Musikalische Sprache:* Verwende Sätze, die reich an bildhafter Sprache und Metaphern sind. So kannst du dich tiefer in die Worte einfühlen und sie emotional aufladen.
- *Geschichten erzählen:* Verwende verschiedene stimmliche Nuancen, um Charaktere zum Leben zu erwecken und dein Publikum auf eine Reise mitzunehmen. Eine einfache und dynamische Sprache, angereichert mit persönlichen Beispielen, macht deine Botschaft zugänglicher und einprägsamer.
- *Körpersprache:* Deine Gesten sind wie ein »Begleittanz« zu deinen Worten, der das Sprechen lebendiger macht. Eine aufrechte Körperhaltung und intuitive Gesten unterstützen deine Stimme, geben ihr mehr Volumen und machen sie präsenter.

Mit diesen Tipps entwickelst du nach und nach eine stimmliche Flexibilität, die es dir ermöglicht, fließend und dynamisch wie Musik zu sprechen. Deine Stimme wird nicht nur gehört, sondern auch im Gedächtnis bleiben. Beherrsche die Kunst der Stimmmodulation und du wirst die Kunst beherrschen, andere zu beeindrucken und zu führen.

Abschließende Worte

Stimmtraining sollte nicht nur für Sänger/innen, Schauspieler/innen oder Sprecher/innen reserviert sein. Es ist auch für jede Führungskraft unerlässlich. Eine bewusst eingesetzte Stimme hat eine Wirkung auf den Gesprächspartner, die weit über das gesprochene Wort hinausgeht. Sie erweckt Botschaften zum Leben, verankert sie fest im Gedächtnis der Zuhörer/innen und schafft Vertrauen.

Setze deine Stimme gezielt als Führungsinstrument ein. Investiere in den Klang deiner Stimme. Durch regelmäßiges Üben, Aufwärmen der Stimme und kontinuierliche Weiterentwicklung kannst du eine Stimme formen, der die Menschen gerne zuhören und folgen.

Beherrsche die Kunst der Stimmmodulation, das Sprechen wie Musik, um deine Botschaften eindrucksvoll zu gestalten und sowohl zu informieren als auch emotional zu inspirieren und zu motivieren. Deine Stimme ist mehr als nur ein Instrument zum Sprechen; sie ist ein Schlüssel zur persönlichen und beruflichen Entwicklung.

Die vielen Möglichkeiten deiner Stimme zu erkunden, ist nicht nur eine Investition in deine Führungsqualitäten, sondern auch ein spannendes Abenteuer.

Ich wünsche dir viel Freude und Erfolg auf dieser spannenden Reise!

Karsten Homann
Farbpsychologe und über 20 Jahre Erfahrung als Geschäftsführer eines Handwerksbetriebs

© honig&blau Media

Vom Handwerker zum Farbexperten: Mit über zwei Jahrzehnten Erfahrung als Handwerksunternehmer führte Karsten Homann einen florierenden Malerbetrieb mit 15 engagierten Mitarbeitenden. Um sein Fachwissen zu vertiefen, beschloss Karsten Homann, Farbpsychologie zu studieren.

Seit 2008 gibt er sein umfangreiches Wissen und seine Erfahrung als Referent an ein breites Publikum weiter. Seine tiefe Verbundenheit mit Farben spiegelt sich in den Worten seiner Mutter wider: »Karsten, es ist nicht Blut, das durch deine Adern fließt, es ist Farbe!« Diese liebevolle Aussage unterstreicht nicht nur seine familiären Wurzeln, sondern auch seine lebendige Hingabe an die Welt der Farben. Seine Vorträge, die sich durch eine einzigartige Kombination aus unternehmerischem Know-how und farbpsychologischem Fachwissen auszeichnen, inspirieren und verändern die Denkweise der Zuhörer.

Heute geht der Buchautor über die Bühne hinaus und ist regelmäßiger Gast bei bekannten Radio- und Fernsehproduktionen wie SAT.1 Frühstücksfernsehen, Antenne Bayern, RTL Punkt 12 und WDR 2. Verschiedene regionale und überregionale Tageszeitungen und Magazine schätzen ihn als kompetenten Interviewpartner. Karsten Homann setzt seine Mission fort, Menschen durch Vorträge, Medienauftritte und Schulungen dazu zu inspirieren, die Welt der Farben bewusst zu erleben. Seine dynamische Persönlichkeit, sein Fachwissen und seine Vielseitigkeit machen ihn zu einem einflussreichen Akteur auf dem Gebiet der Farbpsychologie.

Weitere Informationen finden Sie auf: *www.karsten-homann.de*

Erfolgsfaktor Farbe

Die Welt ist bunt.

Streng genommen könnte dieser Artikel hier enden. Dieser eine Satz ist Erklärung, Motivation und Auftrag zugleich. Lebewesen, Landschaften, Elemente, Objekte, Räume – jedes Ding und Wesen auf unserem Planeten hat seine Farbe. Die Evolution hat uns Menschen die Augen gegeben, um die berauschende Vielfalt der Farben zu erkennen. Was für ein großartiges Geschenk! Dennoch schenken wir der Farbe viel zu wenig Aufmerksamkeit und nutzen sie viel zu selten. Farben umgeben uns überall und sind gleichzeitig ein fester Bestandteil unserer Alltagssprache: Rot ist Liebe, Grün ist Hoffnung, wir fahren ins Blaue, bewegen uns manchmal in einer Grauzone, wünschen uns Geschäftspartner mit einer makellosen weißen Weste, wir nennen politische Parteien bei ihren Farbnamen. Fällt Ihnen etwas auf?

Egal, wo wir hingehen, egal, wie wir leben, wo wir arbeiten, essen, tanzen oder lieben – Farben sind überall. Sie strukturieren, akzentuieren und beleben unsere Welt. Beeinflussen uns. Sie sorgen dafür, dass wir uns gut fühlen – oder auch nicht.

Vielleicht haben Sie sich die Frage schon einmal gestellt: Warum schmeckt der Wein im Urlaub eigentlich besser als zu Hause? Warum fühle ich mich in manchen Räumen diffus unwohl, möchte aber andere nicht verlassen? Wirken Farben vielleicht sogar auf uns, wenn wir die Augen geschlossen haben?

Wie können wir Farben im geschäftlichen Kontext einsetzen, um ausgeglichenere, energischere und zufriedenere Mitarbeiter zu haben? Oder für diejenigen, deren Herz eher für den Takt der Geschäftszahlen schlägt: Wie können wir durch den gezielten Einsatz von Farbe unseren Umsatz und den Erfolg unseres Unternehmens steigern?

Der Wert des Unternehmens wird durch die Werte des Unternehmers bestimmt. Ein hohes Maß an Mitarbeiterzufriedenheit als einer Ihrer Kernwerte spielt daher eine Schlüsselrolle im Konzept der stärkenorientierten Führung. Farbe kann Großes bewirken.

Den Fachkräftemangel farbenfroh lösen

Eine der größten Herausforderungen unserer Zeit ist zweifelsohne der Mangel an qualifizierten Mitarbeitern. In dieser Hinsicht ist es von entscheidender Bedeutung, die Fachkräfte, die Sie bereits in Ihrem Unternehmen beschäftigen, so lange wie möglich zu halten, und diejenigen, die Ihnen fehlen, magnetisch anzuziehen.

Wie erreichen wir das? Die Antwort ist ganz einfach: Der geschickte Einsatz von Farben schafft eine Arbeitsatmosphäre, in der sich die Menschen wohlfühlen und in der sie gerne Zeit verbringen. Wenn sie dann in ihren Netzwerken davon schwärmen, wird eine Kettenreaktion in Gang gesetzt, bei der Sie sich vor qualifizierten Bewerbungen kaum retten können ...

Im Ernst – wenn Ihr Unternehmen und Ihr Arbeitsumfeld für Ihre Mitarbeiter so einladend sind wie ein 4-Sterne-Hotel im Urlaub, wenn es am Arbeitsplatz vielleicht sogar schöner und angenehmer ist als zu Hause, dann bleiben die Menschen nicht nur lieber länger dort, sie sind auch motivierter. Welchen größeren Erfolgsfaktor könnte es für Unternehmen geben als ein tief verbundenes, engagiertes, motiviertes und zufriedenes Team? Um dieses Prio-A-Ziel zu erreichen, ist der richtige Einsatz von Farbe entscheidend.

Wahrnehmung: Kontrolle? Fehlanzeige!

Der moderne Mensch verlässt sich stark auf Logik und Vernunft. Auf das Bewusstsein. Wir sind überzeugt, dass wir alles unter Kontrolle haben, wenn wir uns nur stark genug konzentrieren. Lassen Sie mich Ihnen etwas sagen: Sie können es vergessen!

Tatsächlich liegt der Anteil der bewussten Wahrnehmung beim Menschen bei nur überschaubaren zwei bis fünf Prozent. Der Anteil der unbewussten Wahrnehmung, das heißt unseres Unterbewusstseins, ist viel höher, nämlich über 95 bis 98 Prozent.[1] Die Wahrheit ist, dass nicht unser Kopf unsere Entscheidungen trifft, sondern unser Bauchgefühl! Zumindest, wenn es um körperliche Reaktionen geht.

Die Wahrnehmung steuert wichtige Prozesse im Körper. Unsere Sinne sind die Tore, durch die Informationen empfangen und über die »Datenautobahn« des Nervensystems an unser Gehirn weitergeleitet werden. Diese Informationen, diese Reize, entscheiden darüber, ob wir uns gut fühlen, aggressiv werden oder zur Flucht neigen. Übertragen auf unser Thema bedeutet das: Je wohler sich Ihre Mitarbeiter bei der Arbeit fühlen, desto länger, engagierter und energiegeladener werden sie das Wertvollste, was Menschen einander geben können, dort lassen – ihre Lebenszeit.

Anteile der fünf Sinne

Zwei Prozent – das ist weiß Gott nicht viel. Und dieser kleine Prozentsatz wird auf unsere verschiedenen Sinnesorgane aufgeteilt. Das Sinnesorgan, dem wir am meisten vertrauen, ist das Auge. Wir sehen es kommen, lieben jemanden wie unseren Augenstern, sind manchmal blauäugig – die Liste der sprachlichen Beispiele geht weiter und weiter.

---

[1] Für diese und weitere Informationen lesen Sie: https://sgbs.ch/publication/die-relevanz-sozialer-verantwortung-in-unternehmenskulturen-im-kontext-der-gesellschaftlichen-werteentwicklung/2-2-5-selbst-und-fremdwahrnehmung#:~:text=Das%20Unbewusstsein%20macht%20ungefähr%2090%20Prozent%20des%20menschlichen%20Bewusstseins%20aus.&text=Andere%20Studien%20gehen%20sogar%20von,restlichen%202%20bis%2010%20Prozent.&text=Der%20Mensch%20definiert%20sich%20über,weiß%2C%20was%20ihm%20bewusst%20ist.; besucht am 08.07.2024.

Es ist daher kaum überraschend, dass 80 Prozent unserer bewussten Wahrnehmung (zwei Prozent) vom Auge aufgenommen werden. 20 Prozent entfallen auf unseren Hör-, Geruchs-, Geschmacks- und Tastsinn.[2] Unser Sehsinn ist auch einer der Sinne, der am leichtesten zu täuschen ist. Künstler wie David Copperfield oder Siegfried und Roy hätten sonst ein Karriereproblem gehabt.

Wir nehmen also den größten Teil unserer Umgebung nicht bewusst wahr. Dennoch ist unser Sehsinn der entscheidende Zugang zu unserem Gehirn. Wir brauchen einen Anreiz. Ergo: Wenn wir unser Wohlbefinden unterbewusst beeinflussen wollen, sollte dieser Reiz am ehesten über das Auge aufgenommen werden. Hier kommen Farbe und farbiges Licht ins Spiel.

In den 1940er Jahren führte der Schweizer Psychologe und Philosoph Prof. Max Lüscher eine Reihe von Experimenten zur Wirkung von farbigem Licht auf körperliche Prozesse durch. Er wies wissenschaftlich nach, dass die Farbe des Lichts einen großen Einfluss auf das Hormonsystem von Tieren hat. Bereits 1947 entwickelte er den sogenannten Lüscher-Test und die psycho-somatische Farbdiagnostik.[3]

Seiner Meinung nach wird die sensorische Wahrnehmung von Farbtönen vom Auge mit der größten Genauigkeit wahrgenommen. Farben sind genau messbare Schwingungsfrequenzen. Deshalb ist die Bedeutung von Farben universell gültig und objektiv, und der Farbtest ist fast wie ein Fieberthermometer. Die Farben, mit denen wir uns umgeben, sind daher ein entscheidender Faktor dafür, wie wir uns in unserem Leben fühlen. Farbe kann motivieren und demotivieren. Sie kann uns krank machen und uns gesund halten. Farbe kann uns schnell müde machen oder uns für lange Zeit hoch konzentriert halten.

---

2 Die Prozentsätze verschieben sich je nach Stimulus. Für diese und weitere Informationen: Braem, H. (2009). Die Macht der Farben. Bedeutung und Symbolik, Wirtschaftsverlag Langen Müller / Herbig, München.
3 Vgl. www.luscher-color.ch; besucht am 27.06.2024.

Farbe + Licht = Atmosphäre schaffen
Doch Farbe allein ist nur die halbe Miete. Schon die biblische Schöpfungsgeschichte beginnt mit »Es werde Licht!«. Das Leben beginnt mit Licht. (Sonnen-)Licht ist von grundlegender Bedeutung für uns Menschen, für die Tiere und Pflanzen auf unserem Planeten. Licht beeinflusst unsere körperlichen Prozesse, Licht beeinflusst unsere Psyche, Licht bestimmt auch, ob die Farben in unserem Zuhause warm oder kalt, stressig oder entspannend wirken.

Licht und Dunkelheit sind untrennbare Zwillinge. Beide sorgen für einen universellen Rhythmus. Schon die erste Amöbe wurde wahrscheinlich in der Wiege des Lebens durch einen Sonnenstrahl geweckt. Tag- und Nachtrhythmen haben die Existenz von Lebewesen seit Millionen von Jahren bestimmt. Als der Mensch auf der Evolutionsbühne erschien, war auch er lange, lange Zeit dem Rhythmus von Licht und Dunkelheit unterworfen.

Rhythmisierung von Blau und Rot

Dieses Licht ist perfekt auf die Bedürfnisse der Lebewesen auf der Erde abgestimmt. Das Morgenlicht der aufgehenden Sonne hat einen höheren Blauanteil, der dafür sorgt, dass wir aufwachen und den Tag mit Energie beginnen können. Das genaue Gegenteil ist der Fall beim Abendlicht. Wie der Name schon sagt, enthält das Licht der untergehenden Sonne einen höheren Rotanteil, der uns müde und entspannt fühlen lässt. Das Gefühl, mit der Arbeit fertig zu sein, wird eher mit einem gemütlichen, warmen Rotton in Verbindung gebracht als mit einem wachen, energiegeladenen Blau. Dieser Rhythmus von Spannung und Entspannung zieht sich seit jeher durch das menschliche Leben.

Auch als die Menschen das Feuer entdeckten, änderte sich das Prinzip nicht, denn dieses flammende Licht entsprach dem warmen Rot der untergehenden Sonne. Es verlängerte nur den Tag ein wenig, sodass sie zusammensitzen und sich gegenseitig Geschichten erzählen konnten. So ging es viele zehntausende Jahre lang weiter. Dann kamen Fackeln, Kerzen und Petroleumlampen auf. Die Wirkung all dieser Lichtquellen war ähnlich wie die eines Lagerfeuers. Das Ergebnis war ein warmes, rötliches Licht.

Elektrisches Licht hat alles verändert

1879 gab es eine große Veränderung: Thomas Alva Edison stellte eine Kohlefadenlampe her und leitete mit dieser Glühbirne die industrielle Massenproduktion ein. Von nun an war der Mensch praktisch der Herrscher über Licht und Dunkelheit. Langes Lesen am Abend, Schichtarbeit, die Nutzung von Räumen ohne direktes Tageslicht – all das wurde auf breiter Ebene möglich. Zunächst benutzte die Bevölkerung abends in den Privathäusern Glühbirnen. Der Tag konnte so um vier bis fünf Stunden verlängert werden. Der Lichtcharakter der Glühbirne ähnelte jedoch noch sehr dem Licht des Feuers oder des Sonnenuntergangs und enthielt viel Rot. Diese Lichtfarbe war dem menschlichen Organismus seit Tausenden von Jahren wohlbekannt. Sie wurde mit einem Gefühl der Behaglichkeit und Gemütlichkeit assoziiert.

Energiesparlampen, wie wir sie kennen, gibt es bereits seit 1980. Sie verbrauchen viel weniger Strom und haben eine viel längere Lebensdauer als Glühbirnen – so weit, so gut! Aber auch hier gibt es kein Licht ohne eine dunkle Seite! Energiesparlampen enthalten Edelgase und Quecksilber – und sollten am Ende ihrer Lebensdauer als Sondermüll entsorgt werden. Auch in Bezug auf die Lichtqualität sind sie den Glühbirnen lichtqualitativ unterlegen. Das Licht einer Energiesparlampe erzeugt nur bestimmte Bereiche des Spektrums. Diese sogenannten »Peaks« liegen in Nanometerbereichen, die unsere Augen besonders gut wahrnehmen können. Das gilt mehr für den grünen und blauen Bereich. Rotes Licht ist so gut wie nicht enthalten. Mit anderen Worten: Das Licht erscheint sehr hell und alle Bereiche, die die Helligkeit nicht erhöhen, werden herausgefiltert. Ein Effekt, der für die Industrie in leistungsbezogenen Kontexten sehr positiv ist, aber in privaten Wohnumgebungen eine verheerende Wirkung haben kann.

Burnout durch falsches Licht

Das ist für den menschlichen Organismus problematisch. Denn das blaulastige Licht gibt uns ständig den Impuls: aufstehen, aufwachen! Was bei der Arbeit von Vorteil sein mag, ist zu Hause eine Katastrophe. Eine Schlafzimmerlampe, die ständig den Impuls zum »Aufwachen« sendet, provoziert auf Dauer nur eines: Schlafstörungen. Tatsächlich ist blaues Licht, das auch von Fernsehgeräten und Handy-/Computer-Displays ausgestrahlt wird, sehr schlecht für das »Abschalten« und Einschlafen am Abend. Stresshormone werden ausgeschüttet und das Ergebnis ist Überlastung und sogar Burnout. Ein großes Thema mit hoher gesellschaftlicher Relevanz!

Moderne LED-Lampen machen den physiologisch negativen Effekt von Energiesparlampen etwas wett. Doch obwohl in der Werbung oft der Begriff »warmweiß« verwendet wird, sind die meisten dieser Lichtquellen noch weit von »warmweiß« entfernt. Die Lichtfarbe wird in Kelvin gemessen. Ein Wert von 2.700 Kelvin gilt als ideal für den Wohnbereich. Außerdem sagt die Zahl allein nichts über die Qualität der erzeugten Lichtfarbe aus. Der Farbwiedergabeindex gibt Auskunft darüber, wie nahe das Licht des Leuchtmittels dem natürlichen Tageslicht draußen kommt, das als ideal gilt. Dies wird durch die Fülle des dargestellten Spektrums bestimmt. Das bedeutet, dass idealerweise alle Farben enthalten sein sollten, damit die Lichtfarbe Weiß wirklich erzeugt werden kann (wir erinnern uns an die Erkenntnisse von Isaac Newton). In der Realität werden jedoch nur Ausschnitte des Spektrums verwendet. Diese »Spitzen« im Spektrum verschieben die erreichte Lichtfarbe in die Richtung, in der der Peak liegt. Dadurch wird das Licht blau, grün oder rot.

Wenn nur eine kleine Menge der Lichtschwingung auf die Farbe an der Wand fällt, wird nur eine kleine Menge der Farbschwingung reflektiert und daher kann nur eine kleine Menge der Schwingung die Menschen im Raum erreichen. Kurz gesagt: Das richtige Licht verändert ALLES!

Jede Farbe – nur kein Weiß!
Farbe und farbiges Licht sind mächtige Einflussfaktoren in unserem Leben. Wir müssen sie nur richtig einsetzen! Farbe kann uns müde oder frisch machen, uns motivieren oder deprimieren, die Konzentration fördern oder verringern. Kluge und erfolgreiche Unternehmen setzen daher auf die richtige Farbe.

Weiß gilt allgemein als der ideale Hintergrund für ... alles, nicht wahr? Weiß ist so schön hell. Weiß ist so herrlich neutral. Alles kann auf Weiß besser aussehen. Verabschieden Sie sich von dieser Vorstellung! Denn das genaue Gegenteil ist der Fall!

Unsere Vorfahren, die Steinzeitmenschen, lebten völlig im Einklang mit der Natur, mit den Zyklen von Tag und Nacht, mit Licht und Dunkelheit. Eines der beunruhigendsten Wetterphänomene jener Zeit war der Nebel. Weiße Schleier, die die Sicht trotz Sonne behinderten und es ermöglichten, den Angriff eines gefährlichen Tieres zu spät zu erkennen – das war unter Umständen lebensgefährlich! Unser Gehirn war damals, und ist es auch heute noch, ständig auf der Suche nach Resonanzen in Form von Reizen, die eine Rückmeldung auslösen. Aber Weiß liefert kein Feedback. Die Menschen fühlten sich in einer weißen Umgebung unwohl, die sie nervös machte, weil sie ihnen kein Feedback, keine Resonanz und damit keine Sicherheit bot. Diese Erfahrungen sind evolutionär gesehen tief in unserem Unterbewusstsein verankert. Und so schön, neutral und hell wir Weiß oberflächlich betrachtet auch finden mögen – unser Unterbewusstsein reagiert ständig mit dem Ausruf »Achtung! Gefahr! Angst!«. Unterschwellig stehen wir daher in einem Raum voller weißer Wände oder weißer Böden ständig unter Stress.

Diejenigen, die sich gerne mit Weiß umgeben, wollen neutral erscheinen, wollen in der Regel nicht Farbe bekennen, wollen sich nicht festlegen, wollen ihre Persönlichkeit nicht preisgeben. Weiß deutet immer auf eine latente Unsicherheit hin. Diese Unsicherheit entwickelt sich in rasantem Tempo. Unser bewusster Geist ist in der Lage, fünf bis neun Impulse pro Sekunde wahrzunehmen. Das unbewusste Denken hingegen schafft 10.000 (!!!) Impulse pro Sekunde. Die Reizüberflutung, der wir alle ununterbrochen ausgesetzt sind, bombardiert unser Unterbewusstsein mit noch mehr Impulsen. Deshalb ist es so wichtig, dieser Überlastung entgegenzuwirken und für Ruhe und Entspannung zu sorgen.

Farbe und Licht verringern das Leiden
Farbe und farbiges Licht haben also zweifelsohne eine Wirkung auf den Körper. Das ist schon für gesunde Menschen wichtig, aber noch mehr für kranke Menschen. In den meisten Krankenhäusern ist fast alles weiß: die Decken, die Wände, die Böden, das Bettzeug. Oft in Kombination mit schlechter Beleuchtung mit einem hohen Blauanteil. Das ist der Grund, warum wir das Gefühl haben, dass alles in Krankenhäusern sehr kalt und steril ist. Deshalb ist es auch unmöglich, sich wohl zu fühlen. Zusammenfassend könnte man sagen: Jede Farbe ist besser für den Organismus als Weiß.

Wenn Sie dieses Wissen jedoch nutzen und hochwertige Farben mit gutem, farbigem Licht kombinieren, können Sie ein gemütliches Gefühl zu Hause schaffen, die Motivation der Mitarbeiter am Arbeitsplatz erhöhen und den Umsatz von Restaurants und Dienstleistern steigern. Und wer weiß? Vielleicht werden sogar kranke Menschen etwas schneller wieder gesund – das hängt alles von einem Versuch ab ...

Die bergische Universität Wuppertal und das Helios Universitätsklinikum Wuppertal haben genau diese Fragen untersucht: Welchen Einfluss hat die Farb- und Lichtgestaltung von Intensivstationen auf das Wohlbefinden und den Gesundheitszustand von Patienten, auf den Medikamentenverbrauch und auf die Arbeitsmotivation, die Einstellung und das Wohlbefinden des medizinischen und pflegerischen Personals?

Die Ergebnisse waren verblüffend: Das Wohlbefinden der Patienten stieg um durchschnittlich 32,3 Prozent und das der Mitarbeiter sogar um 40,8 Prozent. Am beeindruckendsten waren die Ergebnisse in Bezug auf den Medikamentenverbrauch. Dieser sank bei akuten Neuroleptika um 30,1 Prozent.[4] Haben Sie Fragen?

Und es kommt noch besser, denn ein weiteres Ergebnis dieser Studie ist gigantisch: Die Krankheitstage der Mitarbeiter sank um 35,7 Prozent![5] Ich überlasse es Ihnen und Ihrem Taschenrechner, sich auszurechnen, was das für ein Unternehmen an Kosten bedeutet ...

Alles schwingt

Tatsache ist: Alles, was uns umgibt, ist Schwingung. Wenn diese Schwingung in Maßen kontrolliert wird, kann eine positive körperliche Wirkung erzielt werden. Das Unbewusstsein (denken Sie daran: Es macht 98 Prozent unserer gesamten Wahrnehmung aus!) reagiert auf die Schwingungen, die von Farben und farbigem Licht ausgehen.

Das menschliche Auge kann Licht in einem Bereich zwischen 400 und 780 Nanometern wahrnehmen. Dies ist jedoch nur ein Ausschnitt aus dem gesamten Spektrum elektromagnetischer Schwingungen.[6]

Licht ist Schwingung. Dieses Wort »Schwingung« wird schnell in die »esoterische Ecke« gestellt. Dabei handelt es sich um reine Naturwissenschaft. Wenn wir über Wechselstrom, Funkwellen, Radiowellen oder Mikrowellen sprechen, gibt es keine solchen Vorbehalte. Bei diesen Naturphänomenen wird selbstverständlich akzeptiert, dass sie aus Schwingungen bestehen und andere Körper in Schwingung versetzen, das heißt, sie haben einen Einfluss auf sie.

---

4   Vgl. https://axelbuether.de/2019/farbe-im-gesundheitsbau-colour-design-thinking/; besucht am 27.06.2024.

5   https://axelbuether.de/2021/krankenstand-ist-um-357-prozent-zurueckgegangen-ein-wahnsinnseffekt/; besucht am 27.06.2024.

6   Für diese und weitere Informationen lesen Sie unter: https://www.bfs.de/DE/themen/opt/sichtbares-licht/sichtbares-licht_node.html#:~:text=Die%20meisten%20Menschen%20können%20Wellenlängen,nm%20mit%20dem%20Auge%20wahrnehmen; besucht am 08.07.2024.

Der Mensch ist mit zwei hervorragenden Messinstrumenten ausgestattet, die diese verschiedenen Wellenlängen hervorragend erfassen können: das Auge und das Ohr.

Im Bereich des Lichts wird dem Infrarotlicht am ehesten sein positives Schwingungspotenzial zugesprochen, das medizinisch beispielsweise zur Behandlung von Verspannungen oder Entzündungen eingesetzt wird. Hier hat das Licht eine schnell spürbare körperliche Wirkung, nämlich die Entspannung tieferer Muskelschichten oder die Heilung von entzündeten Nebenhöhlen im Gesicht. Auch die ultraviolette kosmische Strahlung ist wissenschaftlich erwiesen und anerkannt. Wenn das Licht jedoch den physisch wahrnehmbaren Bereich verlässt (zum Beispiel durch Wärme) und in den rein sichtbaren Bereich übergeht, fällt es uns schwer, an seinen großen Einfluss zu glauben. Aber es existiert! Wenn Licht also eine Schwingung ist, bedeutet das auch, dass nicht nur unsere Augen beeinflusst werden, sondern unser gesamter Körper. Und es ist nicht nur das für medizinische Zwecke verwendete Licht, das von Bedeutung ist. Auch das alltägliche Licht, das Sonnenlicht und das von Lampen erzeugte künstliche Licht beeinflussen unseren Körper, indem es ihn zum Schwingen bringt. Licht und Farbe schwingen in uns. Diese Schwingung bleibt auch erhalten, wenn unsere Augen geschlossen sind.

Produktiv und beschwingt arbeiten
Also schwingt alles, immer und überall – auch am Arbeitsplatz. Leider haben viele Büros heute noch alte Leuchtstoffröhren. Diese sind nicht nur ungünstig in Bezug auf ihre Lichtfarbe, sondern sie verlieren auch zehn Prozent ihrer Leistung pro Jahr, was nicht nur schlecht für das Unterbewusstsein, sondern auch für die Augen selbst ist. Das Ergebnis sind gestresste Mitarbeiter, die dazu neigen, sich unwohl zu fühlen.

Flankiert von den richtigen Wandfarben, dem richtigen naturfarbenen Bodenbelag und einer hochwertigen Beleuchtung entsteht auch in funktional eingerichteten Räumen ein Gefühl des Wohlbefindens. Wenn es Unternehmern gelingt, dafür zu sorgen, dass sich ihre Mitarbeiter gerne im Büro aufhalten, sich willkommen, akzeptiert und respektiert fühlen und von ihrem direkten Arbeitsumfeld positive Impulse erhalten, werden verschiedene Dinge geschehen:

- Die Konzentrationsfähigkeit nimmt zu.
- Der Stresspegel sinkt.
- Die Krankheitsrate kann sinken.
- Die Identifikation mit dem Unternehmen steigt.
- Das Engagement der Mitarbeiter nimmt zu.
- Die Kreativität der Mitarbeiter steigt.
- Es gibt weniger Fluktuation.

All diese Faktoren führen unweigerlich zu einer besseren Leistung des Mitarbeiters, seines Teams und letztlich des gesamten Unternehmens.

Die gezielte »Zonierung« von Arbeitsbereichen ist hier wichtig. Ein Arbeitsplatz für konzentriertes Arbeiten braucht ein anderes, anregendes, eher blaustichiges Licht als ein Pausenraum mit rotstichiger Beleuchtung zur Entspannung. Ein Besprechungsraum sollte die Gesichtsfarbe der Menschen, mit denen Sie sprechen, nicht verzerren, sondern sie frisch und natürlich aussehen lassen. Hauttöne sind auch Farben. Auch sie setzen Impulse im Unterbewusstsein unseres Gegenübers und haben daher Einfluss auf den Verlauf des Gesprächs. Ergo: Wenn Sie die vorgenannten Erkenntnisse berücksichtigen und den Arbeitsplatz zu einem Wohlfühlort machen, führt dies zu einer Optimierung der Ergebnisse.

Farben befriedigen Grundbedürfnisse
Hochrangige und berühmte Farbforscher wie Isaac Newton, Johann Wolfgang von Goethe, Rudolf Steiner und Johannes Itten haben im Laufe der Jahrhunderte eine gemeinsame Erkenntnis gewonnen und sie mit ihren eigenen Mitteln interpretiert: Farben haben etwas mit unserem Leben zu tun. Alles schwingt und beeinflusst uns. Farbe ist aber nicht nur für unser Hormonsystem wichtig. Farbe ist tief in unserer Psychologie verwurzelt. Wir alle sind davon betroffen.

Wenn wir in Räumen arbeiten, die durch ihre Farbgestaltung das Gefühl eines Zuhauses vermitteln, bringen sie uns zum Schwingen. Unsere Lebensqualität verbessert sich. Farbpsychologisch geschickt gestaltete Räume bringen uns zurück zu unseren ursprünglichen Bedürfnissen. Ein Paradebeispiel für die konsequente Umsetzung dieser Erkenntnisse ist das Unternehmen Apple Inc.

Ihr Gründer Steve Jobs hatte eine klare Vision: Er wollte nicht den besten Computer der Welt bauen und verkaufen (obwohl er das wahrscheinlich sowieso tat), er wollte das beste Erlebnis bei der Verwendung eines Computers schaffen. Ästhetik, Design, Innovation, Benutzerfreundlichkeit und Zuverlässigkeit sind seit jeher die Parameter, nach denen das Unternehmen seine Produkte gestaltet. Und seit jeher setzt Apple erfolgreich Farbe in Benutzeroberflächen ein, um Emotionen zu wecken und eine inspirierende User-Experience zu schaffen. Mit unvergleichlichem Erfolg. Und das kann auch für Büros und Arbeitsräume gelten. Wir brauchen nicht mehr nur warme, trockene Orte zum Arbeiten. Vielmehr suchen die Mitarbeiter heute nach Orten der Inspiration. Sie suchen Orte zum Wohlfühlen, Orte zum Kommunizieren oder einfach einen Ort, der sich wie ein zweites Zuhause anfühlt. Es geht nicht mehr in erster Linie um die Funktion eines Büros, sondern um die Emotionen, die in ihm entstehen können.

Farbe zeigt, wie Sie »ticken«
Es gibt zahlreiche Farbtypisierungsmodelle, wie das Insights-4-Farben-Modell oder das DISG-Modell, die sich beide auf die vier Hauptfarben Rot, Gelb, Blau und Grün beziehen. Sie zielen darauf ab, Menschen in Bezug auf ihre Psychologie zu beschreiben und zu kategorisieren. Alle Menschen sind Mischtypen und haben Teile aller Kategorien mit korrelierenden Merkmalen. Der Frieling-Test, der in den 1950er Jahren von Dr. Heinrich Frieling entwickelt wurde, beleuchtet diesen Bereich viel detaillierter und differenzierter als

andere.[7] Er besteht aus einem Satz von 23 verschiedenen Farbkarten (fünf Karten pro Farbton). Die Farbkärtchen sind mehrfach nach verschiedenen Aspekten anzuordnen, woraus sich anhand der räumlichen und zeitlichen Farbabfolge bestimmte Persönlichkeitstypen bestimmen lassen. Die Auswertung erfordert viel Übung und wird mit Hilfe von Tabellen, Syndromkurven und Flussdiagrammen durchgeführt. Unter anderem lässt sich feststellen, ob sich eine Neurose aufbaut oder abbaut und ob Heilungsmaßnahmen eine günstige oder ungünstige Wirkung haben. Der Test kann nicht manipuliert werden. Die Bewertungskriterien sind nicht nur die Farben selbst, sondern auch die Beziehungen und Gegenbeziehungen der Farben zueinander im Farbkreis. Selbst der Winkel, in dem die einzelnen Farben im Farbkreis zueinander stehen, ist wichtig.

Teamtraining als Erfolgsverstärker
Inspiriert durch den Frieling-Test haben mein Team und ich ein innovatives Tool für die Farbberatung entwickelt. Wir gehen in der Teststruktur einen Schritt weiter und fügen dem analogen Test die menschliche Dimension hinzu. Jeder Mensch ist individuell und braucht einen persönlichkeitsorientierten Ansatz. Es spielt keine Rolle, ob ich in Bildern, Zahlen, Daten, Fakten oder Appellen spreche. Manche Menschen brauchen genau das, was andere verabscheuen. Das zeigt einmal mehr, dass unser unbewusstes Denken viel mächtiger, aber auch träger ist, als wir es oft für möglich halten. Unsere Fähigkeit, bewusste Entscheidungen zu treffen, ist geringer als die Kraft

---

7 Dr. Heinrich Frieling gilt als einer der größten Farbtheoretiker und -praktiker des 20. Jahrhunderts. Er war Goethe-Experte (Farbtheorie), Dozent an der Filmakademie, Psychologe und Ornithologe und Autor von 42 Büchern.

des Unbewussten. Colorlytix®[8] nutzt diesen Effekt im menschlichen Denken, um Ergebnisse zu liefern, die nicht kognitiv beeinflusst sind.

In einem unternehmerischen Kontext ist es so auch möglich, die Zusammenarbeit genauer zu betrachten und auf dieser Grundlage zu optimieren. Gemeinsam erkunden wir die Verhaltenstendenzen und die Kommunikationsstile jedes Einzelnen im Team, indem der Proband einfach eine farbige Karte auswählt. Diese scheinbar einfache Handlung ermöglicht eine genaue Einschätzung der Verhaltenstendenzen und der Persönlichkeit. So können Teams nicht nur ein besseres Verständnis füreinander entwickeln, sondern auch effektivere Strategien für die Kommunikation, die Lösung von Konflikten und die Optimierung ihrer Zusammenarbeit.

Miteinander als USP
Im Marketing spricht man oft über den Unique Selling Point (USP). Was genau ist es, das Ihr Produkt oder Ihre Dienstleistung einzigartig macht? Wie wäre es, wenn Sie den Faktor Mitarbeiterzufriedenheit und die daraus resultierende höhere Loyalität der Mitarbeiter als Alleinstellungsmerkmal betrachten würden? In Zeiten des Fachkräftemangels erscheint dieser Ansatz und die Idee von »mehr Miteinander« nur logisch, oder? Menschen, die sich an ihrem Arbeitsplatz wohlfühlen und sich mit ihrem Arbeitgeber verbunden fühlen, arbeiten dort lieber und länger, sind motivierter und produktiver. Das wirkt sich unweigerlich auf die Exzellenz des Ergebnisses aus, was

---

8   Das System *Colorlytix*® wurde entwickelt vom honig&blau Institut für Farbpsychologie und Persönlichkeitsentwicklung GmbH unter der Leitung von Karsten Homann und besteht aus 13 Karten, auf denen jeweils fünf Farben zu sehen sind. Die Handhabung ist sehr einfach. Und dennoch ist es möglich, präzise Einschätzungen über die Verhaltenstendenzen und die Persönlichkeit zu machen. Karsten Homann nutzt diese von ihm entwickelte Methode in Teamtrainings und zur Analyse großer Gruppen bei Farbkonzepten. Weitere Informationen finden Sie auf: https://karsten-homann.de/colorlytix-training.

wiederum zu begeisterten Kunden und mehr Wachstum führt. So einfach diese Kausalkette auch klingt, sie funktioniert wie ein Uhrwerk. Indem Unternehmen die Prinzipien der Farbpsychologie – neben Aspekten wie attraktiven Arbeitsbedingungen, Sozialleistungen, Wertschätzung, Transparenz und Partizipation – bewusst in die Gestaltung ihrer Arbeitsumgebung und Unternehmenskultur einbeziehen, können sie das Wohlbefinden und die Zufriedenheit ihrer Mitarbeiter steigern. Das Colorlytix®-Modell kann auf vielfältige Weise eingesetzt werden:

- *Farbgestaltung am Arbeitsplatz:* Die Wahl der Farben für Büros, Besprechungsräume und Gemeinschaftsbereiche kann das Wohlbefinden und die Produktivität der Mitarbeiter beeinflussen. Durch gezielte Farbgestaltung können Unternehmen ein positives und motivierendes Arbeitsumfeld schaffen, das das Engagement und die Bindung der Mitarbeiter fördert.
- *Corporate Identity und Markenfarben:* Die Farben, die ein Unternehmen für seine Corporate Identity und Markenkommunikation verwendet, können eine starke symbolische Bedeutung haben und das Zugehörigkeitsgefühl der Mitarbeiter stärken. Durch die konsequente Verwendung ihrer Markenfarben und deren Integration in die Arbeitsumgebung können Unternehmen ein Gefühl der Zusammengehörigkeit und Identifikation der Mitarbeiter mit dem Unternehmen fördern.
- *Farbenfrohe Kommunikation und Visualisierung:* Farben können auch in der internen und externen Kommunikation eines Unternehmens eine wichtige Rolle spielen. Durch den gezielten Einsatz von Farben in Präsentationen, Schulungsunterlagen und Werbematerialien können Unternehmen Botschaften unterstreichen, Emotionen ansprechen und die Aufmerksamkeit von Mitarbeitern und Kunden erhöhen.

Zuversicht schafft Zukunft

Abschließend noch ein Wort zur Bedeutung der unternehmerischen Einstellung als Grundlage für die genannten möglichen Maßnahmen.

Für mich ist Vertrauen eine Haltung. Zuversicht ist wahrscheinlich das wichtigste Kriterium für eine stärkenorientierte Unternehmensführung. Denn Vertrauen hält uns geistig gesund. Gibt es eine größere Stärke als geistige Gesundheit und Lebensfreude?

Ein Unternehmer muss Vertrauen spüren und ausstrahlen, muss lieben, was er oder sie in diesen Zeiten tut. Schließlich werden wir täglich mit Ereignissen, Informationen und Meinungen überflutet – und das in immer höherem Tempo. Und Vertrauen kann sich gut entwickeln, wenn nicht nur das Denken in die richtige Richtung geht, sondern auch die Umgebung ein Gefühl von Sicherheit, Unbeschwertheit und Wertschätzung bietet. Um im Geschäft – und in allen anderen Bereichen des Lebens – auf Kurs zu bleiben, ist es wichtig, in vier Schritten vorzugehen.

Wahrnehmen – Verstehen – Lösungen schaffen – Sichern
Zunächst ist es wichtig, genau und so neutral wie möglich wahrzunehmen, was geschieht, und nicht in katastrophales Denken oder Gleichgültigkeit zu verfallen. Konzentrieren Sie sich nicht ausschließlich auf die »schlechten Nachrichten«, schlechte Angewohnheiten von Menschen oder die Schlampigkeit eines Mitarbeiters, sondern behalten Sie immer auch die »guten Nachrichten«, die guten Eigenschaften oder die sich verbessernde Leistung im Auge, die oft gleichzeitig auftauchen.

Dann ist es wichtig, zu verstehen, wertfreie Verbindungen herzustellen, die Dinge selbst zu durchdenken, anstatt sie unreflektiert zu übernehmen und ungefilterte Parolen zu verbreiten; sich zu fragen: Wie kann diese Situation mir nützen oder wie kann ich ihr nützen? Dieser kristallklare Blick auf die Situation bringt uns zum entscheidenden dritten Punkt: kreative Lösungen zu finden. Diese Form der Ergebnisorientierung schafft ein Vertrauen, das unschlagbar ist.

Die Aufgabe besteht nun darin, die guten Lösungen zu sichern und zu lernen, wie man sie in einen reproduzierbaren Prozess, eine nachhaltige Lösung oder ein wertvolles Ergebnis verwandelt. Durch dieses

»Sichern« können die guten Lösungen weiterleben und die weniger optimalen verschwinden.

Fangen wir also endlich wieder an, farbenfroh zu denken. Die Welt ist bunt. Alles schwingt! Wenn die Schwingungen um uns herum zueinander und zu uns passen, fühlen wir uns gut. In diesem Sinne: Bleiben Sie in Schwingung und machen Sie Ihr Unternehmen zu einer Wohlfühlzone!

Dr. Wolfram Schroers
Physiker, Softwareingenieur und Speaker

© *Wan-Ying Li*

Wolfram Schroers ist ein erfahrener Physiker und Softwareingenieur mit über drei Jahrzehnten Erfahrung in komplexen Softwareprojekten. Nach Abschluss seines Physikstudiums hatte er bedeutende berufliche Positionen in Berlin, Cambridge (Massachusetts) und Taipeh inne, was ihm eine vielfältige internationale Perspektive verschafft.

Seit vielen Jahren ist er als selbstständiger Entwickler und Berater tätig und unterstützt große internationale Kunden sowie DAX-Unternehmen. Als Autor von zwei Fachbüchern hat Wolfram auf nationalen und internationalen Konferenzen sein tiefes Fachwissen einem breiten Publikum zugänglich gemacht.

Neben seiner technischen Karriere hat Wolfram eine zweite Karriere als Magier, die es ihm ermöglicht, komplexe Themen besonders anschaulich und unterhaltsam zu präsentieren. Diese einzigartige Kombination von Fähigkeiten macht seine Vorträge und Bücher besonders fesselnd.

Wolfram lebt mit seiner Frau und seinen beiden Töchtern an der malerischen Ostseeküste in Kiel.

Weitere Informationen finden Sie auf: *www.cdr-fn.com*

Klicks, Code und Kundenlächeln
Mit KI vom Commit zum Kompliment

Wie können Sie von Sprachmodell-KIs wie ChatGPT profitieren, um einer Softwarelösung zum Erfolg zu verhelfen? Auf diese Frage gehe ich im folgenden Kapitel ein. Zunächst werde ich erörtern, was die größten Herausforderungen sind und dann, welche Möglichkeiten KI bietet und wie Sie sie nutzen können. Schließlich werde ich anhand konkreter Beispiele zeigen, wie KI eingesetzt werden kann, um die Arbeit der Verantwortlichen für Softwareprojekte zu erleichtern.

Einführung

Vor ein paar Jahren habe ich für ein Start-up-Unternehmen, an dem ich selbst Mitinhaber war, eine Software für das Beziehungsmanagement entwickelt. Ähnlich wie ein CRM, aber mit dem Fokus auf geschäftliches Netzwerken statt nur auf den Abschluss von Verkäufen.

Wir hatten das Hauptproblem der meisten Start-ups und Softwareprojekte: Die meisten Projekte scheitern. Die Ursache liegt jedoch meist nicht an der Technologie, sondern am Verständnis der Probleme der Kunden.[1] Ideen für ein Produkt als Software umzusetzen, ist schnell und einfach, potenzielle Kunden und Nutzer zu

---

1   Vgl. Marmer, M. et al. (2011). Startup Genome – Why Startups Fail – Premature Scaling, https://startupgenome.com/all-reports; besucht am 23.04.2024.

befragen und zu verstehen, welche Ideen denn umgesetzt werden sollten, ist schwierig und riskant. Viele Start-ups, insbesondere solche mit technisch orientierten Gründern, meistern das Erste, scheitern aber am Zweiten.

Wie kann dies vermieden werden? Das Wichtigste ist, dass die Software ein Problem lösen muss. Nicht nur ein »Wäre-nett«-Problem, sondern eines, das den Nutzer auch wirklich beschäftigt und stört. Dann wird der Kunde auch bereit sein, ein Kompliment zu machen. Und das beste Kompliment, das ein Kunde machen kann, besteht darin, seine Kreditkarte zu zücken.

Um genau diese Kundenprobleme zu verstehen und Ideen für Lösungen zu entwickeln, werden Nutzerinterviews verwendet. Wenn Sie diese richtig führen[2], können Sie bereits im Vorfeld schlechte von guten Ideen trennen. Nutzerinterviews sind mächtige Werkzeuge, aber auch nicht einfach zu verwenden:

1. Sie brauchen ein gutes Netzwerk von Nutzern aus der Zielgruppe.
2. Diese Nutzer müssen bereit sein, Zeit und Mühe zu investieren.
3. Die Interviews sind sehr zeitaufwändig, sowohl was die Vor- als auch die Nachbereitung betrifft.
4. Nutzerbefragungen lassen sich nicht skalieren. Die Software kann leicht von einer Handvoll Nutzer auf mehrere Hundert skaliert werden, Nutzerinterviews jedoch nicht.
5. Insbesondere technisch orientierte Menschen sprechen lieber mit Compilern als mit Kunden, weswegen übermäßig komplexe, schwer zu bedienende Software von solchen Entwicklern sehr verbreitet sind.

---

2   Vgl. Fitzpatrick, R. (2013). The Mom Test. How to talk to customers and learn if your business is a good idea when everyone is lying to you, CreateSpace Independent Publishing Platform, Scotts Valley, Kalifornien (USA).

Künstliche Intelligenz (KI) kann vor allem bei diesen Problemen helfen. Sie kann Nutzerinterviews nicht vollständig ersetzen, aber sie kann bei der Vorbereitung, Nachbereitung und Lösungsfindung helfen. Das kann eine Menge Zeit und Nerven sparen. Für wichtige Anregungen, wie Sie KI generell in Ihrem Unternehmen einführen können, empfehle ich das Buch *Digitale Tools effektiv einsetzen* von Thorsten Jekel.[3]

Im Folgenden werde ich mich auf ChatGPT konzentrieren, weil diese Software vor allem im Hinblick auf die Nutzerfreundlichkeit sehr ausgereift ist. In gewisser Weise ist die Wahl einer KI vergleichbar mit der Wahl einer Suchmaschine. Sie können eine Suche mit anderen Systemen wiederholen, aber in den meisten Fällen lohnt sich der Aufwand nicht. Ich werde Ihnen zeigen, wie Sie ChatGPT effektiv einsetzen können und wie es Start-ups vor den drei schlimmsten Fehlern bewahren kann.

KI richtig einsetzen

Ich werde Ihnen nun zeigen, welche Möglichkeiten KI bietet und wie Sie sie am effektivsten nutzen können.

Mit ChatGPT arbeiten

Wenn Sie eine Sprachmodell-KI wie ChatGPT starten, sehen Sie eine Webseite mit einem Eingabefeld. In dieses Eingabefeld können Sie alles eingeben, was Sie brauchen. Ihre Eingabe wird als »Prompt« bezeichnet. Dies ist ein wesentlicher Unterschied zwischen Suchmaschinen und KI-Systemen: Bei einer Suchmaschine geben Sie Stichwörter ein, die Ihre Anfrage beschreiben, und erhalten dann eine Sammlung von Webseiten, die über Ihre Anfrage geschrieben haben. Bei einer

---

[3] Jekel, T. (2024). Digitale Tools effektiv einsetzen. Wechseln Sie mit den neuen Technologien auf die Überholspur, GABAL Verlag, Offenbach.

KI geben Sie nicht nur Stichwörter ein, sondern eine vollständige Anfrage. Und als Antwort erhalten Sie einen ganzen Text, keine vorformulierten und verlinkten Texte.

Infolgedessen werden Sie oft feststellen, dass die Qualität der Ergebnisse sehr unterschiedlich ist: Die KI wurde mit vielen verschiedenen Quellen »trainiert«, die Antwort ist vergleichbar mit der eines Bücherwurms, der alle möglichen Schriften gelesen hat – aber leider nicht wirklich »verstanden« hat, was darin stand. Während Sie im Fall einer Webseite durchaus herausfinden können, ob der Autor sein Handwerk versteht, können Sie immer davon ausgehen, dass eine KI den Inhalt nicht verstanden hat. Stattdessen basiert die Antwort auf einer Sammlung anderer Texte, die verschiedene Autoren über Ihr Thema geschrieben haben. Sowohl diejenigen, die ihr Handwerk verstehen, als auch diejenigen, die es nicht tun. Von den bewährten und praxiserprobten Ratschlägen einer erfahrenen Ingenieurin bis zum esoterischen Humbug eines Astrologen.

Die Antwort ist ein Potpourri aus Wissen, Halbwahrheiten und erfundenem Nonsense. Die wichtigste Regel für die Arbeit mit KI lautet daher:

> Verwenden Sie KI für Themen, die Sie selbst verstehen.

Wenn Sie mehr darüber erfahren möchten, wie es tatsächlich funktioniert und keine Angst vor technischen Erklärungen haben, dann lesen Sie den Artikel *ChatGPT and Open-AI Models* von Roumeliutis und Tselikas[4]. Glücklicherweise ist das Verständnis der Entwicklung eines KI-Sprachmodells keine Voraussetzung dafür, dass Sie es verwenden können.

---

4   Roumeliutis, K.I. und N. D. Tselikas (2023). ChatGPT and Open-AI Models. A Preliminary Review, Future Internet, Basel, Schweiz.

KI kann Ihnen sowohl als Assistent für die Recherche als auch als Assistent für das Schreiben und Korrekturlesen dienen. Bevor Sie zum Beispiel einen Artikel veröffentlichen, können Sie eine KI fragen:

1. Was die wesentlichen Kernideen sind,
2. Ob er inhaltlich korrekt ist, oder
3. Ob es noch Ideen gibt, die Sie noch nicht berücksichtigt haben.

Die Antworten auf diese Fragen werden Ihnen helfen, den Artikel verständlicher zu schreiben und eventuelle inhaltliche Lücken zu entdecken. Aus diesem Grund ist es entscheidend, dass Sie die KI für Themen verwenden, von denen Sie etwas verstehen. Nur dann sind Sie in der Lage zu beurteilen, ob das Feedback der KI brauchbar ist oder nicht.

Die zweite wichtige Regel zur Arbeit mit KI lautet:

> Lernen und trainieren Sie den richtigen Umgang mit der Technologie.

Einerseits entwickelt sich die Technologie ständig weiter und andererseits hat eine komplexe Technologie eine Lernkurve. Die scheinbare Einfachheit der ChatGPT-Oberfläche sollte nicht darüber hinwegtäuschen, dass sich dahinter eine sehr komplizierte Technologie verbirgt, die eine Menge Unsinn produzieren kann. Wenn Sie üben, diese richtig und effektiv einzusetzen, werden die Ergebnisse besser sein. Und Sie werden eine Menge Zeit bei der Arbeit sparen!

Grundlagen für sinnvolle Prompts
Wie schreiben Sie also einen Prompt, der Ihnen hilft, Kunden zu verstehen und Ihre Lösung besser und passender zu gestalten? Im Folgenden führe ich Ihnen eine Reihe von Empfehlungen auf, wie Sie generell vorgehen sollten, um gute Prompts zu schreiben:

1. Probieren Sie verschiedene Möglichkeiten aus. Wenn Sie mit einer Antwort nicht zufrieden sind, können Sie eine neue Eingabe erstellen, indem Sie auf das Bearbeiten-Symbol klicken. Die verschiedenen Varianten Ihrer Eingabe und die Antworten bleiben erhalten und werden erst gelöscht, wenn Sie die gesamte Konversation löschen (siehe Abbildung 1). Dadurch können Sie eine ganze Sammlung verschiedener Varianten einer Konversation anlegen, in der Sie auch zwischendurch verschiedene Anfragen und Prompts ändern und erneut ausprobieren können(siehe Abbildung 2).

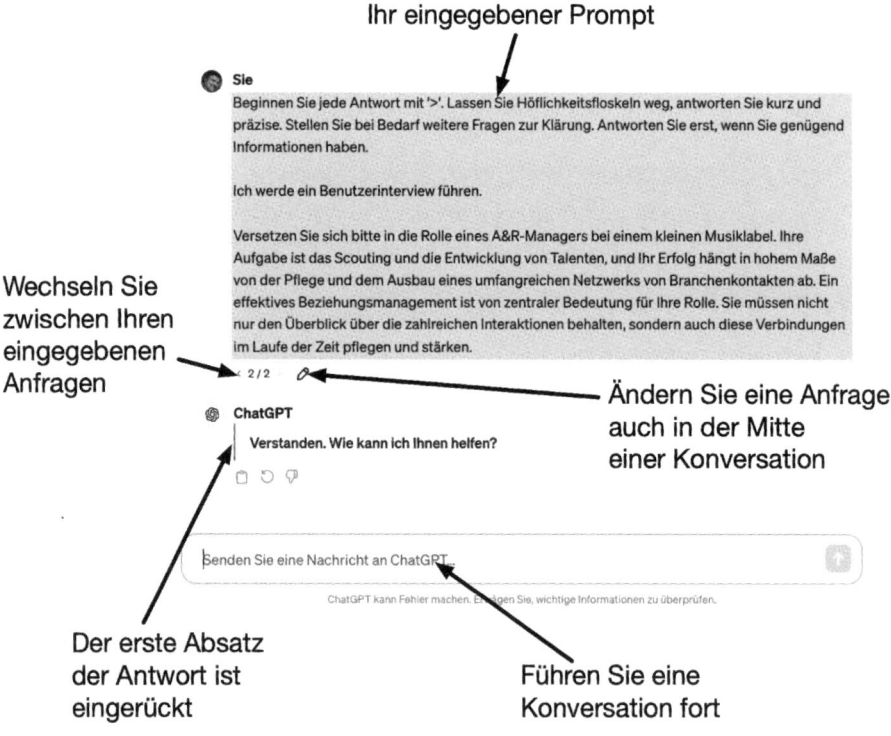

Abbildung 1: Arbeiten mit ChatGPT

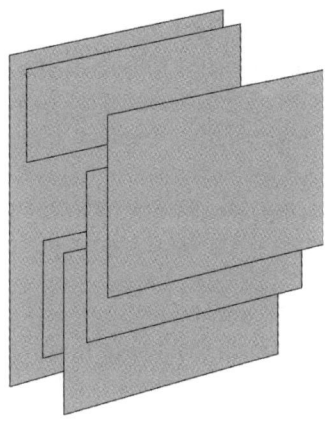

Abbildung 2: Verschiedene Konversationsvarianten und Konversationen

2. Stellen Sie sehr detaillierte Anfragen. Je spezifischer Sie schreiben und je mehr Kontext Sie angeben, desto exakter und eindeutiger werden die Ergebnisse sein. Geben Sie im Zweifelsfall zu viel an und ziehen Sie dann nach und nach Informationen zurück.
3. Es ist durchaus möglich, dass eine Anfrage unterschiedliche Antworten liefert. In manchen Fällen kann es daher sinnvoll sein, mehrere Antworten auf dieselbe Anfrage zu generieren. Eine zu große Vielfalt ist jedoch ein Zeichen dafür, dass Ihre Anfrage zu ungenau war.
4. Bestimmte Themen wie zum Beispiel sexuelle Inhalte werden zensiert, das heißt, ChatGPT blockiert Fragen zu solchen Themen. Exotischere Themen oder enge Nischen werden in der Regel nicht so gut abgedeckt und die Wahrscheinlichkeit, dass die Informationen falsch oder voreingenommen sind, ist größer. Außerdem können die Antworten inkonsistent oder sogar voreingenommen sein, insbesondere bei sensiblen oder kontroversen Themen.
5. Gerade im Bereich Unternehmensentwicklung und Software gibt es viele englischsprachige Texte, weit mehr als deutschsprachige

Inhalte. Ich empfehle daher, ChatGPT auf Englisch zu verwenden, wenn es Ihnen möglich ist. Eine Ausnahme bilden Themen, die kulturell oder inhaltlich mit dem deutschsprachigen Raum in Verbindung gebracht werden können. Zum Thema *Tempolimit* zum Beispiel finden Sie sicherlich umfangreiche englischsprachige Literatur, aber nur im deutschsprachigen Raum gibt es Abhandlungen, die eine weltweit einzigartige Position darstellen und vertreten.

6. Sie können ChatGPT verwenden, um sich inspirieren zu lassen und neue Ideen zu finden. Allerdings kann keine KI wirklich ihre eigenen Lösungen und Ideen finden. KI ist daher für Aufgaben wie mathematische Herleitungen ungeeignet, und wenn es den Anschein hat, dass sie dies tut, dann deshalb, weil der Weg bereits vorher bekannt war.

7. Wenn Sie einen Prompt schreiben, teilen Sie alle darin enthaltenen Informationen mit dem Anbieter der KI – im Fall von ChatGPT also mit OpenAI, einem amerikanischen Unternehmen. Sie sollten sich darüber im Klaren sein, dass Sie keine geschützten oder persönlichen Daten in eine KI eingeben dürfen. Bei einem Nutzerinterview teilen Sie Ihre Ideen natürlich auch mit den Personen, die Sie befragen. Und wenn Sie eine Websuche durchführen, wird der Suchmaschinenbetreiber auch herausfinden, woran sie gerade arbeiten und für welche Themen Sie sich interessieren. Dennoch empfehle ich Ihnen, im Umgang mit KI vorsichtiger zu sein, denn Ihre Konversationen könnten gespeichert und auf individueller Basis ausgewertet und analysiert werden. Sie müssen daher geschützte oder persönliche Daten verfremden.

8. KI kann eine wertvolle Ergänzung sowohl für die Vor- als auch für die Nachbereitung von Nutzerinterviews sein. Aber sie ist kein vollständiger Ersatz. Planen und führen Sie daher weiterhin Nutzerumfragen und Interviews mit Personen aus Ihrer Zielgruppe durch.

Indem Sie mit Fragen experimentieren und diese ausarbeiten oder umformulieren, können Sie die Qualität der Antworten verbessern.

Vor allem können Sie besser einschätzen, wie viel Hintergrundwissen Sie hinzufügen sollten.

Konkrete Formulierungen für Prompts

Im Folgenden finden Sie eine Sammlung spezifischer Ideen, die Sie in Ihren Prompts verwenden können. Mit der Zeit können Sie Ihre eigenen Prompts schreiben und sogar Ihre eigenen zweckgebundenen GPTs entwickeln.

1. Geben Sie Ihre eigene Biographie unter »Customize ChatGPT« an. Für Nutzerinterviews empfehle ich Ihnen, Ihren beruflichen Hintergrund und den Bezug zur Zielgruppe Ihrer Lösung hervorzuheben.
2. Schreiben Sie immer vollständige, grammatikalisch korrekte Sätze.
3. »*Beginnen Sie jede Antwort mit* ›>‹.«
   ChatGPT kann sich nur eine bestimmte Menge an Text »merken«, bevor es beginnt, den Anfang einer Konversation zu vergessen. Wenn Sie diese Anweisung an den Anfang Ihrer Konversation setzen, wird das Chevron an den Anfang jeder Antwort gestellt. Dies bewirkt, dass der erste Absatz jeder Antwort eingerückt dargestellt wird. Sobald Ihre Konversation so umfangreich wird, dass ChatGPT den Anfang vergisst, verschwindet diese Einrückung. Auf diesem Weg können Sie sehen, ab wann ChatGPT Informationen verliert.
4. »*Geben Sie genaue und sachliche Antworten. Wenn Sie Quellen zitieren, vergewissern Sie sich, dass diese existieren und geben Sie am Ende die URLs an.*«
   Ein großes Problem mit KI-Systemen ist, dass sie Informationen erfinden, was für den Nutzer nicht unbedingt ersichtlich ist. Indem Sie nach URLs als Quellen fragen, können Sie die Ergebnisse besser zuordnen. Leider erhalten Sie nicht unbedingt immer die Quellen, aber Sie erhöhen doch die Chance, dass dies geschieht, sofern es möglich ist.

5. »*Lassen Sie Höflichkeitsfloskeln weg, antworten Sie kurz und präzise.*«
   Die Arbeit mit ChatGPT braucht Zeit. Wenn Sie leere Floskeln vermeiden, geht die Arbeit etwas schneller und das Risiko, den Anfang einer Konversation zu verlieren, sinkt.
6. »*Stellen Sie bei Bedarf weitere Fragen zur Klärung. Antworten Sie erst, wenn Sie genügend Informationen haben.*«
   Ein großes Problem der KI ist, dass sie jede Frage beantwortet. Wenn nicht genügend Informationen vorliegen, kommt buchstäblich »irgendwas« raus. Wenn Sie ausdrücklich um Rückfragen bitten, reduzieren Sie die Gefahr, dass ChatGPT einfach wild darüber spekuliert, was Sie vielleicht gemeint haben könnten.
7. »*Wenn Sie sich bei einer Antwort unsicher sind, antworten Sie bitte mit ›Ich weiß es nicht.‹*«
   Ein weiteres Problem von ChatGPT ist, dass es Informationen erfinden kann, das sogenannte »Halluzinieren«. Ich hatte einmal den Fall, dass ChatGPT steif und fest behauptete, ein Zitat stamme von einer bestimmten Person. Eine Google-Suche ergab, dass die Zuschreibung falsch war. Diese Anweisung minimiert das Risiko von Halluzinationen, kann sie aber nicht vollständig ausschließen. Seien Sie sich daher immer der Möglichkeit bewusst, dass selbst eine Antwort, die plausibel erscheint, komplett erfunden sein könnte!
8. »*Ich schreibe ... Ich möchte ChatGPT für Feedback verwenden. Bitte stellen Sie mir Fragen, um mehr Informationen zu erhalten. Sobald Sie genug Informationen haben, geben Sie mir einen Prompt, um das gewünschte Feedback von ChatGPT zu erhalten.*«
   Fragen Sie ChatGPT selbst, wie man einen Prompt schreibt. ChatGPT weiß auch, wie man gute Antworten von einer KI bekommt, also nutzen Sie es!
9. »*Probieren Sie auch unkonventionelle Ideen aus.*«
   Wie Sie vielleicht schon bemerkt haben, ist dieser Tipp ein Widerspruch zu den Anweisungen 6. und 7. Ich empfehle daher, entweder diesen Satz oder die obigen Sätze zu verwenden. Dieser Satz eignet sich für kreative Ideen zu Aphorismen oder Titel.

Aus diesen Bausteinen setzen Sie dann den gesamten Prompt zusammen. Wenn Sie anschließend Fragen oder Anweisungen formulieren, empfehle ich Ihnen, noch weiteren Kontext anzugeben. Dadurch beginnt eine Konversation oft mit einem oder mehreren längeren Absätzen.

Es mag etwas gewöhnungsbedürftig sein, wenn Sie daran gewöhnt sind, ein einzelnes Stichwort in eine Google-Suche einzugeben. Sie werden sich jedoch bald daran gewöhnen, das richtige Gleichgewicht zu finden. Um einerseits gute Ergebnisse zu erhalten, andererseits aber nicht einen Roman schreiben zu müssen, um als Antwort »42« zu erhalten.

Nutzerinterviews

Das wesentliche Erfolgsrezept einer guten Software besteht darin, die Nutzer zu verstehen – was wollen diese erreichen und wie können Sie ihnen am besten helfen? Jetzt komme ich zur Sache und zeige Ihnen, was ein gutes Nutzerinterview ausmacht und wie Sie ChatGPT dafür richtig einsetzen!

Gute Nutzerinterviews

In seinem Buch *The Mom Test* gibt Rob Fitzpatrick einen umfassende Leitfaden mit Empfehlungen, was Sie tun und was Sie lassen sollten, um sicherzustellen, dass Nutzerinterviews wirklich nützliche Erkenntnisse liefern. Die wichtigsten davon sind:

1. Fragen Sie nicht nach Meinungen, sondern nach Fakten.
2. Sprechen Sie über die Nutzer und ihr Problem, nicht über Ihre Idee und Ihre Lösung.
3. Fragen Sie, ob der Nutzer bereit ist, Verpflichtungen einzugehen.

Bei der Durchführung der Interviews wird auch deutlich, dass Sie in den ersten vier bis sechs Interviews am meisten lernen. Wenn sich keine klare Linie herauskristallisiert, kann das daran liegen, dass Ihre

Zielgruppe zu breit gefächert ist oder der Problembereich zu vielfältig ist.

Um Nutzerinterviews mit ChatGPT zu führen, können Sie die Punkte 1 und 2 direkt umsetzen, indem Sie die Anfragen entsprechend formulieren. Punkt 3 kann jedoch nicht umgesetzt werden, weshalb »echte« Interviews nach wie vor ihre Daseinsberechtigung haben.

Problematisch sind auch Usability-Tests, bei denen Sie Nutzer bestimmte Aufgaben in einer vordefinierten Oberfläche (oder einem Klick-Dummy, das heißt einer grafischen Oberfläche ohne Funktionalität) lösen lassen, um zu verstehen, ob die Bedienung funktioniert und verständlich ist. Mir ist derzeit keine Möglichkeit bekannt, diese Art von Test mit KI-Tools durchzuführen. Es gibt jedoch eine Reihe klassischer Werkzeuge, die solche Tests mit Nutzern ergiebiger machen. Für eine gute Übersicht der wesentlichen Konzepte und Techniken empfehle ich das Buch *Don´t make me think* von Steve Krug[5].

Bei der Arbeit mit ChatGPT ist es nur bedingt sinnvoll, ein Interview zu wiederholen, das heißt, ChatGPT mehrmals die gleichen Fragen zu stellen. Meiner Erfahrung nach sind die Antworten aus einem Interview bereits mit den Erkenntnissen aus den vier bis sechs tatsächlichen Interviews vergleichbar. Das liegt daran, dass ChatGPT immer die gleiche Datenbasis verwendet, in die bereits eine große Menge an Texten integriert ist.

Erfolgsgeschichten

Schon bevor es Sprachmodell-KIs gab, war die automatisierte Analyse von Nutzern ein wichtiges Erfolgsrezept für Softwareunternehmen. KI bietet heute fortschrittlichere Analysemöglichkeiten, aber

---

5   Krug, S. (2014). Don´t make me think. A Common Sense Approach to Web Usability, New Riders, Indianapolis, Indiana (USA).

die Grundlagen bleiben dieselben. Der Artikel von Emily Stevens[6] fasst drei Fallstudien von Airbnb, Google und Spotify zusammen, die ihre Entwicklung schnell an die Erkenntnisse angepasst haben, die sie aus Nutzerinterviews und der tatsächlichen Interaktion mit ihrer Software gewonnen haben.

Eine Sammlung von Fallstudien, die sich mit KI in erfolgreichen Unternehmen befassen, finden Sie auch in Singhs *AI App Development Triumphs – A Case Study Showcase*[7]. In all diesen Fällen liegt das Schlüsselrezept für den Erfolg darin, die Nutzer zu verstehen – was wollen sie erreichen und wie können Sie ihnen am besten dabei helfen?

Das ist der Grund, warum ich mich in diesem Kapitel besonders auf Befragungen von Nutzern konzentriere. Diese werden darüber entscheiden, ob Ihre Geschichte ein Erfolg oder ein Misserfolg wird. Die größte Herausforderung bei der Softwareentwicklung besteht nicht darin, 100 Ideen zu finden und umzusetzen, sondern zu entscheiden, welche 99 Ideen davon nicht umgesetzt werden sollten. Und genau in dieser Entscheidung liegt der größte Nutzen, den KI für ein Projekt bringen kann!

Simulierte Nutzerinterviews

Bei unserem Start-up mussten wir eine Reihe von Entscheidungen treffen, die die Weichen für das Produkt bereits in einem frühen Stadium stellten. Sie waren im Nachhinein nur sehr schwer zu revidieren und unsere Entscheidungen führten dazu, dass wir viel Geld für die falschen Lösungen ausgaben.

---

6   Vgl. Stevens, E. (2023). 3 real-world UX research case studies from Airbnb, Google, and Spotify – and what we can learn from them, https://www.ux-designinstitute.com/blog/real-world-ux-research-case-studies/; besucht am 26.04.2024.

7   Singh, G. (2024) AI App Development Triumphs – A Case Study Showcase, https://www.appypie.com/blog/case-studies-of-successful-ai-app-development; besucht am 26.04.2024.

Wie schneidet ChatGPT also ab, wenn es um die spezifischen Fragen geht, die wir bei unserem Start-up hatten? Im Folgenden werde ich mich auf die Zielgruppe eines A&R-Managers (Artists & Repertoire) in der Musikbranche und auf die folgenden drei Fragen konzentrieren:

1. Soll die Software nur geschäftliche oder auch für private Zwecke genutzt werden?
2. Sollte es von Anfang an für mobile Geräte nutzbar sein oder erstmal nur für den Desktop?
3. Welche monatlichen Preise können wir für ein Abonnement erzielen?

Ich werde Ihnen anhand einer expliziten Konversation zeigen, wie Sie die obigen Ratschläge anwenden und Antworten auf diese drei Fragen finden können. Zunächst einmal steht am Beginn der Konversation ein Prompt, der die Grundregeln festlegt und die Ausgangssituation beschreibt:

Beginnen Sie jede Antwort mit »>«. Lassen Sie Höflichkeitsfloskeln weg, antworten Sie kurz und präzise. Stellen Sie bei Bedarf weitere Fragen zur Klärung. Antworten Sie erst, wenn Sie genügend Informationen haben.

Ich werde ein Benutzerinterview führen.

Versetzen Sie sich bitte in die Rolle eines A&R-Managers bei einem kleinen Musiklabel. Ihre Aufgabe ist das Scouting und die Entwicklung von Talenten, und Ihr Erfolg hängt in hohem Maße von der Pflege und dem Ausbau eines umfangreichen Netzwerks von Branchenkontakten ab. Ein effektives Beziehungsmanagement ist von zentraler Bedeutung für Ihre Rolle.

> Sie müssen nicht nur den Überblick über die zahlreichen Interaktionen behalten, sondern auch diese Verbindungen im Laufe der Zeit pflegen und stärken.

Bitte beachten Sie, dass ich hier eine Menge Vor- und Hintergrundwissen voraussetze, wie zum Beispiel die Annahme, dass ein starkes Netzwerk mit relevanten Kontakten in der Branche für die Arbeit eines A&R-Managers wichtig ist. Diese Voraussetzung habe ich bereits zu Beginn erwähnt: Sie müssen bereits über Vorkenntnisse und Verständnis des Marktes verfügen, um eine generative KI wie ChatGPT sinnvoll einsetzen zu können!

Der Prompt ist ebenfalls recht lang, und dabei sehr detailliert und präzise. Im Folgenden stellt ChatGPT Rückfragen, die zu einer Konversation führen.

Dann setze ich das Gespräch mit einer konkreten Frage fort:

> Denken Sie an das letzte wichtige Werkzeug (oder Dienstleistung), das Sie für Ihre Arbeit eingekauft haben. Welches Problem haben Sie versucht, in den Griff zu bekommen?

Die Antwort ist in Abbildung 3 zu sehen. Sie ist recht präzise und enthält in der Tat auch plausible Informationen, die ich im Prompt nicht gegeben habe – dass es sich um ein Abonnement handelt und dass es in der Tat eine Software ist, die der A&R-Manager verwendet hat, um das Problem zu lösen. Genau wie bei einem echten Nutzerinterview spreche ich in dieser und den folgenden Fragen immer die bereits getroffenen Entscheidungen an und frage nicht nach Meinungen oder Spekulationen.

Sie

Denken Sie an das letzte wichtige Werkzeug oder Dienstleistung, das Sie für Ihre Arbeit eingekauft haben. Welches Problem haben Sie versucht, in den Griff zu bekommen?

ChatGPT

> Ich habe kürzlich ein Abonnement für eine professionelle Musik-Netzwerkplattform erworben, um die Suche nach neuen Talenten zu verbessern und mein Branchennetzwerk zu erweitern. Das Hauptproblem war die effiziente Identifizierung und Kontaktaufnahme mit potenziellen Künstlern und Branchenkollegen.

Abbildung 3: Die Antwort auf die erste Interviewfrage

Außerdem gebe ich keine Bewertungen oder Bewerbungen meiner Lösung ab – das ist bei einer Konversation mit ChatGPT selbstverständlich, denn ChatGPT ist schließlich kein potenzieller Kunde!

Leider verlaufen viele reale Nutzerinterviews ganz anders. Selbst wenn Sie sich entscheiden, keine KI für Nutzerinterviews einzusetzen, so ist es auf jeden Fall ein Gewinn, wenn Sie bei echten Gesprächen so tun, als wäre Ihr Interviewpartner so enthusiastisch wie ChatGPT, mehr über Ihre großartigen Ideen zu erfahren und Ihr Produkt während der realen Gespräche kaufen zu wollen!

Nun frage ich ganz konkret die drei oben genannten Punkte ab, die Antworten finden Sie in den Abbildungen 4, 5 und 6.

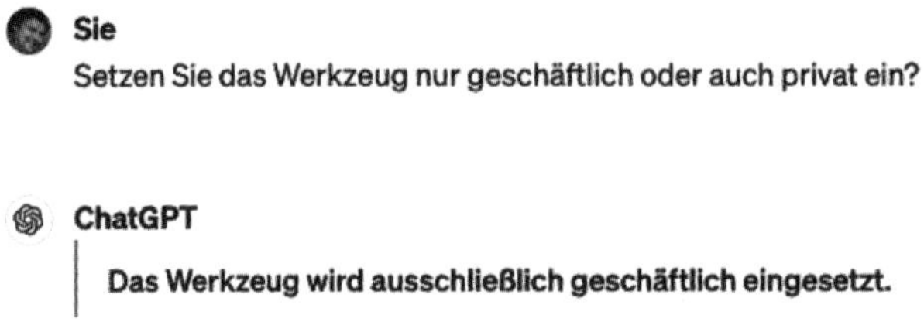

> **Sie**
> Setzen Sie das Werkzeug nur geschäftlich oder auch privat ein?

> **ChatGPT**
> Das Werkzeug wird ausschließlich geschäftlich eingesetzt.

Abbildung 4: Private Nutzung

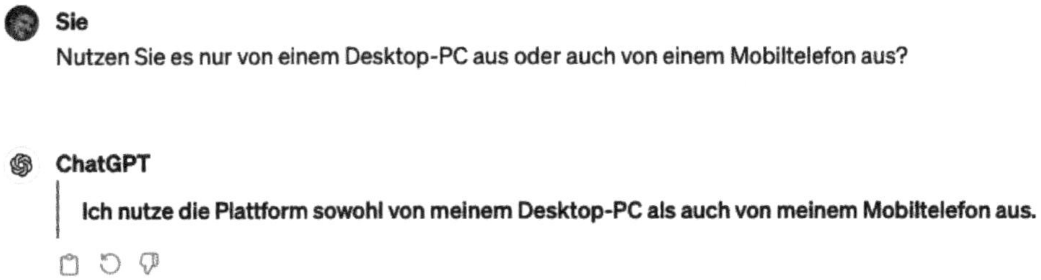

> **Sie**
> Nutzen Sie es nur von einem Desktop-PC aus oder auch von einem Mobiltelefon aus?

> **ChatGPT**
> Ich nutze die Plattform sowohl von meinem Desktop-PC als auch von meinem Mobiltelefon aus.

Abbildung 5: Mobile Nutzung

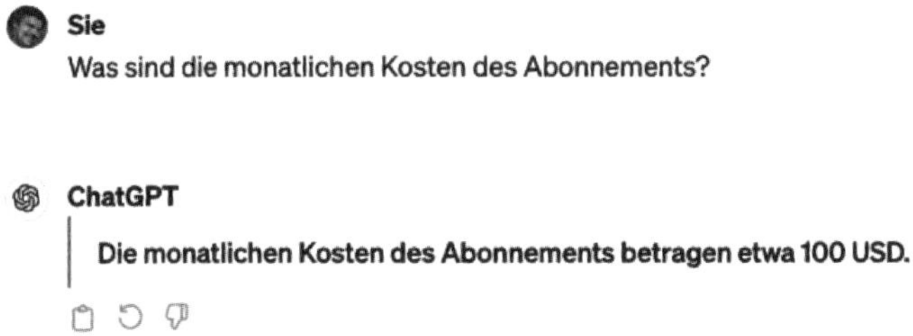

> **Sie**
> Was sind die monatlichen Kosten des Abonnements?

> **ChatGPT**
> Die monatlichen Kosten des Abonnements betragen etwa 100 USD.

Abbildung 6: Monatliche Preise

Das konkrete Ergebnis dieses Interviews ist also:

1. Die Software wird ausschließlich für geschäftliche Zwecke eingesetzt.
2. Wir brauchen von Anfang an eine mobile und eine Desktop-Version.
3. Wir können etwa 100 Euro pro Monat veranschlagen. Offenbar rechnet ChatGPT in US-Dollar, weil die Trainingsdaten zum großen Teil auf englischsprachigen Texten basieren.

Auf der Grundlage von Erfahrungen und echten Kundengesprächen kann ich bestätigen, dass diese drei Antworten von ChatGPT in der Tat völlig korrekt sind und unser Verständnis widerspiegeln, das wir erst nach über einem Jahr und mehreren teuren Fehlentwicklungen gewonnen haben!

Interviews mit echten Nutzern
Die simulierten Nutzerinterviews geben Ihnen bereits wichtige Impulse für die Ausrichtung der zukünftigen Produktentwicklung. Allerdings habe ich auch darauf hingewiesen, dass diese simulierten Nutzerinterviews mit generativer KI kein vollständiger Ersatz für echte Interviews sein können.

Für reale Nutzerinterviews bietet sich ChatGPT an zwei Stellen an: bei der Vorbereitung und anschließend bei der Zusammenfassung und Auswertung.

Eine Empfehlung zur Durchführung der Interviews aus *The Mom Test* lautet, die Fragen im Voraus zu formulieren und aufzuschreiben. Dadurch wird die Vergleichbarkeit der Antworten verbessert. Sie können aber auch vermeiden, in die Falle zu tappen, über Ihre großartige Idee zu sprechen oder Ihre Lösung anzupreisen. Denn die wenigsten Gründer wollen das hören: Niemand ist an Ihren Ideen interessiert. Kunden sind nur an ihren Problemen interessiert. Wenn Sie in einem Interview über sich selbst sprechen, wird es zu einer Verkaufsveranstaltung und der Sinn geht verloren.

Hier können Sie ChatGPT bitten, Ihre Fragen Korrektur zu lesen und die Fallstricke zu vermeiden. Dies ist mit folgendem Prompt möglich:

> Beginnen Sie jede Antwort mit »>«. Lassen Sie Höflichkeitsfloskeln weg, antworten Sie kurz und präzise. Wenn nötig, stellen Sie weitere Fragen zur Klärung. Antworten Sie nur, wenn Sie genügend Informationen haben.
>
> Ich habe vor, ein Nutzerinterview zu führen. Ich habe die Fragen vorbereitet, die ich einem A&R-Manager bei einem Musiklabel stellen möchte. Ausgehend von den Ratschlägen aus Rob Fitzpatricks *The Mom Test* geben Sie mir bitte Ratschläge für die Verbesserung meiner Fragen. Insbesondere möchte ich vermeiden, über meine Idee zu sprechen oder meinen Interviewpartner zu Spekulationen zu ermutigen.
>
> Hier sind die Fragen: »...«
>
> Wo hat dieses Interview Schwächen und wie kann ich diese Fragen verbessern?

Sie können ChatGPT auch die Ergebnisse eines oder mehrerer Interviews zusammenfassen und auswerten lassen. Hierfür benötigen Sie entweder Ihre schriftlichen Notizen oder eine Transkription des Interviews.

> Ich habe ein Nutzerinterview geführt. Fassen Sie die wesentlichen Punkte dieses Interviews in einem kurzen Absatz zusammen. Hier ist der Gesprächsverlauf: »...«

Auf diese Weise können Sie Nutzerinterviews effektiver vor- und nachbereiten und vermeiden, in typische Fallen zu tappen.

Einschränkungen
Bei der Auswertung und Nachbearbeitung von Nutzerinterviews sollten Sie auch einige Dinge berücksichtigen, die bei der Arbeit mit KI-Tools besonders wichtig sind:

1. *Verständnis von Nuancen:* KI-Systeme wie ChatGPT können Schwierigkeiten haben, Feinheiten und Nuancen zu verstehen. Ist etwas als Scherz oder ironisch gemeint? Oder hat sie es ernst gemeint? Das kann zu Missverständnissen und ungenauen Interpretationen führen.

2. *Verzerrungen (Bias) und Trainingsdaten:* KI-Modelle können Vorurteile aus den Daten lernen, mit denen sie trainiert wurden. Dies kann zu verzerrten Ergebnissen führen, insbesondere wenn die Zielgruppe eine Nische ist, zu der es nur wenige Texte online gibt.

3. *Datenschutz:* Beim Einsatz von KI-Tools sollten Sie persönliche Daten immer manuell verfremden. Zum Beispiel, indem Sie die Textpassagen mit Namen oder anderen Merkmalen bei der Eingabe bearbeiten und ändern. KI-Tools arbeiten derzeit immer online und senden alle Eingaben zur Auswertung an große Rechenzentren im Ausland.

4. *Technische Grenzen:* KI kann nicht alle Aspekte eines echten Gesprächs erfassen, wie zum Beispiel nonverbale Signale und emotionale Intelligenz. Hier könnten Sie eine automatisierte Transkription manuell mit Ihren Eindrücken ergänzen, wenn Sie diese an die KI weitergeben.

5. *Anpassungsfähigkeit:* Lange Zeit war ChatGPT auf Inhalte beschränkt, die bereits einige Jahre alt waren. Das hat sich inzwischen verbessert, aber Sie sollten dennoch nicht davon ausgehen, dass ein KI-Tool zeitnah an aktuelle Ereignisse angepasste Informationen besitzt.

Diese Einschränkungen sind keine Ausschlusskriterien für den Einsatz von KI-Tools. Es ist jedoch wichtig, sich ihrer bewusst zu sein und zu verstehen, welche Auswirkungen sie auf die Ergebnisse haben können.

Zukunftsaussichten und Fazit

Wenn Sie ChatGPT richtig einsetzen, kann es ein sehr mächtiges Werkzeug sein. Für Nutzerinterviews in der Softwareentwicklung kann es Ihnen bereits heute helfen, wichtige Fragen zu klären, und so echte Interviews entweder zu erleichtern oder zu verkürzen.

Wenn Sie echte Interviews führen, kann ChatGPT sowohl bei der Vor- und Nachbereitung als auch bei der Zusammenfassung und Bewertung helfen. Das macht es zu einem leistungsfähigen Werkzeug vergleichbar mit einem Sparringspartner.

Zukünftige Entwicklungen bei der Nutzung von KI für Nutzerinterviews und Softwareentwicklung werden sich voraussichtlich auf die Steigerung der Effizienz und Genauigkeit der Kommunikation konzentrieren. In den kommenden Jahren könnten KI-Modelle besser darin werden, menschliche Emotionen und subtile Nuancen in der Kommunikation zu erkennen und zu interpretieren. Dies würde KI-Tools in die Lage versetzen, noch tiefere und relevantere Erkenntnisse aus Nutzerinterviews zu gewinnen.

Ich erwarte auch, dass branchenspezifische KI-Modelle, die auf spezielle Anwendungsfälle oder Industrien zugeschnitten sind, Verbreitung finden werden. Diese spezialisierten Modelle könnten einerseits fachspezifisches Vokabular und entsprechende Zusammenhänge nutzen, andererseits aber auch mit anderen Software-Tools aus der Branche zusammenarbeiten und dadurch eine verbesserte und schnellere Nutzung ermöglichen.

Zum effektiven Einsatz einer generativen Text-KI wie ChatGPT gehört heute auf jeden Fall eine Lernkurve. Sie müssen sich mit den

Möglichkeiten vertraut machen und selbst experimentieren, welche Fragen zu den besten Ergebnissen führen. ChatGPT selbst kann Ihnen dabei helfen, indem es Ihnen auch bei den Fragen hilft. Ich empfehle Ihnen, sich einfach mal auf ein paar Experimente einzulassen und die Möglichkeiten der Technologie zu erkunden!

Danksagung

Dieses Buch wäre ohne die Unterstützung und Zusammenarbeit vieler wunderbarer Menschen nicht möglich gewesen.

Mein tiefster Dank gilt meinem Partner Tom, der mich unerschöpflich unterstützt und mir immer den Rücken freihält. Er trägt jede meiner verrückten Ideen oder kaum schaffbare Projekte mit und begleitet mich auf all meinen beruflichen Aktivitäten. Danke, dass du immer an meiner Seite bist!

Ich möchte meinen verstorbenen Eltern danken, deren Liebe und Werte mich geprägt und mir den Weg geebnet haben, den ich heute gehe. Ich denke oft an euch und hoffe, dass ihr stolz auf mich seid.

Ein weiterer Dank gilt meiner Schwester Marita. Dein Glaube an mich stärkt mich und ich weiß, dass ich mich immer auf dich verlassen kann.

Ein besonderer Dank geht an meine Großcousine Birgit, meinen größten Fan. Deine Worte des Stolzes und die Bestärkung, die du mir gibst, bedeuten mir sehr viel. Danke, dass du so hinter mir stehst!

Ein herzliches Dankeschön geht an meine Mitautorinnen und -autoren. Danke für euer Vertrauen in mich und die wunderbaren Beiträge, die ihr zu diesem Sammelband beigesteuert habt! Unsere Zusammenarbeit hat dieses Projekt zu etwas ganz Besonderem gemacht.

Nicht zuletzt danke ich dem Mentoren-Media-Verlag für die hervorragende Zusammenarbeit und Unterstützung. Besonderer Dank gilt Thomas Göller, Volker Pietzsch und Deniz S. Özdemir. Eure Professionalität und Hingabe haben maßgeblich dazu beigetragen, dieses Buchprojekt zu verwirklichen.

Danke an alle, die auf irgendeine Weise zu diesem Buch beigetragen haben. Ihr seid großartig!

Marion Masholder